职业教育创新教材

电工技术基础与技能
（电子信息类）

刘克军　陈东林　主　编
陶　燕　吴建华　副主编

电子工业出版社
Publishing House of Electronics Industry
北京·BEIJING

内 容 简 介

本教材是依据教育部最新颁布的职业学校《电工技术基础与技能教学大纲》而编写的。

本教材主要由基本直流参数、简易直流电表、磁场和磁路、交流电路的基本物理量、串并联谐振电路、三相交流电路和实用照明电路等七个学习领域共十九个项目组成，内容包括：直流电路的基本知识和技能；磁场、电磁感应的基本知识和基本测试方法；电阻器、电容器、电感器和变压器的基本知识和基本检测方法；单相交流电路、三相交流电路的基本知识和基本技能；以及非正弦波和 RC 瞬态过程的基本知识。每个项目前都配有学习目标、工作任务、项目概要等栏目，使学生能全面了解相应项目的概况，同时在每个项目后都配有项目小结和思考与练习，帮学生复习巩固所学知识和技能。

本书可作为职业学校电子信息类专业"电工技术基础与技能"课程的教材，也可作为其它专业相关课程的教学参考资料和各类职业培训相关课程的教材。

未经许可，不得以任何方式复制或抄袭本书之部分或全部内容。
版权所有，侵权必究。

图书在版编目（CIP）数据

电工技术基础与技能：电子信息类 / 刘克军，陈东林主编. —北京：电子工业出版社，2015.10
职业教育创新教材

ISBN 978-7-121-22356-3

Ⅰ．①电… Ⅱ．①刘…②陈… Ⅲ．①电工技术－高等职业教育－教材 Ⅳ．①TM

中国版本图书馆 CIP 数据核字（2014）第 006652 号

策划编辑：施玉新
责任编辑：郝黎明
印　　刷：北京京师印务有限公司
装　　订：北京京师印务有限公司
出版发行：电子工业出版社
　　　　　北京市海淀区万寿路 173 信箱　邮编　100036
开　　本：787×1 092　1/16　印张：18.5　字数：473.6 千字
版　　次：2015 年 10 月第 1 版
印　　次：2015 年 10 月第 1 次印刷
定　　价：36.00 元

凡所购买电子工业出版社图书有缺损问题，请向购买书店调换。若书店售缺，请与本社发行部联系，联系及邮购电话：（010）88254888。
质量投诉请发邮件至 zlts@phei.com.cn，盗版侵权举报请发邮件至 dbqq@phei.com.cn。
服务热线：（010）88258888。

前 言

本课程是职业学校电类专业的一门基础课程。其任务是：使学生掌握电子信息类、电气电力类等专业必备的电工技术基础知识和基本技能，具备分析和解决生产生活中一般电工问题的能力，具备学习后续电类专业技能课程的能力；对学生进行职业意识培养和职业道德教育，提高学生的综合素质与职业能力，增强学生适应职业变化的能力，为学生职业生涯的发展奠定基础。

1. 编写思路

（1）整合 以新版教学大纲为依据，整合大纲所要求的教学内容，将基础模块和选学模块的知识和技能，按照学生的认知规律进行序化。

（2）一体 坚持理论教学、实验教学和技能训练一体化，将理论、实验和技能有机地融为一体，不再出现理论章节后附"分组实验"和"技能训练"现象，避免理论和实验实习教学间人为分割。

（3）驱动 所有的章节名称都将以动词短语的形式出现，决定了相应的教学内容不再是简单的知识陈述，而是任务驱动式项目操作。

（4）微化 一改传统教材章节过于冗长的特点，将项目设计微小化，即缩小教学单元，以适应任务驱动、理实一体课程的特点，方便教学过程的组织、学习过程的考核、学生学习积极性的调动和学生个性差异的有效应对。

（5）通俗 对理论知识的描述，力求与学生的实际生活经历相结合，用通俗易懂的生活实例来解释专业术语和相关规律。

2. 课程框架

本教材整合了原学科体系的基础知识和基本技能的基本内容，根据大纲要求，结合电子信息类专业方向，共设置七个学习领域，每个领域内设置 2～4 个项目，每个项目的完成又分为若干步。每个项目均设置学习目标、工作任务和练习与思考等栏目，完成项目的每一步都由"看一看"、"做一做"、"想一想"等任务驱动单元和"知识链接"等环节组合而成，用以引导理实一体、任务驱动的教学过程，激发学生的学习动机。每个项目都可以形成一个独立的知识技能要求，同时项目之间又是分层递进的，前一个项目是后一个项目的基础，后一个项目又是前一个项目的综合和应用。

3. 实施建议

（1）本教材力求体现项目课程的特色与设计思想，内容力求体现先进性、实用性，典型产品的选取力求科学，体现产业特点，具有可操作性。其呈现方式也力求图文并茂，文字表述力求规范、正确、科学。故教学实施过程要体现以上编写思想，充分领悟项目课程的内涵，更新观念。

（2）以学生发展为本，重视培养学生的综合素质和职业能力，以适应电工技术快速发展带来的职业岗位变化，为学生的可持续发展奠定基础。为适应不同专业及学生需求的多样性，本教材通过对选学模块教学内容的灵活选择，体现课程内容的选择性和教学要求的差异性。教学过程中，应融入对学生职业道德和职业意识的培养。

（3）采取项目化教学方法，应以工作任务为出发点来激发学生的学习兴趣，教学过程中要注重创设教育情境，采取理论实践一体化，坚持"做中学、做中教"，积极探索理论和实践相结合的教学模式，使电工技术基本理论的学习、基本技能的训练与生产生活中的实际应用相结合。引导学生通过学习过程的体验或典型电工产品的制作等，提高学习兴趣，激发学习动力，掌握相应的知识和技能。

（4）考核与评价要坚持结果评价和过程评价相结合，定量评价和定性评价相结合，教师评价和学生自评、互评相结合，使考核与评价有利于激发学生的学习热情，促进学生的发展。考核与评价还要根据本课程的特点，不仅关注学生对知识的理解、技能的掌握和能力的提高，还要重视规范操作、安全文明生产等职业素质的形成，以及节约能源、节省原材料与爱护工具设备、保护环境等意识与观念的树立。

（5）本教材的基础模块（无"*"内容）是各专业学生必修的基础性内容和应该达到的基本要求，教学时数为 54 学时；选学模块（打"*"内容）是适应不同专业需要，以及不同地域、学校的差异，满足学生个性发展的选学内容，教学时数共计 29 学时，选定后即为该专业的必修内容，教学时数不少于 10 学时。课程总学时数不少于 64 学时。

（6）对于各项目中的内容，教师可以根据本校的实际进行取舍变动。对硬件条件不能达到要求的学校或地区，可将分组实训改作演示，以保证教学能正常进行。

本教材在江苏教科院马成荣所长、华东师大徐国庆博士指导下，由江苏省盐城市高级职业学校刘克军、吴建华、陶燕、盐城市教科院陈东林等老师共同编写。刘克军老师担任主编，负责全书的统稿和学习领域二、三、七的编写，陈东林老师担任主编并承担学习领域五的编写，学习领域六和学习领域四由吴建华老师编写，学习领域一由陶燕老师编写，。盐城市高级职业学校的领导和同事给予本书的编写提供了很大支持和帮助，并提出了很多宝贵意见。在此，谨向各位专家、领导和同事致以衷心的感谢。

由于编者水平有限，加之时间紧迫，书中的谬误与不妥之处在所难免，恳请各位专家、老师批评指正，以便我们进一步完善，不断提高。

2013 年月 10 月 于盐城

目　　录

学习领域一　基本直流参数 (1)

　　项目1　简单直流电路的连接 (1)
　　　　第1步　认识实训室 (2)
　　　　第2步　认识安全用电 (7)
　　　　第3步　连接简单直流电路 (14)
　　　　项目小结 (19)
　　　　习题 (19)
　　项目2　电流、电压的测试 (20)
　　　　第1步　测试直流电流 (20)
　　　　第2步　测试直流电压和电位 (25)
　　　　项目小结 (29)
　　　　习题 (29)
　　项目3　电源参数的测试 (29)
　　　　第1步　测试电源的电动势和内电阻 (30)
　　　　第2步　测试电源的输出功率 (36)
　　　　*第3步　认识电源模型 (40)
　　　　项目小结 (43)
　　　　习题 (43)
　　项目4　电阻的测试 (44)
　　　　第1步　认识常用电阻器 (44)
　　　　第2步　认识非线性电阻 (50)
　　　　第3步　电阻的测试 (52)
　　　　*知识链接：认识戴维宁定理和叠加定理 (65)
　　　　项目小结 (68)
　　　　习题 (69)

学习领域二　简易直流电表 (70)

　　项目5　电流表、电压表的制作 (70)
　　　　第1步　直流电压表的制作 (71)
　　　　第2步　制作直流电流表 (75)
　　　　知识链接：基尔霍夫定律 (78)
　　　　项目小结 (82)
　　　　习题 (82)
　　项目6　万用表的制作 (83)
　　　　第1步　识读万用表电路原理图和装配图 (84)

第 2 步　检测元器件 ……………………………………………………………… （93）
　　第 3 步　安装并调试万用表 …………………………………………………… （94）
　项目小结 ……………………………………………………………………………… （98）
　习题 …………………………………………………………………………………… （98）

学习领域三　磁场和磁路 …………………………………………………………… （99）

项目 7　感知磁场和磁路 ……………………………………………………………… （99）
　　第 1 步　感知磁场 ……………………………………………………………… （100）
　　*第 2 步　认识磁路 ……………………………………………………………… （107）
　　*第 3 步　认识铁磁性材料 ……………………………………………………… （108）
　项目小结 ……………………………………………………………………………… （112）
　习题 …………………………………………………………………………………… （112）

项目 8　过流保护电路的制作 ………………………………………………………… （114）
　　第 1 步　检测干簧管 …………………………………………………………… （115）
　　第 2 步　检测继电器 …………………………………………………………… （118）
　　第 3 步　过流保护电路的安装与测试 ………………………………………… （121）
　项目小结 ……………………………………………………………………………… （126）
　习题 …………………………………………………………………………………… （126）

学习领域四　交流电路的基本物理量 …………………………………………… （127）

项目 9　初识交流电路 ………………………………………………………………… （127）
　　第 1 步　测试交流电路的基本物理量 ………………………………………… （128）
　　第 2 步　认识交流电的表示方法 ……………………………………………… （133）
　项目小结 ……………………………………………………………………………… （137）
　习题 …………………………………………………………………………………… （138）

项目 10　纯电阻电路的测试 ………………………………………………………… （138）
　　第 1 步　交流电压的万用表测试 ……………………………………………… （139）
　　第 2 步　交流电流的测试 ……………………………………………………… （140）
　　第 3 步　测试纯电阻电路电流和电压的大小 ………………………………… （142）
　　第 4 步　测试纯电阻电路电流和电压的相位关系 …………………………… （144）
　项目小结 ……………………………………………………………………………… （146）
　习题 …………………………………………………………………………………… （146）

项目 11　纯电感电路的测试 ………………………………………………………… （147）
　　第 1 步　认识电磁感应现象 …………………………………………………… （148）
　　第 2 步　认识自感现象 ………………………………………………………… （152）
　　第 3 步　电感器的识读与检测 ………………………………………………… （155）
　　第 4 步　纯电感交流电路的测试 ……………………………………………… （159）
　项目小结 ……………………………………………………………………………… （163）
　习题 …………………………………………………………………………………… （164）

项目 12　纯电容电路的测试 ………………………………………………………… （165）
　　第 1 步　电容器的识读与简单检测 …………………………………………… （165）

*第 2 步　测试 RC 瞬态过程 (174)
　　第 3 步　纯电容电路的测试 (178)
　　项目小结 (182)
　　习题 (182)

学习领域五　串并联交流电路 (183)

　项目 13　串联交流电路的测试 (183)
　　第 1 步　RLC 串联电路的测试 (184)
　　*第 2 步　RLC 串联谐振电路的测试 (194)
　　项目小结 (200)
　　习题 (201)

　*项目 14　并联交流电路的测试 (201)
　　第 1 步　电感器与电容器并联电路的测试 (202)
　　第 2 步　电感器与电容器并联谐振电路的测试 (206)
　　第 3 步　非正弦周期波的谐波分析 (209)
　　项目小结 (214)
　　习题 (214)

学习领域六　三相交流电路 (216)

　项目 15　制作模拟三相交流电源 (216)
　　第 1 步　研究互感现象 (217)
　　第 2 步　测试变压器 (223)
　　第 3 步　制作模拟三相交流电源 (230)
　　项目小结 (235)
　　习题 (236)

　*项目 16　三相交流负载的连接 (237)
　　第 1 步　连接三相交流电源 (237)
　　第 2 步　连接三相交流负载 (239)
　　第 3 步　测试三相负载 (242)
　　项目小结 (244)
　　习题 (244)

　项目 17　用电保护装置的安装 (245)
　　第 1 步　判别火线与零线 (245)
　　第 2 步　安装漏电保护装置 (247)
　　第 3 步　安装保护接零和保护接地装置 (250)
　　项目小结 (253)
　　习题 (253)

学习领域七　实用照明电路 (254)

　项目 18　荧光灯电路的安装 (254)
　　第 1 步　认识常用照明灯具 (255)
　　第 2 步　常用电工工具及材料的认识 (257)

第 3 步　荧光灯电路的安装 ··· (260)
　　第 4 步　荧光灯电路的测试 ··· (264)
　　项目小结 ··· (271)
　　习题 ··· (272)
项目 19　简易配电板的安装 ··· (272)
　　第 1 步　认识电能表 ·· (273)
　　第 2 步　安装简易配电板 ·· (274)
　　第 3 步　电能表的简单校验 ··· (282)
　　第 4 步　电流的便捷测试（钳形电流表测试法） ······································· (283)
　　项目小结 ··· (284)
　　习题 ··· (285)

学习领域一　基本直流参数

领域简介

认识基本直流电路参数是学习相关电工技术和电子技术的基础。在本领域中，将首先了解实训室的硬件配置、相关规定和安全用电的相关注意事项，并在此基础上连接最简单的直流电路。通过简单电路的连接和分析，认识电路的相关概念和规律，进而进一步学习电流、电压、电位、电阻、电功率和电动势的概念及相应的测量方法，同时学习欧姆定律等相关规律。

项目1　简单直流电路的连接

学习目标

- 了解电工实训室的电源配置，认识交、直流电源，基本电工仪器仪表及常用电工工具；
- 了解电工实训室操作规程及安全电压的规定和人体触电的类型及常见原因，掌握防止触电的保护措施，了解触电的现场处理措施；
- 了解电气火灾的防范及扑救常识，能正确选择处理方法；
- 了解电路组成的基本要素，理解电路模型；
- 能认识电路符号，会识读电路图。

工作任务

- 熟悉实训室的硬件配置和相关规定；
- 了解安全用电常识；
- 连接简单直流电路。

项目概要： 本项目由三项任务组成，每一项任务都可视为一个相对独立的子项目，认识实训室和认识安全用电是后面连接简单直流电路的基础。从工作任务体系看，前两项任务既为后一项任务服务，更为本课程后续项目及本专业所有学习项目服务，所以本项目是本课程乃至本专业的基础。

第1步 认识实训室

1. 认识电工实训室

友情提醒：未经老师允许，可不能随便摆弄相关设备！

观察实训室，一边观察一边就以下几个方面的问题做记录：
（1）这里的设施有哪些是你熟悉的？哪些是你不熟悉的？
（2）你知道哪些设施的名称？哪些设施的名称你不知道？
（3）你了解哪些设施的功能？哪些设施的功能你不了解？

我的观察记录：_____
_____
_____
_____

你对实训室内的各种设施是否已经熟悉？是否已经了解相关设施的名称、功能和大致使用方法？请进行相互讨论。通过讨论，你对实训室的各种设施有何新的认识？还有没有理解不到位的或理解错了的？

我的记录：_____
_____
_____
_____

2. 认识常用电工仪表

观察下图中的各类电表。
（1）常见的直流电流表（图1.1.1）。

图 1.1.1　常见的直流电流表

（2）常见的直流电压表（图 1.1.2）。

图 1.1.2　常见的直流电压表

（3）常见的交流电压表（图 1.1.3）。

图1.1.3　常见的交流电压表

(4) 常见的交流电流表(图1.1.4)。

图1.1.4　常见的交流电流表

(5) 常见的电能表(图1.1.5)。

图1.1.5　常见的电能表

（6）常见的功率表（图 1.1.6）。

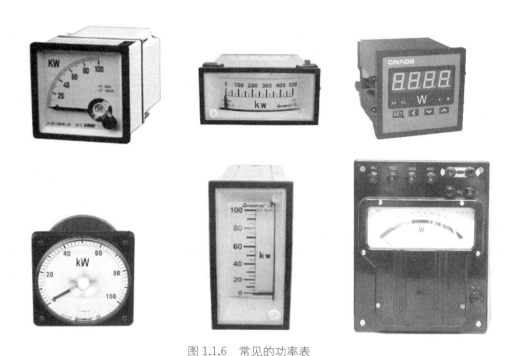

图 1.1.6 常见的功率表

（7）常见的欧姆表（图 1.1.7）。

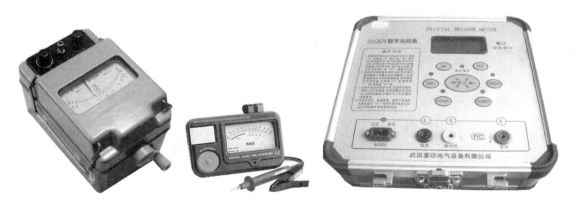

图 1.1.7 常见的欧姆表

想一想

（1）若将上面的图片混在一起，你能区分出哪些是电流表，哪些是电压表，哪些是欧姆表，哪些是功率表，哪些是电能表吗？你将根据什么来区分它们？

（2）若将上面的图片混在一起，你能区分出哪些是直流电压表，哪些是交流电压表吗？你是根据什么来区分它们的？

我的分析：_____
_____
_____
_____

观察老师提供的实训室常用的电工测量仪表，注意各表与前面相关图片的对应关系。

（1）你所观察的电表中，你能区分出哪些是电流表，哪些是电压表，哪些是欧姆表，哪些是功率表，哪些是电能表吗？你是根据什么来区分它们的？

（2）你所观察的电表中，你能区分出哪些是直流电压表，哪些是交流电压表吗？你是根据什么来区分它们的？

我的观察结果：_____
_____
_____
_____
_____

3．认识常用电工工具（图 1.1.8～图 1.1.11）

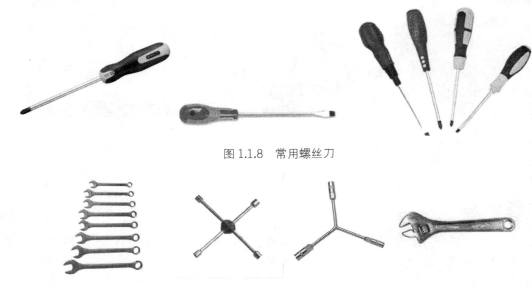

图 1.1.8　常用螺丝刀

图 1.1.9　常用扳手

图 1.1.10 常用剥线钳

图 1.1.11 常用钳子

想一想

（1）以上图片中哪些是你熟悉的工具？你知道它们的正确名称和使用方法吗？
（2）以上图片中哪些工具是你没见过的？

练习常用电工工具的使用方法。

第2步 认识安全用电

1. 了解电工实训室操作规程

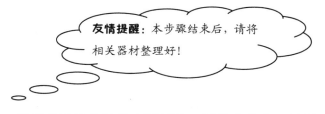

养成良好的学习习惯是学习的基本要求，学习各种操作技能也不例外，况且实验实习场所有各种各样的设备、仪器和工具，正确、规范地操作是消除各种事故隐患、保护人身财产安全的必要保证，所以实训教学尤为强调良好行为习惯的养成。请阅读某学校电工实训室学生行为规范。

电工实训室学生行为规范

（1）实验实习场所要保持安静，不得打闹、嬉笑、喧哗。

（2）实验实习场所要保持清洁，不得乱抛杂物，不得随地吐痰。

（3）进入实验实习场所，在未经允许的情况下不得随便摆弄实训器材。

（4）在老师要求检查器材时，必须对照有关实验实习要求检查各种器材的数量和质量，发现问题必须立即报告，进行更换或登记。未按规定进行检查或检查后发现问题没有报告者，所有因器材而出现的问题都将被视为操作不当或人为损坏。

（5）实训结束，必须将所用的各种器材按原样整理放好，经老师检查后方可离开。

（6）必须做到一切行动听指挥。

（7）时刻注意安全。

（8）养成随手断电的习惯。

（1）为了保证实验实习场所的安静和清洁，你认为应该怎样做？

（2）进入实验实习场所，在未经允许的情况下为什么不得随便摆弄实训器材？怎样做才能不违规？

（3）以上规范规定在老师要求检查器材时，必须对照有关实验实习要求检查各种器材的数量和质量，发现问题必须立即报告，进行更换或登记。实训结束，还必须将所用的各种器材按原样整理放好，经老师检查后方可离开。对此你有何看法？

（4）实训课堂上为什么必须做到一切行动听指挥？

（5）你知道"时刻注意安全"是什么意思吗？怎样做才能不出安全事故？

（6）为什么要"养成随手断电的习惯"？

我的分析：_____

_____

_____

_____

_____

_____

2. 认识人体触电

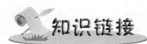

报道一：3月22号上午，某体育广场上有不少市民在放风筝。当一个大型软体风筝起飞到空

中 4、5 米时，风筝线突然断掉，失去控制的风筝向远处飞去。风筝挂到了马路边上的高压线上，只听"嘭"的一声，两条主干线瞬间跳闸，造成中华路以南、牡丹路以西，方圆三公里的用户停电。电力公司闻讯派抢修车赶到现场，经过一个小时的抢修，供电恢复正常。

报道二：某日下午，四川省泸县奇峰镇人程某和往常一样又来到附近的河沟边钓鱼，在甩钓鱼竿时，鱼竿不慎碰到架设在河沟上方的高压电线，程某当即触电倒地，被人发现后送往医院，抢救无效身亡。

报到三：在一建筑工地，操作工王某发现潜水泵开动后漏电开关动作，便要求电工把潜水泵电源线不经漏电开关直接接上电源。起初电工不肯，但在王某的多次要求下照办了。潜水泵再次启动后，王某拿一根钢筋欲挑起潜水泵检查是否沉入泥里，当王某挑潜水泵时，即刻触电倒地，经抢救无效死亡。

报道四：某热电厂电气变电班班长安排工作负责人王某及成员沈某和李某对甲开关（35kV）进行小修，甲开关小修的主要内容是：①擦洗开关套管并涂硅油；②检修操作机构；③清理 A 相油渍。并强调了该项工作的安全措施。

工作负责人王某与运行值班人员一道办理了工作许可手续，之后王某又回到班上。

当他们换好工作服后，李某要求擦油渍，王某表示同意，李某即去做准备。王对沈说："你检修机构，我擦套管"。随即他俩准备去检修现场，此时，班长见他们未带砂布便对他们说："带上砂布，把辅助接点砂一下"。沈某即返回库房取砂布，之后跑向检修现场追王，发现王某已到与甲开关相临正在运行的乙开关（35kV）南侧准备攀登。沈某就急忙赶上去，把手里拿的东西放在乙开关的操作机构箱上，当打开操作机构箱准备工作时，突然听到一声沉闷的声音，紧接着发现王某已经头朝东脚朝西摔在地上，沈便大声呼救。此时其他同志在班里也听到了放电声，便迅速跑到变电站，发现王躺在乙开关西侧，人已失去知觉，马上开始对王进行胸外按压抢救。约 10 分钟后，王苏醒，便立即送往医院继续抢救。但因伤势过重，经抢救无效于 10 月 17 日晨 5 时死亡。从王某的受伤部位分析得知，王某的左手触到了带电的乙开关（35kV），电流途经左手和左腿内侧，触电后王某从 1.85 米高处摔下，将王戴的安全帽摔裂，其头骨、胸椎等多处受伤。

想一想

（1）日常生活中你经历过的、遇见过的或听说过的有关触电的事故有哪些？
（2）怎样防范触电事故的发生？

我的回答：_____
_____

读一读

（1）人体因触及带电体或人体与带电体之间产生闪击放电而使人体受到电伤害的现象，称为触电。触电对人体的伤害可分为电伤和电击两类，电伤是电流对人体外部造成的伤害，而电击是电流通过人体而对人体内部器官造成的伤害。电击的伤害程度与通过人体电流的频率、大小、途径及人体的健康状况有关。

当频率为 50～100Hz 时,电流对人体的伤害最大。当通过人体的电流达到 45mA 时,就会对人体造成伤害;当通过人体的工频电流超过 50mA,且通电时间超过 1s 时,就可能危及人的生命。一般人体电阻为 800 到几万欧姆不等,为了确保人的生命安全,我国规定 36V 以下的电压为安全电压。

常见的触电形式有以下三种。

① 单相触电。人体触及三相电源中的任一相线,同时又与大地相接触,这样的触电叫单相触电,如图 1.2.1（a）所示。我国生产生活中使用的交流电,其相线对地电压为 220V,所以在该系统中单相触电时人体所承受的电压为 220V。

② 两相触电。人体同时触及三相电源中的两根相线,此时的触电叫做两相触电,如图 1.2.1（b）所示。与单相触电相比,两相触电时人体所承受的电压为单相触电时的 $\sqrt{3}$ 倍,所以比单相触电更加危险。

③ 跨步电压触电。高压电线及电器发生接地事故时,其电流在接地点周围产生电压降,当人体在接地点周围行走时,两脚之间就会形成一定的电压,这就是跨步电压。离接地点越近,跨步电压越大;人的步幅越大,跨步电压越大。这种由于跨步电压而触电的形式叫跨步电压触电,如图 1.2.1（c）所示。

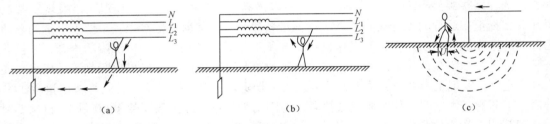

图 1.2.1　触电分类示意图

（2）就触电的原因来分析,触电可能是人体直接触及带电体或人体接触到绝缘损坏而带电的电气设备的金属外壳,所以要防止触电事故的发生,一定要做到以下几点。

① 按规范规程操作。电能的开发利用和现代电气设备的研究发展,给人类的生活方式和生活质量带来了巨大的变化。但事物都是一分为二的,电能的利用在给人类带来无限便利的同时,也会给人们的生活埋下很多隐患,一旦使用不当,就会对人们的生命和财产构成威胁。只有严格按照规范操作,按要求使用各类电器,才能避免人体与带电体直接接触。

② 安装必要的保护装置。大多数触电事故,都是由于电气设备的绝缘损坏而导致金属外壳带电而发生的。为此,应安装必要的保护装置以避免这类触电事故的发生。常用的保护装置如下。

短路保护装置。熔断器是最常用的短路保护装置,随着电气制造技术的进步,体积小、重量轻、价格低、性能优的自动空气开关正在逐渐取代熔断器而被广泛应用于各类低压供电场合。当线路或电气设备的绝缘损坏时,电路中常会有大电流出现,此时短路保护装置能及时切断电路,起到很好的保护作用。

漏电保护装置。当电路出现漏电现象时,漏电保护装置能及时发现并切断电路,有效地防止漏电现象的继续发生,从而避免事故的发生。

接地保护装置。一般在 1000V 以下,电源中性点不接地的供电系统中,将电气设备的金属外壳与接地体（埋入地下与大地直接相接的金属导体）相接,这种保护方法称做保护接地。

接零保护装置。在电源中性点接地的三相四线制供电系统中,将电气设备的金属外壳与电源零线相接,这种方法称为接零保护。

关于保护接地和保护接零的原理,将在后面章节中学习。

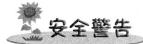

安全用电常识如图1.2.2所示。

使用电熨斗、电吹风、电炊具等家用电器时,人不要离开。使用大功率电器时,要注意线路的承受能力,不可超负荷用电。安装、修理电气线路或电气用具要找电工,不要私自乱拉乱接电线。每户宜装设漏电保护器,要选用与电气设备相匹配的熔丝,不准用铜丝代替熔丝。

晒衣铁架要与电力线保持安全距离,不要将晒衣竿搁在电线上,不要在输电线下放风筝和钓鱼。

用电器与周围物品之间要有足够的散热空间,要远离带电体,特别是脱落在地的导线。电气火灾发生时不能用水灭火,应使用专用灭火器。

搬动电器前要切断电源,拔掉电源插头,不要随意将三极插头改成两极插头,切不可将三极插头的相线(俗称火线)与接地线接错。

严禁私设电网捕鱼、防盗、狩猎、捕鼠等,不用湿布擦灯具、开关等带电用具。

图1.2.2 安全用电常识

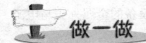

（1）观察实训室配电箱，了解各电气设备的作用和各种保护措施。
（2）回家检查家庭用电电路，看相应的保护措施是否到位，是否存在安全隐患。
（3）回想一下，在日常生活中，哪些行为与安全用电有抵触？

我的结果：_____

3．救护触电者

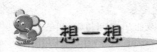

若在你的周围发生了触电事故，你应怎样对触电者实施救护？

我的结果：_____

对受到伤害的触电者应及时进行救护，主要措施如下（图1.2.3）。

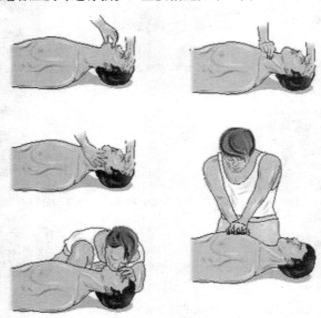

图 1.2.3　人工呼吸和胸外挤压示意图

（1）尽快使触电者脱离电源。若救护者离电源开关较近，则应立即切断电源，否则应用木棒或竹杆等绝缘物使触电者脱离电源，不能用手直接去拉触电者。

（2）人工呼吸。当触电者有心跳而无呼吸时，应采用人工呼吸的措施。即：病人仰卧平躺在地上，鼻孔朝天颈后仰；首先清理口鼻腔，然后松扣解衣裳。捏鼻吹气要适量，排气应让口腔畅；吹二秒来停三秒，五秒一次最恰当。

（3）胸外挤压。当触电者有呼吸而无心跳时，应采用胸外挤压的措施。即：当胸放掌不鲁莽，中指应该对凹膛。掌根用力向下压，压下一寸至半寸。压力轻重要适当，过分用力会压伤。慢慢压下突然放，一秒一次最恰当。

当触电者既无呼吸也无心跳时，可采用人工呼吸和胸外挤压同时进行的方法进行急救。应口对口吹气两次（约 5s 内完成），再做胸外挤压 15 次（约 10s 内完成），之后交替进行。

利用模型进行人工呼吸和胸外挤压练习。

4．电气火灾的防范及扑救

观看电气火灾及其扑救的影视资料，并说说你的认识。

我的认识：_____
_____

日常生活中经历过的、遇见过的或听说过的有关电气火灾的事故有哪些？

我的回想：_____
_____

（1）电气火灾的防范。电气设备引起火灾的原因很多，主要有：设备或线路过载运行，供电线路绝缘老化、受损引起漏电、短路，设备过热、温度过高引起绝缘纸、绝缘油燃烧，电气设备运行中产生明火（如电刷火花、电弧）或静电火花引燃易燃物等。

为了防范电气火灾的发生，首先要按防火要求设计和选用电气产品、电气线路；其次要从减少明火、降低温度、减少易燃物三方面入手来提高电气安装和维修水平，同时还要配备灭火器械。

（2）电气火灾的扑救。电气火灾一旦发生，首先应设法切断电源。带电灭火时切忌用水和泡沫灭火剂，应使用二氧化碳灭火器、干粉灭火器、四氯化碳灭火器、卤代烷灭火器和1211（二氟一氯一溴甲烷）灭火器（图1.2.4）。

图1.2.4　常用灭火器

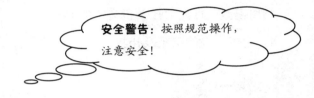

认识各类灭火器，并练习灭火器的使用。

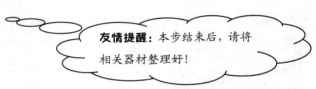

第3步　连接简单直流电路

1. 连接简单电路

想一想

现有电池一只、开关一只、灯泡一只和导线若干，如何选用这些器材中的部分或全部连接一个完整的电路，要求灯泡在需要时能发光，不需要时可熄灭。

我所选用的器材有：_____

_____

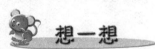

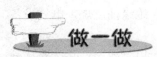

根据以上要求和相应思考，连接一个最简单但又完整的电路，并写出操作步骤。

学习领域一　基本直流参数　15

我的操作步骤有：_____
_____
_____
_____

想一想

在你所连接的电路中各器材起什么作用？

各器材的作用：_____
_____
_____
_____
_____

2．了解电路的组成和状态

想一想

根据上面所连接的电路，想一想，一个完整的电路应包括哪几个组成部分？各部分的作用如何？

我的回答：_____
_____
_____
_____

读一读

从上面连接的电路可以看出，电路就是由电源、用电器、导线和开关等组成的闭合回路。

1）电源

电源就是将其他形式的能量转换成电能的装置。如电池是将化学能转换成电能的装置，发电机是将机械能转换成电能的装置。常见的电源如图 1.3.1 所示。

图 1.3.1　常见电源

图 1.3.1　常见电源（续）

2）用电器

用电器（图 1.3.2）是将电能转换成其他形式能量的装置。在电路中它的角色和电源正好相反，如电灯是将电能转换成光能和热能的装置，电动机是将电能转换成机械能的装置。

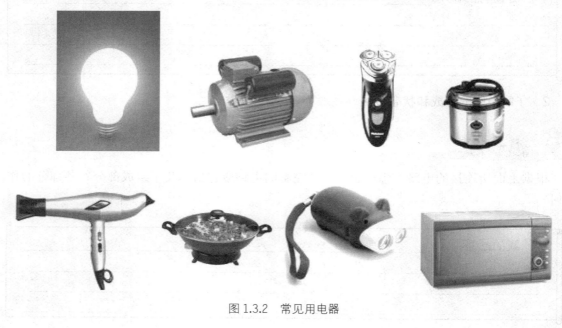

图 1.3.2　常见用电器

3）导线

导线（图 1.3.3）就是用于连接电源、开关和用电器等器件的金属线，它起着能量传输的作用。

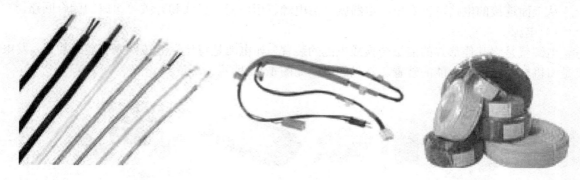

图 1.3.3　常见导线

4）开关

开关（图 1.3.4）是用于控制接通或断开电路的装置。

图 1.3.4　常见开关

日常生活中，在你的周围哪些装置是电源？哪些装置是用电器？请说明它们的能量转换情况。

我的回答：_____

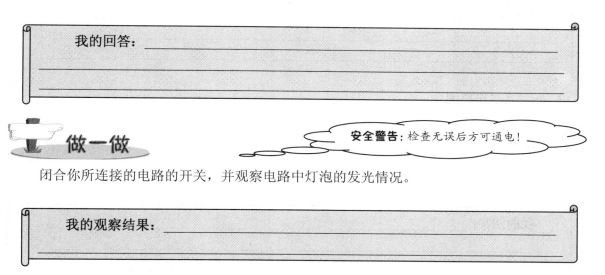

闭合你所连接的电路的开关，并观察电路中灯泡的发光情况。

安全警告：检查无误后方可通电！

我的观察结果：_____

友情提醒：思考问题前首先应切断前面电路的电源！

上面所连接的电路中，若开关闭合，则电路的状态应该用什么名词来描述？若开关打开，电路的状态又应该用什么名词来描述？若用一根导线直接将电源的正负极相接，结果会怎样？电路的状态又应该用什么名词来描述？

我的回答：_____

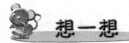

电路一般有如下三种状态。

（1）通路（闭路）。通路就是电路各部分构成闭合回路的状态，即电源开关闭合时的状态，此时有电流流过电路。

（2）开路（断路）。开路就是电路断开的状态，电路中没有电流流过。

（3）短路（捷路）。电源的两端被导线直接相接的状态。短路时电源中的电流很大，会损坏电源和导线，甚至会导致火灾等事故的发生，所以要绝对避免。

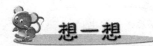

电路的三种状态中，电流最大的是哪种状态？电流最小的是哪种状态？不能出现的是哪种状态？电源耗能最大的是哪种状态？电源耗能最小的是哪种状态？

我的回答：_____

_____

_____

3. 识读简单电路图

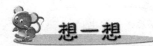

你能用电路图将上面所连接的电路表达出来吗？若能，请画出。

我的回答：_____

_____

_____

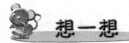

在设计、安装或维修各种电气设备时，常要用图形来表示电路连接情况，这种用规定的图形符号表示电路连接情况的图，称为**电路图**。这些图形符号要遵循国家标准，常见的电路图形符号如图 1.3.5 所示。

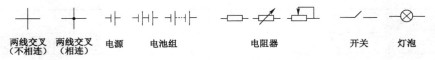

图 1.3.5 常见的电路图形符号

（1）查阅电工手册及相关电工资料，识读基本的电气符号和简单的电路图。

（2）请利用规定的图形符号，检查刚才所画的电路图有无不够规范之处，若有，请修正并重新画出前面所连接电路的电路图。

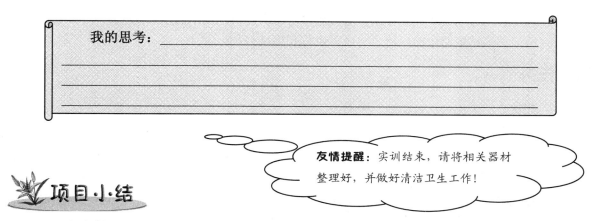

（1）实训室是学习知识和技能、培养职业能力的地方，也是模拟工作场所，严守相关守则、遵守相关纪律，是学习得以正常进行的基本保证。

（2）在电工实训室中学习，将始终与电打交道。安全重于泰山，安全用电是电工实训室的根本。

（3）电路由4个最基本部分组成，各部分的作用其实就是在进行能量的传递和转换。

（4）电路的结构可用电路图来表示。电路有三种状态，连接电路时一定要切断电源，避免短路状态或过流状态发生。

习　题

1．简单描述你校电工实训室的实训台的配置，它由几个部分组成？各部分的功能是什么？操作时应注意哪些问题？

2．你能区分电流表、电压表、电能表、功率表和欧姆表吗？你区分它们的依据是什么？

3．你认识常用电工工具（常用螺丝刀、扳手、尖嘴钳、斜口钳、老虎钳和剥线钳）吗？你知道它们怎么用吗？

4．你所在的实训室有哪些规范要求？你认为它们对你今后的学习有什么影响？

5．对人体形成伤害的电流一般为多少？可能致人死亡的电流一般为多少？一般所说的安全电压为多少？

6．人体触电主要有哪几种形式？各在什么情况下发生？

7．在日常生活中，应怎样保证用电安全？

8．一旦发生触电事故，对受伤者应如何救治？什么时候要进行人工呼吸？什么时候要进行胸外挤压？

9．你会使用灭火器吗？一旦发生电气火灾时，能用水来灭火吗？应该用什么类型的灭火器？

10．一般电路由哪几部分组成？各部分的作用是什么？

项目2 电流、电压的测试

学习目标

- ✧ 理解电流、电压及电位的概念及其计算方法；
- ✧ 理解参考方向的含义和作用，会应用参考方向解决电路中的实际问题；
- ✧ 会简单测试电路中的电流、电压、电位和电动势；

工作任务

- ✧ 测试直流电流；
- ✧ 测试直流电压和电位。

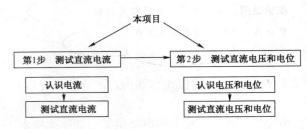

项目概要：本项目由并列的测试直流电流、测试直流电压和电位两项任务组成，每一项任务都是一个相对独立的子项目。但两项任务有很多相同或相似的地方，由于测试直流电流安排在前，所以在后一任务测试直流电压和电位中有很多内容就简略了。

第1步 测试直流电流

1. 认识电流

1) 电流的形成

一群顽童在河中戏水，河水被搅得上下翻滚，你能用"水流湍急"来描述这一现象吗？

长江、黄河奔腾不息流向大海与顽童戏水的现象有何不同？

水能形成水流，电荷能形成电流，你能根据水流现象来说说什么叫电流吗？

"大江东去"是我国特有的地理现象，根据这一现象，你能说一说与该现象相应的形成电流的条件吗？

冬季的雪山白茫茫一片，但溪间却无水可流，根据这一现象，你能说一说与该现象相应的形成电流的另一条件吗？

我的思考：_____
_____
_____
_____

读一读

物质是由分子构成的,分子是由原子构成的,而原子是由带负电的核外电子和带正电的原子核构成的,所以任何物质都是由大量带电粒子(电子和原子核)组成的。

有的物质内部所有带电粒子都是不可移动的,所以这些粒子所带电荷称为非自由电荷,这样的物质就是通常所说的绝缘体,它是不能导电的。有的物质内部有部分带电粒子可自由移动,这些粒子所带电荷称做自由电荷,内部含有大量自由电荷的物质就是通常所说的导体。金属导体内部的自由电荷是自由电子,电解液内部的自由电荷是正、负离子。

自由电荷的定向移动形成了电流,如金属导体中自由电子的定向移动,电解液中正、负离子的定向移动。

要形成电流,首先要有可自由移动的电荷,即自由电荷。但仅有自由电荷还不能形成电流,还必须有推动自由电荷作定向移动的作用力,这种作用力只能来自电场。要形成电流,不仅要有自由电荷,还要有推动自由电荷作定向移动的电场。从宏观看,有导体就会有自由电荷,在导体两端加上电压,就会在导体中形成电场。所以要形成持续的电流,就必须在**导体的两端维持一定的电压**,这就是在导体中形成持续电流的条件。

想一想

导体在无外加电压影响的状态下,其内部的自由电荷在作杂乱无章的无规则的热运动,其现象如同"顽童戏水","顽童戏水"不能用"水流湍急"来描述,自由电荷在作杂乱无章的无规则的热运动时能否形成电流?

雪山上的固态水因不能自由移动而不能往下流,在绝缘体的两端加上电压也不能形成电流,这说明绝缘体中的电荷是否为自由电荷?

"大江东去"说明要形成水流就要保持一条河的两头有一定的水位差,与之相对应,要形成持续的电流就应在导体的两端维持一个什么样的条件?

我的思考:_____
_____
_____

2)电流

想一想

在汛期,常在电视和广播中看到或听到某一河流某日某时的流量为多少 m³/s 的报告,你理解其意义吗?受河水流量的启发,你能用一适当的方式来表示某一导体中电流的强弱吗?

我的思考：_____
_____
_____
_____

电流既是一种物理现象，又是一个表示自由电荷定向运动强弱的物理量。**电流的大小等于通过导体横截面的电荷量与通过这些电荷量所用时间的比值。** 如果在时间 t 内通过导体横截面的电荷量为 q，则电流

$$I = \frac{q}{t}$$

在国际单位制中，电流的单位为安培（简称安，用符号 A 表示），1A 即为 1s 内通过导体横截面的电荷量为 1C。常用的单位还有毫安（mA）和微安（μA）。

$$1A = 10^3 mA = 10^6 μA$$

习惯上规定正电荷定向移动的方向为电流方向。 不过要注意，电流虽有方向，但它不是矢量。方向不变的电流称为**直流电流**，大小和方向都不随时间变化的电流叫**稳恒电流**，稳恒电流是直流电流中的一种，但实际应用中，若不特别强调，一般所说的直流电流就是特指稳恒电流。

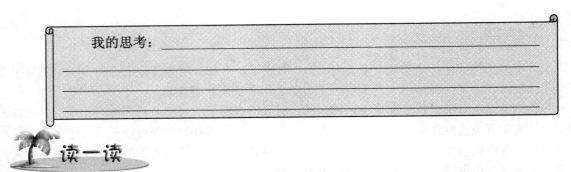

收音机的工作电流为 20mA，该电流合多少安培？多少微安？若该收音机工作 10 分钟，则通过电路的电荷为多少库仑？导线中的自由电荷是自由电子，它们带负电荷，则自由电子定向移动的方向与电流的方向相同还是相反？

我的思考：_____
_____
_____
_____

2. 测试直流电流

1）认识电流表

某同学欲测量如图 2.1.1 所示的电阻 R（为某一电路中的一部分）中所通过的直流电流 I，所使用的电表是图中的万用电表。他的操作过程如下。

①将万用表放置在水平桌面上，然后用小螺丝刀对着万用表表盘下方的调节口调节了一番。

②将红表笔插入"+"插孔，黑表笔插入"-"插孔，并将万用表的转换开关调到"500mA"

挡（最大直流电流挡）。

③将电阻 R 的左接线端子上的接线断开，并将万用表的红表笔与线端 1 相接，黑表笔与电阻端子 2 快速触碰了一下，发现电表的指针反向摆动了一下。

④断开电源，将万用表的黑表笔与"1"相接，再接通电源，将红表笔与"2"快速触碰了一下，发现电表指针偏角很小。

⑤断开电源，将万用表的红表笔与"2"接牢，转换开关调到"50mA"挡，接通电源，读出电表的读数大致为 3mA。

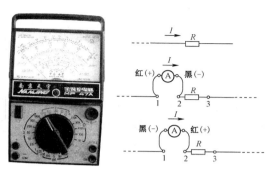

图 2.1.1 用万用表测量电流示意图

⑥断开电源，将万用表的转换开关置为"5mA"挡，接通电源，读出电表的读数为 3.62mA。记录为 $I = -3.62$mA。

⑦断开电源，拆除万用表并将其转换开关置为最高交流电压挡（或"OFF"挡），并将"1"、"2"相接，接通电源。

① 为什么要将万用表放置在水平桌面上，并用小螺丝刀对着万用表表盘下方的调节口调节一番？

② 为什么开始时要将万用表的转换开头调到"500mA"挡（最大直流电流挡）？为什么开始要"触碰"？

③ 电表的指针反向摆动了一下，这说明了什么？

④ 将万用表的转换开关调到"50mA"挡，接通电源，读出电表的读数大致为 3mA 后，为什么还要将万用表的转换开关置"5mA"挡重测？

⑤ 最后的记录中 I 为什么等于 -3.62mA？

⑥ 调节转换开关前为什么要先断开电源？

⑦ 图 2.1.1 中所标电流方向为电流的**参考方向**，实际电路中的电流方向与参考方向一致吗？由上述测量和分析过程请你说明电流参考方向的意义。

我的思考：_____

直流电流表是测量直流电流的仪表，它有安培表、毫安表和微安表之分。电流表的内阻一般都很小，通常可以忽略不计。

电流表在使用中要注意以下几点：
① 电流表应串联于被测电路的低电位一侧，即靠近电源负极的一侧。
② 电流表的量程应大于被测量，测量时应尽量使电流表指针指示在三分之二到满刻度间。
③ 被测电流应从"+"端流入电流表，由"-"端流出。
④ 使用前要检查电表的指针是否指零，若不指零，则用螺丝刀调节机械调零机构，使之指零。
⑤ 待电流表指针稳定后再读数，且尽量使视线与刻度盘垂直。如果刻度盘有反光镜，则应使指针和它在镜中的影像重合后再读数，以减小读数误差。

我的思考：
你所用的电流表有_____个直流电流量程，若所测电流大致为40mA，则应选_____量程来测量；若所测电流大致为 8mA，则应选_____量程来测量；若所测电流大致为1mA，则应选_____量程来测量；若所测电流大致为200mA，则应选_____量程来测量；若所测电流大致为550mA，则应选_____量程来测量。

2）测试直流电流

如何测试图 2.1.2 所示电路中的电流？
① 首先要连接好该被测电路。连接电路时开关 S 应保持什么状态？
② 若要测量电源中的电流，则应将电流表串联于电路中的什么位置？简述其具体步骤。

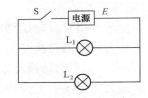

图 2.1.2　直流电流测试电路

③ 若电流表的"+"极在左，"-"极在右，测量时电表正偏，则说明电源中的电流流向哪？若测量时电表反偏，则说明电源中的电流流向哪？反偏时要测量出电路中的电流应怎样操作？
④ 若要测量 L_1 中的电流，则应将电流表串联于电路中的什么位置？具体怎么做？
⑤ 若要测量 L_2 中的电流，则应将电流表串联于电路中的什么位置？具体怎么做？

我的思考：_____

安全警告：连接电路时，电源开关一定要断开；电表串联进电路时，首先要将其量程调到最大；改变电表量程时要断开电源；测试间隙或结束都要随手断电！

（1）对照图 2.1.2 连接电路。
（2）将电流表接入电路，测试电源中通过的电流。
（3）将电流表接入电路，测试 L_1 中通过的电流。
（4）将电流表接入电路，测试 L_2 中通过的电流。

我的测试结果：

测试电源中的电流：电表的合适量程为_____，电源中的电流向_____，大小为_____。

测试 L_1 中的电流：电表的合适量程为_____，L_1 中的电流向_____，大小为_____。

测试 L_2 中的电流：电表的合适量程为_____，L_2 中的电流向_____，大小为_____。

友情提醒：测试结束，请断开电源，拆掉电路并整理好器材！

第2步　测试直流电压和电位

1. 认识电压和电位

想一想

（1）若你在 5 楼，每层楼的层高为 3m，你面前的桌子高为 1m，桌上放有一本书，你能说清楚书所处的高度吗？甲说书所处的高度为 1m，乙说书所处的高度为 13m，但两人都认为桌子高 1m，你能解释这一现象吗？

（2）水往低处流，电流与水流相对应，电流由 A 点流向 B 点，说明 A 点有一与前面事例中的高度相对应的电参数高于 B 点，根据物理课程中所学知识想一想，这个电参数是什么？

（3）参考零点不同，A、B 两点的该参数值也不同，这与"参考零点不同，各点的高度就不同"一样，但两点间该参数的差值是否会变化？这个差值与前面所说的高度差相对应，是哪一个物理量？

我的思考：_____
_____
_____
_____
_____
_____
_____

电路中每一点都应有一定的电位，就如同空间中的每一点都对应一定的高度一样。要确定某一点的高度就必须先确定一个计算的起点，即高度的零点。比如说工厂的烟囱高度为 30m，它是从地平面算起的，即地平面是高度零点。计算电位也是这样，也要先确定一个计算电位的起点，称为**零电位点**。

某点的电位就是该点相对于零电位点的电压。由此可见，要确定电路中各点的电位，首先要确定一个零电位点。

原则上讲，零电位点可以任意选定，但习惯上常规定接地点的电位为零或电路中电位最低点的电位为零。即电路有接地点的，则接地点为零电位点；电路没有接地点的，则最好规定电路中电位最低的点电位为零，这样其他各点的电位都会为正值，计算比较方便。

电压是产生电流的必要条件之一。作为一个物理量，**两点间的电压就是电路中两点间的电位差，有时也称为电压降**。即：

$$U_{AB} = V_A - V_B$$

式中，U_{AB} 为 AB 两点间的电压，V_A 为 A 点的电位，V_B 表示 B 点的电位。

为了分析问题方便，还常在电路中标出电压的方向，规定**电压的方向由高电位点指向低电位点**。

电压 U_{AB} 的参考方向由 A 指向 B，若 A 点的电位 V_A 比 B 点的电位 V_B 高，则 U_{AB} 为正值，其实际方向与参考方向相同；若 A 点的电位 V_A 比 B 点的电位 V_B 低，则 U_{AB} 为负值，两点间的实际方向与参考方向相反。

由上面分析可知，电位零点选取不同，则电路中同一点的电位也会不同，即**电位是相对的**，其大小与参考零点的选取有关。零点选取不同，电路中任意一点的电位虽不同，但任意两点间的电压却是不变的，即**电压是绝对的**。

（1）日常生活中所说的书所处的高度就类似于电路中某一点的_____，桌子的高度即地板到桌面的高度差就类似于电路中两点间的_____。

（2）若某一电路中有 A、B、C 三点，已知 U_{AB}=10V，U_{BC}= -5V，则 U_{AC} 等于多少？该电压的参考方向和实际方向各怎样？若取 B 点为电位零点，则 V_A、V_B、V_C 各等于多少？

我的思考：_____

2. 测试直流电压和电位

在前面进一步了解了电位和电压概念的基础上，下面做一个测试项目，测量如图 2.2.1 所示电路中 a、b、c、d 各点的电位以及两两之间的电压。为了完成相应的测试项目，先来了解一下电压表的使用。

电压要用电压表来测量。电压表的内阻一般都很大，接入电路后电压表中所通过的电流一般很小，通常可以忽略不计。

电压表在使用中要注意以下几点：

① 电压表应并联于被测电路中，测量时应先接低电位一端，后接高电位一端。

② 电表的量程应大于被测量，测量时应尽量使电压表指针指示在三分之二到满刻度之间。若某次测量时电表的指针偏转的角度很小，则说明量程过大，应选用小一点的量程；反之若电表的指针偏转超过了最大刻度，则说明量程过小，应选用大一点的量程。

③ 被测电流应从"+"端流入电压表，由"-"端流出。例如，要测量 AB 两点间的电压，即测量 U_{AB}，则应将电压表的"+"接线端与 A 相接，"-"端或"*"端与 B 相接。若电压表正向偏转，则说明 A 点电位高于 B 点的电位，U_{AB} 为正，电压表示数即为其值。若电压表反偏，则说明 A 点电位低于 B 点电位，U_{AB} 为负，此时应对调电表的两表笔（即更换电表的极性）重新测量，电表的示数仅为 U_{AB} 的大小，记录时应在其值前加上负号。

电位的测量也是如此。某点对零电位点的电压为正，则该点的电位就为正值，反之若某点相对于零电位点的电位为负，则该点的电位即为负值。

④ 使用前要检查电表的指针是否指零，若不指零，则用螺丝刀调节机械调零机构，使之指零。

⑤ 待电表指针稳定后再读数，且尽量使视线与刻度盘垂直。如果刻度盘有反光镜，则应使指针和它在镜中的影像重合后再读数，以减小读数误差。

我的思考：所用的电压表有_____个直流电压量程，若所测电压大致为 0.4V，则应选_____量程；所用的电压表有_____个直流电压量程，若所测电压大致为 0.4V，则应选_____量程来测量；若所测电压大致为 1.2V，则应选_____量程来测量；若所测电压大致为 3V，则应选_____量程来测量；若所测电压大致为 8V，则应选_____量程来测量；若所测电压大致为 12V，则应选_____量程来测量。

安全警告：连接电路时，电源开关一定要断开；第一次测量时要将电表量程调到最大；改变电表量程时要断开电源；测试间隙或结束都要随手断电！

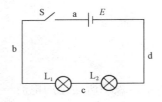

图 2.2.1　电压和电位测试电路

电压和电位的测量没有电流的测量复杂，但要注意其正负值的确定。

（1）对照图 2.2.1 连接好电路。连接电路时开关 S 应保持什么状态？

（2）若以 c 点为零电位点，用电压表分别测量出 a、b 和 d 的电位。

（3）闭合开关 S，仍以 c 点为零电位点，用电压表分别测量出 a、b 和 d 的电位。

（4）S 保持闭合，用电压表分别测量 ab、cb、cd、da 间的电压。

我的测试结果：
（1）_____；
（2）V_a=____V，V_b=____V，V_d=____V；
（3）V_a=____V，V_b=____V，V_d=____V；
（4）U_{ab}=____V，U_{cb}=____V，U_{cd}=____V，U_{da}=____V。

友情提醒：测试结束，请断开电源，拆掉电路并整理好器材，并做好清洁卫生工作！

项目小结

(1) 电流是一种现象，也是一个物理量。

(2) 测量电流要用电流表（安培表、毫安表、微安表），电流表应串联于被测电路中，电流表既可测试电流的大小，还可测试电流的方向。

(3) 电压是两点间的电位差，电位是相对于参考零点的电压，电压是绝对的而电位是相对的。

(4) 测量电压和电位要用电压表，常用的电压表就是伏特表。电压表既可测试两点间的电压大小，还可测试两点间的电压方向（哪点电位高）。

习题

1．电流这个概念具有两方面意义。一方面电流是一种现象，另一方面电流又是一个物理量。这两方面各是怎样定义电流的？

2．一切物质内部都有电荷存在，而且电荷时刻都在作杂乱无章的热运动，那么是否任何物质内部都时时刻刻有电流存在？为什么？

3．举例说明形成电流必须具备的两个条件。从形成电流的角度来看，导体和绝缘体内部的最大区别是什么？

4．"220V，40W"的白炽灯，在 220V 电压下的工作电流是多少安培？合多少毫安和多少微安？工作一小时共有多少库仑电荷通过灯泡？

5．在某一直流电路中，U_{AB}=10V，U_{AC}=−8V，U_{CD}=5V，若 C 点接地，求 A、B、C、D 各点的电位。

6．怎样测量电流？测量电流时应主要注意哪几个问题（至少回答三条）？怎样用电流表来判别电路中电流的方向？

7．怎样测量电压？测量电压时应主要注意哪几个问题（至少回答三条）？怎样用电压表来判别电路中两点间的电位高低？

8．什么样的量程为测量电压和电流的最佳量程？怎样来选择最佳量程？

9．电位和电压的概念可以与生活中的什么现象相关联？如何理解电路中电位的大小与参考点的选择有关，而电压的大小则与参考点的选择无关？

项目3 电源参数的测试

学习目标

- 能理解电动势和内电阻的概念及欧姆定律；
- 能进行电源电动势和内电阻的简单测试和计算；
- 理解电能和电功率的概念，并能进行简单计算；
- 能使用间接测量法测试电源的输出功率，*并体验最大输出功率传输的实现方法；

- *了解电压源和电流源的概念，了解实际电源的电路模型。

工作任务

- ◇ 测试电源的电动势和内电阻；
- ◇ 测试电源的输出功率；
- ◇ 认识电源的模型。

项目概要：本项目由三项任务组成，前一项任务测试电源的电动势和内电阻，可视为一个相对独立的子项目，后两项任务测试电源的输出功率和*认识电源模型，是以前一项任务为基础进行的并列任务。从工作任务体系看，前一项任务既为独立的任务，又为后两项任务服务。

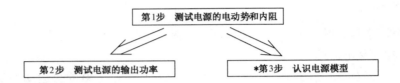

第1步　测试电源的电动势和内电阻

1. 认识电源

（1）取两只同型号的电池（一只新、一只旧），用一只直流电压表直接测量电池正负极间的电压，并记下它们的数值（图 3.1.1）。

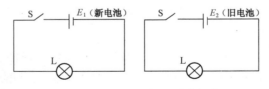

图 3.1.1　新、旧电池测试电路

（2）如图 3.1.1 所示，给这两只电池分别接上同一只灯泡，闭合开关 S，观察两灯泡的发光情况，再用直流电压表测量此时电池的端电压。

> 我的观测结果：
> （1）新电池端电压为＿＿＿＿＿＿、旧电池端电压为＿＿＿＿＿＿。
> （2）闭合 S，左图电路中的灯泡＿＿＿＿＿＿＿＿＿＿，右图电路中的灯泡
> ＿＿＿＿＿＿＿＿＿。测得新电池工作时的端电压为＿＿＿＿＿＿、旧电池工作时的
> 端电压为＿＿＿＿＿＿。

友情提醒：分析问题时请切断电源。

以上现象说明：_____
_____
_____

读一读

电源是能量转换的装置，其作用是将其他形式的能量转换为电能。在电源内部，自由电荷受到两个力作用，一个是由于正负极间电压所形成的电场对自由电荷的作用力，另一个是推动正电荷由电源的负极移向正极，克服电场力做功的非电场力，**电源电动势就是描述非电场力移送电荷做功本领大小的物理量**。从电源的外部来看，**电动势就是电源所能提供的总电压**。

一般所说的电源电压，如"6V 蓄电池"、"1.5V 干电池"等常用词语中的 6V 和 1.5V 皆为电源的电动势。

想一想

电动势就是电源所能提供的总电压。但在电源实际工作时，总电压又由电源的内电路和外电路所分担，内电路的电压是无法直接测量的，所能测量的只是外电路电压，即电源两端的电压。当内电压为零时，电源的外电压也就等于电源的电动势了。若电源开路，由于电路中没有电流，所以内电阻的分压即内电压也就等于零，所以电源开路时所测得的电源端电压也就等于电源的电动势。

通过上面的测量可知：

新电池的电动势约为_____V，旧电池的电动势约为_____V，若接上相同负载后新电池的端电压_____（上升/下降）的幅度_____（很小/很大），而旧电池的端电压_____（上升/下降）的幅度_____（很小/很大），说明新电池的内阻很_____（小/大）而旧电池的内阻很_____（小/大）。

2．认识欧姆定律

（1）形成电流必须具备哪两个条件？

（2）只有在导体两端加上电压后，导体中才会有持续的电流出现，那么导体中的电流与所加的电压有什么关系呢？电流的大小与导体自身的因素又有什么关系呢？

（3）你能设计一个实验来探究这些关系吗？

我的思考结果：
（1）形成电流必须具备两个条件：_____
_____和_____。
（2）导体中的电流与所加的电压关系为_____，电流的大小与导体自身因素的关系为_____。
（3）你设计的用于探究这些关系的最简单的实验为（简述）：_____
_____
_____

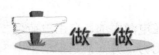

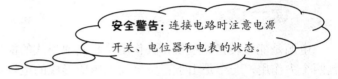

安全警告：连接电路时注意电源开关、电位器和电表的状态。

对照图 3.1.2 连接好电路，图中的固定电阻器 R 取 100Ω。闭合 S，调节电位器 R_p 分别使伏特表的读数为 5V、4V、3V 和 2V，同时读出相应的电流表的读数填入表 3.1.1 中，并计算相应的电流之比。

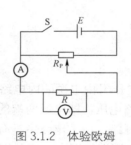

图 3.1.2 体验欧姆

表 3.1.1 记录表

电压	5V	4V	3V	2V
电流				
电压之比	5:4:3:2		电流之比	

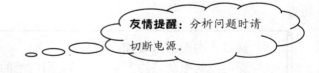

友情提醒：分析问题时请切断电源。

在电阻不变的情况下：
电阻器中所通过的电流之比与电阻器两端的电压之比的关系为：_____。
说明电阻器中所通过的电流与相应电压的关系为：_____。

调节 R_p 在保持伏特表读数恒为 5V 不变的情况下，更换固定电阻器 R 分别为 50Ω、100Ω、150Ω、200Ω，读出相应安培表的读数填入表 3.1.2 中，并计算相应的电阻倒数之比和电流之比。

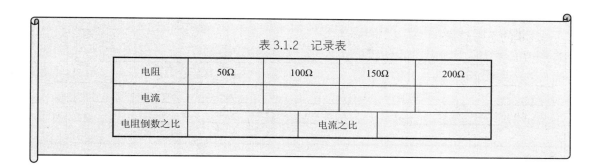

表 3.1.2　记录表

电阻	50Ω	100Ω	150Ω	200Ω
电流				
电阻倒数之比		电流之比		

友情提醒：分析问题时请切断电源。

在电压不变的情况下：

电阻器中所通过的电流之比与电阻器电阻的倒数之比的关系为：_____。

说明电阻器中所通过的电流与相应电阻的关系为：_____。

由以上测试和分析可以得到下述结论：**导体中的电流与导体两端的电压成正比，与导体的电阻成反比，这就是部分电路欧姆定律。**用电流 I 表示通过导体的电流，用 U 表示导体两端的电压，用 R 表示导体的电阻，则部分电路欧姆定律可以用下式表达：

$$I = \frac{U}{R}$$

同理，在闭合电路中，电源所提供的电压（即电源的电动势）若为 E，电源的内电阻为 r，外电路电阻为 R，则通过电路的电流为：

$$I = \frac{E}{r+R}$$

式中的比例常数为 1，因为在国际单位中是这样规定的：如果某段导体两端的电压为 1V，所通过的电流为 1A，则这段导体的电阻为 1Ω，所以在应用欧姆定律时应注意式中 U、I、R 的单位分别为 V、A、Ω。

（1）一电源电动势为 6V，内电阻为 1Ω，负载电阻为 11Ω，则电源的端电压为多少？当负载电阻为 5Ω 时结果又将怎样？

（2）观察日常生活中负载变化引起的供电电压变化情况，并进行相应的理论解释。

我的思考结果：
（1）_____
_____
_____；
（2）_____
_____
_____。

3．简易法测试电源的电动势和内电阻

（1）甲同学用万用表的直流电压挡直接测一电源两端的电压为 12V，当他用该电源给 100Ω 电阻的负载供电时，测得电源两端的电压为 11.5V，请你帮甲同学分析一下，根据以上所测数据，能得到电源的电动势和内电阻吗？若能得到，则该电源电动势和内电阻分别为多少？

（2）根据上面的实例分析，请你设计一个实验，用来测量电源的电动势和内电阻。

我的思考结果：
（1）若能得到，该电源电动势和内电阻分别为_____。
（2）该实验所用器材有_____，实验的主要步骤为：_____
_____
_____
_____
_____。

在此画出测试电路

安全警告：若用电阻箱做负载电阻，请注意电阻箱各挡额定电流，避免损坏。

（1）观察实训室所提供的待测电源和相关器材，查阅它们的相关信息。
（2）根据实训室所提供的实际器材，对前面拟定的测量电路和步骤进行进一步完善。
（3）根据完善后的方案测量电源的电动势和内电阻。

我的观测结果：

（1）实训室提供的待测电源是：_____。

实训室提供的实训器材及参数为：_____。

（2）完善后该实验所用器材有：_____，

实验的主要步骤为：

_____

_____

_____

_____。   完善后的测试电路

（3）测得电源的电动势 $E=$_____，测得的中间参数有_____，得电源的内电阻 $r=$_____。

想一想

乙同学和丙同学也设计了电源的电动势和内电阻的测试方案，他们的思路是一样的，但所用的测试电路却略有不同，如图 3.1.3 所示。

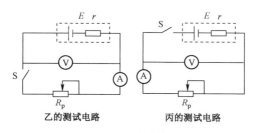

图 3.1.3 两种测试电路

两个同学所设计的测试方案与甲的测试方案相比，将负载电阻由已知电阻（一般用电阻箱）换成了无法读出电阻大小的滑动变阻器，因为电阻箱的额定电流大，不易损坏。负载电阻的大小无法读出，所以该电路中加了一只电流表用于测量电路中的电流作为弥补。

请你为他们两人补上相应的测试步骤。

测试步骤为：

_____

_____

_____

_____

_____

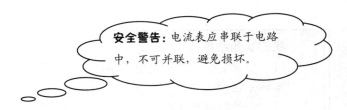

（1）观察实训室所提供的待测电源和相关器材，查阅它们的相关信息。
（2）根据实训室所提供的实际器材，对前面拟定的测量电路和步骤进行进一步完善。
（3）根据完善后的方案测量电源的电动势和内电阻。

我的观测结果：
（1）完善后的实验的主要步骤为：_____
_____
_____。
（2）乙同学测试方案测得电源的电动势 $E=$_____。
测得的中间参数有：_____。
得电源的内电阻 $r=$_____。
（3）丙同学测试方案测得电源的电动势 $E=$_____。
测得的中间参数有：_____。
得电源的内电阻 $r=$_____。

以上测试结果中，你认为哪个电路的测试结果更为真实？为什么？

我的分析结果：
测试结果更为真实的测试电路是：_____。
原因为：_____
_____。

第2步　测试电源的输出功率

1. 认识电能和电功率

想一想

查看一下你家的电视机为多少瓦？该数值表示什么意思？
查看一下你家上个月交了多少电费？用电多少度？这"×××度"表示什么意思？

我的观察分析结果：_____

1）电能

关于电能和电功率的概念和规律，在初中物理中就已经学习过了，这里只是做一个简单的复习。

导体两端加上电压 U，则在导体内就建立了电场，自由电荷在电场力作用下作定向移动形成电流 I 并做功。在时间 t 内电场力所做电功也就是电路所损耗的电能：

$$W = Uq = UIt$$

在国际标准单位制中，式中电压 U 的单位为伏特（V），电流 I 的单位为安培（A），时间的单位为秒（s），电能 W 的单位为焦耳（J）。

在实际应用中，又常这样用：式中电压 U 的单位为伏特（V），电流 I 的单位为千安培（kA），时间的单位为小时（h），功率 W 的单位为千瓦时（kW·h）；或式中电压 U 的单位为千伏特（kV），电流 I 的单位为安培（A），时间的单位为小时（h），电能 W 的单位为千瓦时（kW·h）。1 千瓦时就是日常生活中所说的 1 度电：

$$1 kW \cdot h = 3.6 \times 10^6 J$$

2）电功率

在一段时间内电路所产生的电能 W 与相应时间 t 的比值就是电路的电功率 P：

$$P = \frac{W}{t}, \quad 即 \quad P = UI$$

在国际标准单位制中，式中电压 U 的单位为伏特（V），电流 I 的单位为安培（A），时间的单位为秒（s），功率 P 的单位为瓦特（W）。

在实际电路中，要注意实际功率和额定功率的区别。额定功率是电器在额定工作状态下的功率，而实际功率是电器在电路中实际损耗的功率，只有在额定工作状态下实际功率才等于额定功率。如"220V，100W"的灯泡在 220V 条件下的额定功率是 100W，若现在电网的电压不是 220V，则其实际功率就不是 100W，在假定电阻不变条件下若电路电压只有 110V，则电路实际功率也就只有 25W。

"220V，60W"的白炽灯平均每天工作 3 小时 15 分钟，一个月（30 天）它耗电多少焦耳？合多少千瓦时？

我的分析结果：_____

2. 测试电源的输出功率

(1) 你知道电源的电流随负载电阻变大而怎样变化吗？
(2) 你知道电源的端电压随负载电阻变大而怎样变化吗？
(3) 你知道电源的输出功率随负载电阻变大而怎样变化吗？

(4) 若要用实验的方法来探究电源的输出功率随负载电阻变大而怎样变化的规律，就必须测量出电源的输出功率。电能与电功率的测量一般用专用的电能表和功率表，关于电能表和功率表的使用，将在后续项目或课程中学习，在这里仍用电压表和电流表通过测量电压和电流的方法来间接测量电源的输出功率，即负载电阻的损耗功率。你能利用如图 3.2.1 所示的电路测试出电源的输出功率随负载电阻变化而变化的规律吗？怎样测？

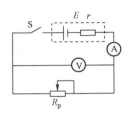

图 3.2.1 电源输出功率测试电路

我的思考结果：
(1) 电源的电流随负载电阻变大而变_____。
(2) 电源的端电压随负载电阻变大而变_____。
(3) 电源的输出功率随负载电阻变大而变_____。
(4) 图 3.2.1 所示的电路_____（能/不能）测试出电源的输出功率随负载电阻变化而变化的规律，方法是：_____
_____
_____
_____
_____

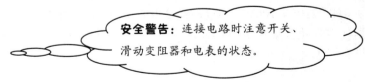

安全警告： 连接电路时注意开关、滑动变阻器和电表的状态。

测量老师配置好的有一定内阻的电源的输出功率，以体会功率的测量方法，并为下面体会电源输出功率随负载电阻变化的规律提供相关参数。

(1) 用电表测量电源的开路电压，即电源的电动势。
(2) 对照图 3.2.1 连接好电路。
(3) 闭合开关，调节滑动变阻器，使伏特表的读数为 0.9E，读出电流表的读数，填入表 3.2.1 中。
(4) 分别调节滑动变阻器使伏特表的读数分别为 0.9E、0.8E、0.7E、0.6E、0.5E、0.4E、0.3E、0.2E，重复第（2）步。

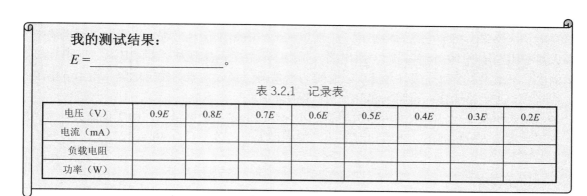

表 3.2.1 记录表

我的测试结果：
$E = $ _____。

电压（V）	0.9E	0.8E	0.7E	0.6E	0.5E	0.4E	0.3E	0.2E
电流（mA）								
负载电阻								
功率（W）								

友情提醒：分析问题时请切断电源。

（1）根据表 3.2.1 中的数据计算相应的负载功率（即等效电源的输出功率）和负载电阻的大小，并填入表中。

（2）将负载功率随负载电阻变化的相关数据在图 3.2.2 所示的坐标系中标出相应的坐标点，并绘制输出功率特性曲线。

（3）由图分析可知，当负载电阻与内电阻相等时电源的输出功率为多少？负载电阻与电源的内电阻相等时，电路传输的功率才达到一个什么状态？此时电路功率传输效率只有多少？

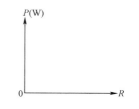

图 3.2.2 输出功率特性曲线

我的分析结果：当负载电阻与内电阻相等时电源的输出功率为_____，即只有负载电阻与电源的内电阻相等时，电路传输的功率才达到_____状态，此时电路功率传输效率只有_____。

3．分析电源的最大输出功率

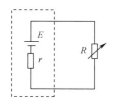

图 3.2.3 电路示例

如图 3.2.3 所示，当电源的负载电阻 R 发生变化时，电源的输出功率会随之发生变化。

当电源的负载电阻为零时，电源的端电压为零，所以电源的输出功率（负载 R 损耗的功率）也为零。当负载电阻 R 为无穷大时，电源的负载电流为零，电源的输出功率（负载电阻上损耗的功率）也为零。理论和实验都证明，当电源的负载电阻与电源的内电阻相等，即 $R=r$ 时，电源的输出功率最大，最大输出功率为：

$$P_m = \frac{E^2}{4r}$$

一般电源的内电阻很小，接近恒压源，而负载电阻一般都很大，所以实际生产生活中的电源都工作于 R>r 状态，负载电阻变大，电源的输出功率变小，也就是负载变小。

在电子电路中，由于电路的功率很小，所以人们一般追求信号最强，功率最大，也就是前一级放大器（相当于一个电源）与后一级电路（相当于负载）间实现最大功率传输，即前一级放大器的输出功率最大。所以在设计电路时，总是力求使前一级放大器的输出电阻（相当于电源的内电阻）与后一级电路的输入电阻（相当于负载电阻）相等。

使电源的负载电阻与电源的内电阻相等，实现电源的输出功率最大，即实现最大功率传输，这一过程常被称为阻抗匹配。不过电源的输出功率最大时，效率只有 50%。

（1）一般电源的负载变大时，其输出功率怎么变化？其负载电阻怎么变化？
（2）为什么一般电源工作于 R>r 状态？
（3）根据前面测试的数据可知，所测试的电源其内电阻为多大？
（4）一电源，电动势为 12V，内电阻为 4Ω，当负载电阻 R 为 2Ω 时，电路中的电流、电源的端电压、电源的输出功率分别为多少？当负载电阻分别为 3Ω、4Ω、5Ω、6Ω 时，电路中的电流、电源的端电压、电源的输出功率又分别为多少？根据以上计算说明当电源的负载电阻增大时电路中的电流、电源的端电压、电源的输出功率分别怎样变化？说明详细的变化情况。

我的分析结果：
（1）一般电源的负载变大时，其输出功率变_____，其负载电阻变_____。
（2）一般电源工作于 R>r 状态的原因是_____。
（3）根据前面测试的数据可知，所测试的电源其内电阻为_____。
（4）当负载电阻 R 为 2Ω 时，电流为_____、端电压为_____、输出功率为_____；当负载电阻 R 为 3Ω 时，电流为_____、端电压为_____、输出功率为_____；当负载电阻 R 为 4Ω 时，电流为_____、端电压为_____、输出功率为_____；当负载电阻 R 为 5Ω 时，电流为_____、端电压为_____、输出功率为_____；当负载电阻 R 为 6Ω 时，电流为_____、端电压为_____、输出功率为_____。根据以上计算说明当电源的负载电阻增大时电路中的电流变化情况为_____、电源的端电压变化情况为_____、电源的输出功率变化情况为_____。

*第 3 步　认识电源模型

1. 电压源

有两只电源，一只电动势为 12V、内电阻为 1Ω，另一只电动势为 12V、内电阻为 0.5Ω，这两只电源让你选择，哪只电源的质量更好一点？为什么？

我的分析结果：

更好一点的电源是电动势为_____V、内电阻为_____Ω的电源，因为带上相同负载时，该电源端电压比另一只电源端电压_____，即带负载能力_____，稳压性能_____，所以该电源优于另一只电源。

读一读

在实际电路中，电源可以用不同的模型来表示，常用的实际电源多是以电压源的形式来表示的，如图 3.3.1 所示，它是一个电压为 U_S 的理想电压源和代表内电阻的 R_S 串联而成的，这就是电压源模型。

若电压源的内电阻等于零，则该电压源就变成了理想电压源，这样的电压源又称为恒压源。恒压源的端电压不随负载电阻变化而变化，即端电压与外部负载无关，电源中所通过的电流与外部负载有关。恒压源所带负载越小，其电流越大，所以恒压源不能短路。

图 3.3.1　电压源模型

在实际生产生活中，一般电源的端电压随负载变化很小，即它们的内电阻很小，所以一般的电源很接近恒压源，因而实际的电源一般都用电压源模型来表示。电压源的电压就等于一般电源的电动势，电压源的内电阻就等于一般电源的内电阻。

想一想

请用电压源模型来表示电动势为 12V、内电阻为 1Ω 和电动势为 12V、内电阻为 0.5Ω 的两只电源，并画出对应的模型图。

我的对应模型：

电动势为 12V、内电阻为 1Ω　　　　　电动势为 12V、内电阻为 0.5Ω
的电压源模型　　　　　　　　　　　　的电压源模型

2. 电流源

读一读

在实际电路中，电源也可以用电流源的形式来表示，如图 3.3.2 所示，它是一个电流为 I_S 的理想电流源和代表内电阻的 R_S 并联而成的，这就是电流源模型。

若电流源的内电阻为无穷大，则该电流源就变成了理想电流源，

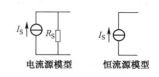

图 3.3.2　电流源模型

这样的电流源又称为恒流源。恒流源中所通过的电流大小不随负载变化而变化,即所通过的电流与外电路无关,但电源两端的电压与外电路有关,外电路负载电阻越大,其端电压越高,当外电路开路时,其端电压会变为无穷大,以致打火而损坏电源,所以恒流源不能开路。

想一想

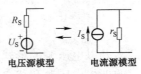

图 3.3.3 电压源和电流源的等效变换

一般电源既可以用电压源形式来表示,也可用电流源形式来表示,即说明电压源模型和电流源模型之间可以相互转换(图 3.3.3)。

若电流源与电压源等效,则带上相同的负载,相应的电压源和电流源的外部特性应相同。下面找两个特殊状态来分析:

(1)当两电源都开路时,由于两个电源是等效的,所以开路端电压相等,如图 3.3.4(a)所示。

(2)当两电源都短路时,由于两个电源是等效的,所以它们的短路电流相等,如图 3.3.4(b)所示。

(3)由上面的开路状态和短路状态分析,可得到电压源和电流源等效变换对应的参数关系。

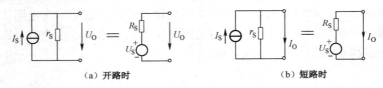

(a) 开路时   (b) 短路时

图 3.3.4

(4)请用电流源模型来表示电动势为 12V、内电阻为 1Ω 和电动势为 12V、内电阻为 0.5Ω 的两只电源,并画出对应的模型图。

我的分析:

(1)电流源的开路电压 U_0=_____,电压源的开路电压 U_0=_____。

(2)电流源的短路电流 I_0=_____,电压源的短路电流 I_0=_____。

(3)电压源和电流源等效变换时,两内电阻的关系为_____,电压源电压和电流源电流的关系为_____。

(4)

电动势为 12V、内电阻为 1Ω 的电流源模型

电动势为 12V、内电阻为 0.5Ω 的电流源模型

友情提醒: 实训结束,请将相关器材整理好,并做好清洁卫生工作!

项目小结

（1）电源是一种能量转换的装置，电动势是描述电源将其他形式的能量转换成电能本领大小的物理量，内电阻是电源内部电路的电阻。

（2）欧姆定律指出，在线性电路中，电流的大小与电压成正比，与相应电路的电阻成反比；在线性闭合电路中，电流与电动势与正比，与总电阻成反比。

（3）电源电动势和内电阻的测量方法很多，最简单的方法是用电压表直接测量电源的电动势，再给电源配上一定的负载，通过测量电压和电流计算出相应的内电阻。

（4）电功率就是电路中电场力做功对应的功率，其大小等于电压和电流的乘积，在分析计算电功率时要注意额定功率和实际功率的区别。

（5）功率的测量一般要用功率表，也可用测量电压和电流的方法进行间接测量。

（6）当电源的负载电阻与电源的内电阻相等时，电源输出功率最大，实现了阻抗匹配，此时电源的效率只有50%，实际电源一般都工作于 $R>r$ 状态。

（7）实际电源既可以用电压源模型来表示，也可以用电流源模型来表示，电压源和电流源之间可以相互转换。

习题

1. "220V，40W"的白炽灯，在220V电压下工作时的电阻为多少欧姆？合多少千欧？多少兆欧？

2. 一只10Ω的灯泡加上3V的电压，通过灯泡的电流为多少安培？灯泡损耗的功率为多少瓦？

3. 电源的电动势为6V，内阻为1Ω，当它接上5Ω负载电阻时，电路中通过的电流为多少？电源的输出功率为多少？

4. 一只电源，当输出电流为1A时，电源的端电压为11V，当电源的输出电流为2A时，电源的端电压为10V，则电源的电动势和内电阻为多少？

5. 一只电源，当接5Ω负载电阻时端电压为10V，当接11Ω负载电阻时所通过的电流为1A，则该电源的电动势和内电阻为多少？当该电源的负载电阻为多少时，该电源的输出功率最大？最大输出功率为多少？

6. 观察日常生活中负载变化引起的供电电压变化情况，并进行相应的理论解释。

7. 回去观察你家的电能表，早上上学时观察一下其读数，第二天早上上学时再观察一次，计算出你家一天24个小时所损耗的电能为多少焦耳，你家电器在一天时间内的平均功率为多少，一天要交多少钱电费。

8. 观察在生活中什么现象可以说明干电池等实际电源有内阻？

9. 在家中，当一个插座分别接上台灯、电风扇、电饭锅或电视机、电冰箱等不同用电器时，插座上输出的电压、电流如何变化？输出功率是否相同？由此请你思考电源的输出功率由什么因素决定？

项目4　电阻的测试

学习目标

- ◇ 了解电阻器及其参数，会计算导体电阻；
- ◇ 会识别常用、新型电阻器，了解常用电阻传感器的外形及其应用；
- ◇ 能区别线性电阻和非线性电阻，了解其典型应用；
- ◇ 了解电阻与温度的关系及其在家电产品中的应用，了解超导现象；
- ◇ 能根据被测电阻的数值和精度要求选择测量方法和手段；
- ◇ 会使用万用表测量电阻，能使用兆欧表测量绝缘电阻，能用电桥对电阻进行精密测量；
- ◇ 了解戴维宁定理及电气工程技术中外部端口等效与替换的方法；
- ◇ 了解叠加定理，了解用简单信号叠加分析复杂信号电路的方法。

工作任务

- ◇ 认识常用电阻器；
- ◇ 认识非线性电阻；
- ◇ 测试电阻；
- ◇ 了解基尔霍夫定律和叠加定理。

项目概要：本项目由三项任务组成，认识常用电阻器和非线性电阻是基础，电阻的测试是中心，认识戴维宁定理和叠加定理是为万用表测试电阻服务的知识拓展。本项目内容较多，其中认识常用电阻器和认识非线性电阻不仅是为电阻的测试服务，更是为后续项目和后续课程积累知识和技能。

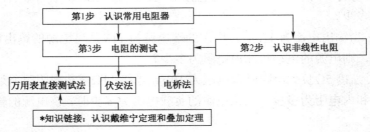

第1步　认识常用电阻器

1. 认识电阻

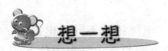

电阻是最基本的电路参数之一，在初中物理和前面项目中已经接触过电阻这个物理量。根据以前的学习，请你想一想什么是电阻？一只电阻器的电阻为"10Ω"，该数值的意义是什么？

我的思考：_____

知识链接

电荷在导体中作定向移动形成了电流。但是自由电荷在导体中运动时，会受到分子和原子等其他粒子的碰撞与摩擦，碰撞和摩擦的结果形成了导体对电流的阻碍，这种阻碍作用最明显的特征是导体消耗电能而发热（或发光）。**物体对电流的这种阻碍作用，称为该物体的电阻**。在电路中，电阻通常用大写英文字母"R"表示，在国家标准电路图中，电阻的图形符号如图 4.1.1 所示。

表示电阻大小的基本单位是欧姆（Ω），还有较大的单位：千欧（kΩ）、兆欧（MΩ）、千兆欧（即吉欧）（GΩ）以及兆兆欧（即太欧）（TΩ）。它们之间的换算关系：

$$1k\Omega=1000\Omega,\ 1M\Omega=10^6\Omega,\ 1G\Omega=10^9\Omega,\ 1T\Omega=10^{12}\Omega$$

由欧姆定律可知，10Ω=10V/A。可见，电阻的大小就等于该导体中形成单位电流所需的电压，即一导体的电阻为 10Ω，则要在该导体中形成 1A 的电流，在导体两端就必须加上 10V 的电压。

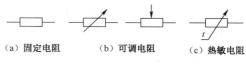

（a）固定电阻　（b）可调电阻　（c）热敏电阻

图 4.1.1　常用电阻器图形符号

2．认识常用电阻器分类

观察老师配发的各种电阻器，注意它们的外形和外表面的各种符号，并将外形和标号相同或相近的进行归类。

知识链接

常用电阻器主要有以下几种分类方式。

① 按阻值是否可调节来分类，电阻器有固定电阻器和可变电阻器两大类。固定电阻器是指电阻值固定而不能调节的电阻器，可变电阻器是指阻值在一定范围内可以任意调节的电阻器。初中物理实验中会遇到很多电阻器，其中电阻箱、滑动变阻器就属于可变电阻器。图 4.1.1 所示为部分固定电阻器和可变电阻器实物图，它们的图形符号如图 4.1.1 所示。

图 4.1.2　固定电阻与可变电阻实物图

图 4.1.2　固定电阻与可变电阻实物图（续）

②按制造材料分类，电阻器一般是用电阻率较大的材料（碳或镍铬合金等）制成的。根据制造电阻器材料的不同可分为碳膜电阻器、金属膜电阻器和线绕电阻器等。

碳膜电阻器制造工艺比较复杂，首先在高温度的真空炉中分离出有机化合物的碳，然后使碳淀积在陶瓷基体的表面而形成具有一定阻值（阻值大小可通过改变碳膜的厚度或长度得到）的碳膜，最后加以适当的接头后切薄，并在其表面涂上环氧树脂进行密封保护。**碳膜电阻器表体颜色一般为米色、绿色等。**

金属膜电阻器是在真空条件下，在瓷质基体上沉积一层合金粉制成的。通过改变金属膜的厚度或长度可得到不同的阻值。金属膜电阻器主要有金属薄膜电阻器、金属氧化膜电阻器及金属釉膜电阻器等。**金属膜电阻器表体颜色一般为红色、蓝色等。**

线绕电阻器是将电阻线（康铜丝或锰铜丝）绕在耐热瓷体上，表面涂以耐热、耐湿、无腐蚀的不燃性保护涂料而制成的。例如，滑动变阻器就属于线绕式电阻器。水泥电阻也属于线绕电阻器。图 4.1.3 所示为线绕式电阻器实物图。

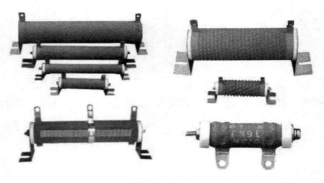

图 4.1.3　线绕式电阻器实物图

③按用途分类，电阻器可分为精密电阻器、高频电阻器、大功率电阻器、热敏电阻器、光敏电阻器等。例如，光敏电阻器可用在要求电阻器的阻值随外界光的强度变化而变化的场合。

将老师配发的电阻器进行编号，并观察分析，对它们进行分类。

我的观察结果：

3．识读电阻器

直标法是将电阻器的标称阻值用数字和文字符号直接标在电阻体上，其允许偏差则用百分数表示。未标允许偏差值的即为±20%。例如图 4.1.4 中的电阻器标志方法即为直标法，其中图 4.1.4（a）表示电阻器标称阻值为 5.1kΩ，允许偏差为±5%；图 4.1.4（b）表示电阻器标称阻值为 680Ω，允许偏差为±20%。

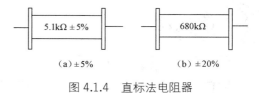

图 4.1.4　直标法电阻器

老师配发的电阻器中，直标法的有几只？它们的标志以及相应的标称阻值和误差分别为多少？

我的观察结果：

编号	标志	标称值	误差	编号	标志	标称值	误差

文字符号法是将电阻器的标称阻值和允许偏差用数字和文字符号按一定的规律组合标志在电阻体上。允许偏差与文字符号的对应关系见表 4.1.1。图 4.1.5（a）表示该电阻器标称阻值为 3.6kΩ，允许偏差为±10%；图 4.1.5（b）表示该电阻器标称阻值为 6.2Ω，允许偏差为±5%。

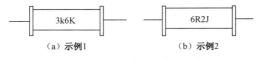

图 4.1.5　文字符号法电阻器

表 4.1.1　文字符号与允许偏差的对应关系

文字符号	允许偏差（%）	文字符号	允许偏差（%）
Y	±0.001	D	±0.5
X	±0.002	F	±1
E	±0.005	G	±2
L	±0.01	J	±5
P	±0.02	K	±10
W	±0.05	M	±20
B	±0.1	N	±30
C	±0.25		

老师配发的电阻器中用文字符号标志法的有几只?它们的标志以及相应的标称阻值和误差分别为多少?

我的观察结果:

编号	标志	标称值	误差	编号	标志	标称值	误差

色标法是指用不同颜色的环(色环),按照它们的颜色和排列顺序在电阻体上标志出主要参数的方法。普通电阻器用四道色环表示,如图 4.1.6(a)所示。精密电阻器用五道色环表示,如图 4.1.6(b)所示。靠电阻体引脚最近的色环为第一道环,然后依次为第二道、第三道、第四道等色环。

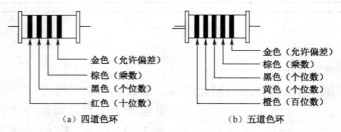

图 4.1.6 色标法电阻器

若采用四道色环标示,其第一道色环、第二道色环为电阻有效数字环,第三道色环为乘数环,第四道色环为允许偏差环,如图 4.1.6(a)所示。各种颜色所代表的数值见表 4.1.2。例如,四色环电阻器的颜色排列为"红黑棕金"(图 4.1.7),则表示这只电阻器的标称阻值为 $20 \times 10^1 = 200\Omega$,允许偏差为±5%。

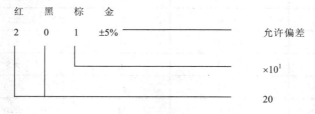

图 4.1.7 四色环电阻器的意义

若采用五道色环标示,则其第一道、第二道、第三道色环为有效数字环,第四道色环是乘数环，第五道色环为允许偏差环，如图 4.1.6（b）所示。例如，五色环电阻器的颜色排列为黄橙黑黑棕（图 4.1.8），则其标称阻值为 $430×10^0=430Ω$，允许偏差为 ±1%。五色环的电阻器通常是允许偏差为 ±1% 的金属膜电阻器。

图 4.1.8　五色环电阻器的意义

表 4.1.2　色标法中不同色环与颜色对应的含义

颜　色	有效数字	乘　数	允许偏差
黑	0	$10^0=1$	—
棕	1	10^1	±1%
红	2	10^2	±2%
橙	3	10^3	—
黄	4	10^4	—
绿	5	10^5	±0.5%
蓝	6	10^6	±0.25%
紫	7	10^7	±0.1%
灰	8	10^8	—
白	9	—	+50%，−20%
金	—	—	±5%
银	—	—	±10%
无色	—	—	±20%

在老师配发的电阻器中找出色标法的电阻器，并读出它们的标志以及相应的标称阻值和误差。

我的观察结果：

编号	标志	标称值	误差	编号	标志	标称值	误差

在电阻体上用三位数字来表示电阻器标称阻值的方法称为数码法，其允许偏差通常采用文字

符号表示。该方法常见于贴片电阻。如图4.1.9所示即为数码法电阻器。

图4.1.9 数码法电阻器

在三位数字中，从左至右的第一位、第二位为标称阻值的有效数字，第三位数字表示有效数字后面所加"0"的个数（单位为Ω）。例如，标示为"103"的电阻器的标称阻值为$10×10^3=10kΩ$，标示为"222"的电阻器标称阻值为$22×10^2Ω$，即2.2kΩ，标示为"473"的电阻器标称阻值为47kΩ，标示为"105"的电阻器标称阻值为1MΩ。数码法的允许偏差是用文字符号表示的，这和前面的文字符号法一样，如图4.1.9中的K，表示该电阻器的允许偏差为±10%。

老师配发的电阻器中用数码标志法的有几只？它们的标志以及相应的标称阻值和误差分别为多少？

我的观察结果：

编号	标志	标称值	误差	编号	标志	标称值	误差

第2步 认识非线性电阻

1．认识电阻与温度的关系

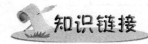

影响电阻大小的因素很多，电阻的大小首先取决于电阻器的材料、形状、尺寸等自身属性，同时电阻器电阻的大小一般还与外界条件有关。当温度改变时，一般材料的电阻都会随之变化。纯金属导体的电阻，随温度的升高而增大；而半导体的电阻，随温度升高而减小；少数合金的电阻，几乎不受温度的影响，常用来制造标准电阻器。

若考虑温度对电阻的影响，"220V，100W"的白炽灯接在110V电路中，白炽灯的功率应等于25W、大于25W还是小于25W？为什么？

我的回答：_____

在课余时间，利用包括互联网在内的一些手段或方法，调查电阻与温度的关系在家电产品中的应用。

我的调查结果：_____
_____
_____
_____

2．认识超导现象

某些物质在低温条件下呈现电阻等于零和排斥磁体的性质，这种物质称为**超导体**。出现零电阻时的温度称为**临界温度**。

超导体在生活中有着十分广泛的实际应用前景。例如，在高压输电方面，用常规导线传输电流时，电能损耗是比较严重的，而采用超导体制成的电缆来输电将节省大量能源。超导体技术除了在输电方面以外，在其他方面也有广泛应用。

用常规导线来传输电能的损耗远高于用超导体制成的电缆来传输电能的损耗，为什么？

我的回答：_____
_____
_____
_____

3．认识线性电阻和非线性电阻

知识链接

欧姆定律的成立是有条件的，只对线性电路适用。所谓线性电路，在直流电路中就是由线性电阻构成的电路。而线性电阻就是阻值不随电压、电流变化而变化的电阻。在生产生活中所遇到的电阻一般都认为是线性的，但有些元件，其电阻大小是随电压或电流的大小变化而变化的，甚至与电压的极性或电流的方向有关，这就是非线性电阻，如后续课程中将会学习的二极管和三极管等。

一般的电阻器都近似为线性电阻，但有些特殊电阻器（图 4.2.1），如热敏电阻器和压敏电阻器，是典型的非线性电阻器。热敏电阻器分为两类，一类在一定温度范围内具有负温度系数，其阻值随着温度的升高而急剧下降，简称为 NTC，它广泛地应用于温度的测量和温度的调节。另一类在一定温度范围内具有较大的正温度系数，其阻值随温度的升高而急剧增大，简称为 PTC，它常用于小范围的温度测量、过热保护、延时开关等。

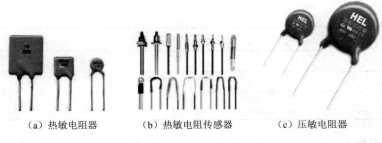

（a）热敏电阻器　　　（b）热敏电阻传感器　　　（c）压敏电阻器

图 4.2.1　特殊电阻器

压敏电阻器的阻值在一定范围内随电压的增大而急剧下降，常被并联在被保护的电路两端用于过压过流保护。

晶体管的电阻一般随温度的升高而变小，在实际应用中常在晶体管边上串联一只 PTC 元件用于温度补偿，当温度发生变化时它为什么能减小电路总电阻的变化？试说明其原理。压敏电阻常被并联在被保护电路的两端，它为什么能起过压保护作用？

我的回答：_____

观察老师配发的各种热敏电阻器和压敏电阻器。

我的观察记录：_____

第 3 步　电阻的测试

1. 用万用表测电阻

电阻的测量方法很多，不同的方法对应于不同的测量要求，最为简单的是欧姆表（万用表的电阻挡）直接测量法。下面将简单介绍用万用表测量电阻的方法。

（1）校零和校无穷大

你的万用表有几个电阻挡？每个挡对应于什么样的标志？刻度盘上哪道刻度线与电阻的测量相对应？该刻度线与其他电压、电流刻度线相比有什么不同？

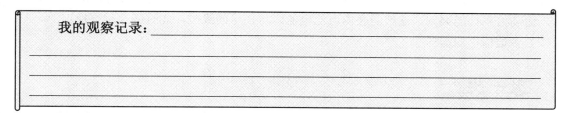

我的观察记录：_____

万用表测量电阻之前，要对两点进行校正，即电表要满足以下两个条件。

校无穷：两表笔断开，即所测电阻无穷大，电表的指针应指欧姆标度尺的∞，也就是左边的零点，这实质上就是机械调零。这一步是使用万用表前首先应完成的。

校零：两表笔短接，即所测电阻为零，此时指针应指欧姆标度尺的零欧姆，这实质就是前面已讲过的零欧姆调整（欧姆调零）。

将万用表的转换开关置"R×10"挡，再对万用表电阻挡进行"校零"和"校无穷"。然后将万用表的转换开关置"R×1"挡，检查现在的电阻零点和无穷点是否还准确。

通过以上操作你能得到什么结论吗？

我的结论：_____

读一读

零欧姆调整时有两个值得注意的问题：

① 每换一次倍率，就得进行一次零欧姆调整。欧姆挡的各挡零点是不一致的，一个挡位调

好后再换到另一挡位,零欧姆点就会发生变化。这一点读者们不但要知道,而且要养成换一次挡位就调一次零点的习惯。如果长时间使用万用表的同一低倍率挡,则在测量中途即使没有变动转换开关,也要经常进行欧姆调零,其具体原因将在后面讨论。

② 万用表置于欧姆挡,两表笔不得长时间短接。测电阻时的电流是由表内电池提供的,指针有偏转现象就说明电表中有电流流过,也就是说表内电池在放电,两表笔长时间短接就是表内电池长时间放电而空耗电能。特别是小倍率挡,由于其表内电阻很小(欧姆中心值,下面将讨论),导致放电电流较大,有的可达50mA以上。进行欧姆调零时,有时会发现低倍率挡无法调到零欧姆点,而高倍率挡能调到,这就是表内电池电能即将耗尽的缘故,此时应及时更换电池。

(2) 合适倍率的选择

万用表转换开关的电流、电压挡所标数值为这些挡位所对应的量程,而欧姆挡的所标数值为这些挡位所对应的倍率,你认为"×1"、"×10"、"×100"、"×1k"、"×10k"是什么意思?

我的结论:_____
_____
_____
_____

倍率是什么意思?比如万用表的转换开关置×100挡,测量某一电阻时表盘读数为23,则所测电阻为23×100=2300Ω=2.3kΩ。由此可见,所谓倍率,即所测电阻是表头读数的倍数。

合适量程的标准是使指针所偏转角度尽可能大,那么合适倍率的标准会怎样呢?

假如用万用表各欧姆挡分别测量一只190Ω的电阻,结果如下:

倍 率	表盘示数	测量值
×1	190	190
×10	19	190
×100	1.9	190
×1k	0.19	190
×10k	0.019	190

同一电阻,所用挡位不同,即倍率不同,其表头示数则不同。在上述5个表头示数中,190识读起来十分困难,因为此刻度靠近刻度盘的最左侧,此处欧姆标度尺的最小刻度有的已达100,190很有可能被读为200或180,甚至150;19在欧姆标度尺上读起来比较容易,因为此刻度靠近刻度盘的正中,最小刻度就是1;识读1.9也比较困难,因为此刻度靠近刻度盘的右边,此处标度尺的最小标度已达1,1.9中的0.9是估算出来的,1.9很可能被读为2.0或1.8甚至1.7;0.19和0.019在欧姆标度尺上几乎无法识读,因为此标度位于标度尺的最右边,此处的最小标度是1,0.19和0.019全部要靠估算来读取。

由此可见，最合适倍率的标准是：使电表的指针尽可能接近刻度盘的正中。

说明图 4.3.1 中所示电表示数与相应挡位配合是否合适？若不合适，请说明应选用哪个倍率？

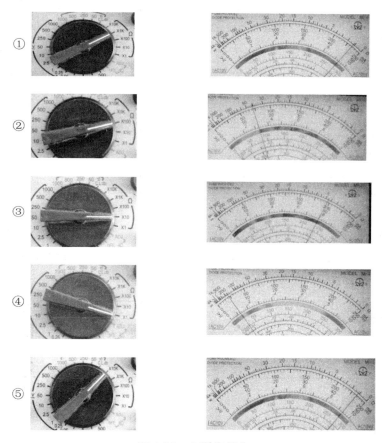

图 4.3.1　示数和挡位

我的结论：_____

利用手中的万用表测量老师配发的电阻，并将合适的倍率、表盘示数及电阻值记录下来。

我的结论：

编号	倍率	表头示数	测量值	标称值

想一想

以上所测试的数值中，哪些测量值与标称值相差太大？重新测试这些电阻器，并分析不一致的可能原因。

我的分析结果：_____
_____
_____

2．用伏安法测电阻

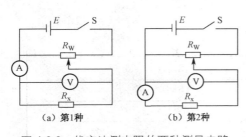

图 4.3.2 伏安法测电阻的两种测量电路

想一想

若将安培表和伏特表同时接入电路测量电路的电流和电压，再用所测量的电压与电流的比值来确定电路电阻大小，这种测量电阻的方法就是初中物理中学习过的伏安法。它有两种测量电路，如图 4.3.2 所示，试分析两种测量电路的接法和滑动变阻器的作用。

我的分析结果：
如图 4.3.2（a）所示为_____法，如图 4.3.2（b）所示为_____法。该图中滑动变阻器的作用是_____。若电源电压为 6V，则伏特表的最大读数为_____V，最小读数为_____V。

注意： 连接电路时开关应断开，各电表的量限应先置最大，电位器调至输出电压最低状态。

下面所要进行的测量分为 4 种组合，就是两种接法与两只待测电阻的组合。两只待测电阻建议用 20Ω 左右的大功率线绕电阻和 1kΩ 左右的小功率电阻，电源电压建议为 6V，电压调节范围为 0～6V。测量中将两只万用表分别用做安培表和伏特表。

（1）以小阻值电阻 R_{x1} 为待测电阻，按图 4.3.2（a）连接电路。

（2）闭合开关，调节滑动变阻器使电压表的读数为 1V，读出电流表读数，并将读数和相应的电压表、电流表的量限一同填入表 4.3.1 的相应栏中。

（3）调节电位器（滑动变阻器）使电压表的读数分别为 2V、3V、4V、5V，读出相应电流表的读数，并将读数和相应的电压表、电流表的量限一同填入表 4.3.1 的相应栏中。

（4）断开电源开关 S，以大阻值电阻 R_{x2} 为待测量电阻重复上面的（1）、（2）、（3）步。

（5）换图 4.3.2（b）重复上面的（1）、（2）、（3）、（4）步。

（6）断开电源开关 S，处理上面每一组测量数据，计算出待测电阻的阻值，并填入表 4.3.1 中。

（7）查阅相关资料，得到相关电表各挡内阻的大小，并填入表 4.3.1 中。

表 4.3.1　记录表

次 序	接法	待测电阻	伏 特 表			安 培 表			测量结果 (Ω)
			量限 (V)	内阻 (kΩ)	测量值 (V)	量限 (mA)	内阻 (Ω)	测量值 (mA)	
1	外接法	R_{x1}			1				
2					2				
3					3				
4					4				
5					5				
6		R_{x2}			1				
7					2				
8					3				
9					4				
10					5				
11	内接法	R_{x1}			1				
12					2				
13					3				
14					4				
15					5				
16		R_{x2}			1				
17					2				
18					3				
19					4				
20					5				

想一想

友情提醒：请先断开电源！

（1）比较外接法的测量数据，电压表量限相同而电流表量限不同时的测量结果是否相同？由此你能得到什么结论？

> 我的分析结果：
> 　　电压表量限相同而电流表量限不同时，R_{x1}的测量结果_____（比较接近/相差较大），R_{x2}的测量结果_____（比较接近/相差较大）。可见外接法测量时，电流表的量限变化对测量结果_____（有时有/一直没有）影响，不同的量程对应着不同的电表内阻，即电流表的内阻对测量结果_____（有时有/一直没有）影响。若有影响，电流表量限越大，这种影响越_____（小/大），且待测电阻值越大，这种影响越_____（小/大）。

（2）比较外接法的测量数据，电流表量限相同而电压表量限不同时的测量结果是否相同？由此你能得到什么结论？

> 我的分析结果：
> 　　电流表量限相同而电压表量限不同时，R_{x1}的测量结果_____（比较接近/相差较大），R_{x2}的测量结果_____（比较接近/相差较大）。可见外接法测量时，电压表的量限变化对测量结果_____（有时有/一直没有）影响，不同的量程对应着不同的电表内阻，即电压表的内阻对测量结果_____（有时有/一直没有）影响。若有影响，电压表量限越大，这种影响越_____（小/大），且待测电阻值越大，这种影响越_____（小/大）。

（3）比较内接法的测量数据，电压表量限相同而电流表量限不同时的测量结果是否相同？由此你能得到什么结论？

> 我的分析结果：
> 　　电压表量限相同而电流表量限不同时，R_{x1}的测量结果_____（比较接近/相差较大），R_{x2}的测量结果_____（比较接近/相差较大）。可见内接法测量时，电流表的量限变化对测量结果_____（有时有/一直没有）影响，即电流表的内阻对测量结果_____（有时有/一直没有）影响。若有影响，电流表量限越大，这种影响越_____（小/大），且待测电阻值越大，这种影响越_____（小/大）。

（4）比较内接法的测量数据，电流表量限相同而电压表量限不同时的测量结果是否相同？由此你能得到什么结论？

我的分析结果：

电流表量限相同而电压表量限不同时，R_{x1} 的测量结果_____（比较接近/相差较大），R_{x2} 的测量结果_____（比较接近/相差较大）。可见内接法测量时，电压表的量限变化对测量结果_____（有时有/一直没有）影响，即电压表的内阻对测量结果_____（有时有/一直没有）影响。若有影响，电压表量限越大，这种影响越_____（小/大），且待测电阻值越大，这种影响越_____（小/大）。

（5）由上面的分析可知，内、外接法时分别是哪个电表的内阻对测量结果有影响？怎样减小这种影响？

我的分析结果：

只有_____表的内阻对外接法测量结果会产生影响而带来误差，且电表内阻越大，这种误差越_____（小/大）；待测电阻值越大，这种影响越_____（小/大）。所以外接法适宜用于测量阻值_____（小/大）的电阻，且在保证读数误差较小的情况下，尽可能选用_____（小/大）量限来测量。

只有_____表的内阻对内接法测量结果会产生影响而带来误差。且电表内阻越大，这种误差越_____（小/大）；待测电阻值越大，这种影响越_____（小/大）。所以内接法适宜用于测量阻值_____（小/大）的电阻，且在保证读数误差较小的情况下，尽可能选用_____（小/大）量限来测量。

（6）根据以上分析，处理前面的测量数据，给出最终 R_{x1}、R_{x2} 的测量结果，并填入表 4.3.1 中。

3．用直流电桥测电阻

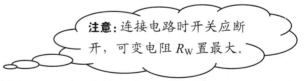

注意：连接电路时开关应断开，可变电阻 R_W 置最大。

（1）将电阻箱 R_1 和已知电阻 R_2、R_3、R_4 按图 4.3.3 所示连接好电路（滑动变阻器 R_W 调到最大，开关 S_1 断开）。

（2）闭合开关 S_1 后，调 R_W 至适中位置，瞬间合一下 S_2，观察电流计的偏转情况，根据偏转情况调节电阻箱 R_1，使 S_2 闭合后电表的指针不偏转。

（3）断开开关 S_1，记下此时的 4 个电阻的阻值。

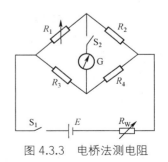

图 4.3.3 电桥法测电阻

我的记录：

$R_1=$_____、$R_2=$_____、
$R_3=$_____、$R_4=$_____。

友情提醒：请先断开电源！

我的分析：

（1）上面 4 个电阻数值关系：R_1 和 R_4 的乘积为_____，R_2 和 R_3 的乘积为_____。

（2）可见电流计读数为零的条件是：_____。

读一读

以上电路一般称为桥式电路。R_1、R_2、R_3、R_4 组成了电桥的四个桥臂，Ⓖ 是灵敏电流计。只要 4 只电阻器阻值选择合适即可使电流计中无电流通过，即电流计指针不偏转。四个桥臂满足一定条件时电流计中通过的电流为零，这种状态称为电桥平衡。电桥平衡的条件是：电桥对角桥臂电阻的乘积相等。因为：

设 R_1、R_2、R_3、R_4 中流过的电流分别是 I_1、I_2、I_3、I_4，则电桥平衡时有

$$I_1 = I_2, \quad I_3 = I_4$$

电流计电流为零，所以 R_1、R_3 上的电压降相等，R_2、R_4 上的电压降也相等，得

$$R_1 I_1 = R_3 I_3, \quad R_2 I_2 = R_4 I_4$$

将两式相除，得

$$\frac{R_1}{R_2} = \frac{R_3}{R_4}$$

$$R_1 R_4 = R_2 R_3$$

应用以上原理进行电阻测量的装置叫做惠斯通电桥，它有多种形式，学校常用的是滑线式电桥，如图 4.3.4 所示。其中 L 是一根粗细和电阻率皆均匀的电阻丝，根据电阻定律：

$$R = \rho \frac{L}{S}$$

得： $R_左 = \rho \dfrac{L_左}{S}$， $R_右 = \rho \dfrac{L_右}{S}$

假如图中的桥式电路已经达到平衡，则

$$R_X \times R_左 = R_0 \times R_右$$

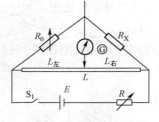

图 4.3.4 直线电桥测电阻

将 $R_左$ 和 $R_右$ 代入上式，得

$$R_X = R_0 \frac{L_右}{L_左}$$

根据上式，只要通过调节电阻丝上的触点 P 的位置，使电桥达到平衡，再通过电阻箱所示电阻值 R_0 和直线电桥所示的 $L_左$ 和 $L_右$ 的大小代入表达式，即可得到待测电阻 R_X 的大小。

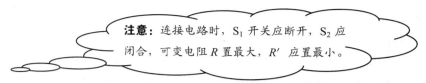

注意：连接电路时，S_1 开关应断开，S_2 应闭合，可变电阻 R 置最大，R' 应置最小。

(1) 直接用万用表测量待测电阻的大小（粗测）。
(2) 将粗测的结果填入表 4.3.2 的 R_0 栏中，并将电阻箱的阻值调至与该粗测的结果相等。
(3) 将 R_0 与 R_X 接入如图 4.3.5 所示的电路，接通电源，并将电源电压升至 3V。（注意连接电路时 S_1、S_2 和电阻器 R 应处的状态）。
(4) 将 R' 调至最大阻值的 1/4 处，R 的触点移至中点，移动电桥上的滑片 P，在电桥的中点附近找到相应的平衡点，即电流计的指针指在零点。

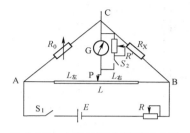

图 4.3.5　电桥法测电阻测量电路

(5) 分别增大 R' 为滑线变阻器总阻值的 1/2 和 1 倍，重新检测原来的平衡点是否仍保持平衡，若不能继续保持平衡，则进一步检测更为精确的平衡点。
(6) 断开 S_2，找出最为精确的平衡点，记下此时的 $L_左$ 和 $L_右$。计算出 R_X 的大小填入表 4.3.2 中。
(7) 断开电源，对调电桥左右端，重新测量一次，并计算。
(8) 将两次测量的结果加以平均，作为最后的测量值。

表 4.3.2　电桥法测电阻数据

R_0	第一次测量			第二次测量			$\overline{R_X}$
	$L_左$	$L_右$	R_X	$L_左$	$L_右$	R_X	

友情提醒：请切断电源开关！

(1) 在上面的测量中，先用万用表测量了待测电阻的大致值，然后又将电阻箱调为该值，使电桥的平衡点尽可能设在直线电桥的中点，其目的是什么？

我的分析：

① 若将平衡点设置在中点，电桥长为 50cm，R_0=100Ω，平衡时应测得 $L_左$=$L_右$=25.0cm，则应测得 R_X=_____；若有 0.3 cm 的误差，即实测得 $L_左$=24.7cm，$L_右$=25.3cm，则实际测得 R_X=_____。相对误差_____（不大/较大）。

② 若将平衡点设置于一侧，平衡时假设测得 $L_左$=10cm，$L_右$=40cm，则应测得 R_X=_____；若仍有 0.3 cm 的误差，即实际测得 $L_左$=9.7cm，$L_右$=40.3cm，则实际测得 R_X=_____。相对误差_____（不大/较大）。

可见：平衡点越靠近中点，相对误差越_____（大/小）。

(2) 电流计是用来检测电桥是否处于平衡状态的，它的灵敏度一般都很高，所能承受的电流都很小。在开始检测时，一般不知道平衡点的大致方位，即第一次测量时，电桥有可能处于一种极不平衡的状态，一旦按下触点 P，电流计中可能会有很大电流流过，该电流极有可能损坏电流计。为此，在测量中，给电流计并联了一只滑线变阻器 R'，用于对电流计的保护。这是为什么？

> **我的分析：**
> 滑线变阻器 R' 的并入和电流计一起组合成了一只_____（大/小）量限的等效电流计，实质是_____（扩大/缩小）了电流计的量程，_____（提高/降低）了电流计的灵敏度。在实际测量中，滑线变阻器是串联了一个开关 S_2 后再并在电流计两端的。开始时，滑线变阻器的阻值调至_____（很大/很小），也就是等效电流计的量限最_____（大/小），电流承受能力最_____（强/弱），灵敏度最_____（低/高）。在确定平衡点大致范围的基础上再增大滑线变阻器的阻值，即等效电流计的量限变_____（大/小），电流承受能力变_____（强/弱），灵敏度变_____（低/高）。进一步寻找更为精确的平衡点，最后直至断开 S_2。这样的操作实际上是先用低灵敏度电表进行检测，在初步确定粗略平衡点的基础上再进一步提高电流计的灵敏度进行更为精确的检测。

（3）为了减小由于电阻丝不均匀所致的误差，测量中为什么采用对换 R_X 与 R_0 的位置或将直线电桥的 A、B 端对换，分两次测量取平均值的方法？

> **我的分析：**
> 假如电阻丝粗细不均，第一次测量的结果偏大，则对换桥臂后第二次测量的结果一定偏____（大/小），一个偏___，一个偏___，两者平均则更接近真实值。

（4）测量时为什么要尽可能提高电桥两端的电压？

> **我的分析：**
> 为了减小因电流计灵敏度不足所致的误差，在测量前应尽可能地选择灵敏度_____（高/低）的电流计。但在电流计已确定的条件下，则应尽可能提高电桥两端_____，也就是尽可能_____（提高/降低）滑线变阻器 R 的阻值，以尽可能提高电流计上端与电阻丝上各点间的电位差，这样可充分暴露电流计上端与测试点之间的电位差异。
> 假如电阻丝粗细不均，第一次测量的结果偏大，则对换桥臂后第二次测量的结果一定偏____（大/小），一个偏___，一个偏___，两者平均则更接近真实值。

（5）以上测量的精度是否足够高？

> **我的分析：**
> 前面所用的直线电桥长度只有 50cm，用于读数的也是最小刻度为_____（cm/mm）的直尺，其读数精度_____（高/不高），这也是该测量方法在这里_____（能/不能）实现高精度测量的原因之一。

测量电阻的常用方法之一是电桥测量法。利用桥式电路制成的电桥是一种用比较法进行测量的仪器,它在平衡条件下将待测电阻与标准电阻进行比较以确定其数值。电桥测量法具有测试灵敏、精确和使用方便等特点,已被广泛地应用于电工技术和非电量电测法中。

电桥分为直流电桥和交流电桥两大类。直流电桥又分为单臂电桥和双臂电桥,单臂电桥又称为惠斯通电桥(Wheatstone),主要用于精确测量中值电阻;双臂电桥又称为开尔文电桥,适用于测低值电阻。

*4. 测试绝缘电阻

检测绝缘电阻一般要用兆欧表(图 4.3.6)。兆欧表的种类很多,除了传统的摇表,现在还广泛使用数字表。下面以摇表为例来简单介绍兆欧表的使用。

图 4.3.6　兆欧表

1)兆欧表的选择

根据测试对象和要求不同,兆欧表大致可以分为普及型、主导型和专用型 3 种,根据电力设备预防和交接试验规程,用于测量试品绝缘电阻的普及型兆欧表试验电压等级为 500V、1000V。主导型兆欧表主要测量试品的绝缘电阻、吸收比或极化指数,电压等级为 2500V、5000V。专用型兆欧表用于测量同步发电机、直流电机、交流电动机等绕组的绝缘电阻、吸收比和极化指数。

2)使用前的准备

使用前,要检查兆欧表是否能正常工作。方法是将兆欧表水平放置,空摇兆欧表手柄,指针应该指到"∞"处,再慢慢摇动手柄,使 L 和 E 两接线桩输出线瞬时短接,指针应迅速指零。注意在摇动手柄时不得让 L 和 E 短接时间过长,否则将损坏兆欧表。

测量前,还要检查被测电气设备和电路,看是否已全部切断电源,绝对不允许设备和线路带电时用兆欧表去测量。同时应对设备和线路先行放电,以免设备或线路的电容放电危及人身安全和损坏兆欧表,还要注意将被测试点擦拭干净。

3)使用中的注意事项

测量时,兆欧表必须水平放置于平稳牢固的地方,以免在摇动时因抖动和倾斜产生测量误差。

接线必须正确无误。兆欧表有 3 个接线桩,"E"(接地)、"L"(线路)和"G"(保护环或屏蔽端子)。保护环的作用是消除表壳表面"L"与"E"接线桩间的漏电和被测绝缘物表面漏电的影响。在测量电气设备对地绝缘电阻时,"L"用单根导线接设备的待测部位,"E"用单根导线接设备外壳；如测电气设备内两绕组之间的绝缘电阻时，将"L"和"E"分别接两绕组的接线端；当测量电缆的绝缘电阻时，为消除因表面漏电产生的误差，"L"接线芯，"E"接外壳，"G"接线芯与外壳之间的绝缘层。

"L"、"E"、"G"与被测物的连接线必须用单根线，绝缘良好，不得绞合，表面不得与被测物体接触。

摇动手柄的转速要均匀，一般规定为 120 转/分钟，允许有±20%的变化，最多不应超过±25%。通常都要摇动一分钟后，待指针稳定下来再读数。如被测电路中有电容时，先持续摇动一段时间，让兆欧表对电容充电，指针稳定后再读数，测完后先拆去接线，再停止摇动。若测量中发现指针指零，应立即停止摇动手柄。

测量完毕，应对设备充分放电，否则容易引起触电事故。

禁止在雷电时或附近有高压导体的设备上测量绝缘电阻。只有在设备不带电又不可能受其他电源感应而带电的情况下才可测量。

兆欧表未停止转动以前，切勿用手去触及设备的测量部分或兆欧表接线桩。拆线时也不可直接去触及引线的裸露部分。

兆欧表应定期校验。校验方法是直接测量有确定值的标准电阻，检查其测量误差是否在允许范围以内。

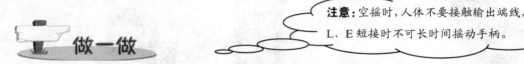

注意：空摇时，人体不要接触输出端线，L、E 短接时不可长时间摇动手柄。

（1）将兆欧表水平放置在实训台上，空摇兆欧表手柄，看指针是否指到"∞"处。

（2）再慢慢摇动手柄，使 L 和 E 两接线端输出线瞬时短接，看指针是否迅速指零。注意在摇动手柄时不得让 L 和 E 短接时间过长，否则将损坏兆欧表。

（3）将兆欧表的 L 和 E 两接线端用绝缘性能良好的单根线分别与变压器原、副绕组中的各一个线端相接，然后以大致 2 转/秒的速度摇动手柄，均匀摇动一段时间待指针稳定后读出相应的绝缘电阻值。

（4）再将兆欧表的 L 和 E 两接线端用绝缘性能良好的单根线分别与变压器原绕组中的一个线端及变压器的铁芯相接，然后以大致 2 转/秒的速度摇动手柄，均匀摇动一段时间待指针稳定后读出相应的绝缘电阻值。

（5）再将兆欧表的 L 和 E 两接线端用绝缘性能良好的单根线分别与变压器副绕组中的一个线端及变压器的铁芯相接，然后仍以大致 2 转/秒的速度摇动手柄，均匀摇动一段时间待指针稳定后读出相应的绝缘电阻值。

我的结果：

以上第（1）步的结果是：_____；以上第（2）步的结果是：_____；原副绕组间的绝缘电阻为_____；原绕组和铁芯间的绝缘电阻为_____；副绕组和铁芯间的绝缘电阻为_____。

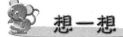

在你的测量中,有哪些异常现象发生?你是怎样解决的?为什么?

我的分析:_____

*知识链接:认识戴维宁定理和叠加定理

(1)为什么万用表置电阻挡时两表笔不能长时间短接?尤其是低倍率挡?
(2)为什么万用表电阻挡不能带电测量?

1. 认识戴维宁定理

在实际生产和生活中,人们常遇到这样的问题,某一电路或电气设备,其内部结构十分复杂,无法分析清楚,其实也不用分析清楚,人们关心的是它的外部特性,即对外的表现。比如前面使用的欧姆表,其内部结构比较复杂,但对使用者来说,它的对外表现就相当于一只有一定内阻的电源。测量某一电阻也就是将该待测电阻接到这一等效电源的正负极上,表头即可指出相应待测电阻的大小。将欧姆表等效成一只实际电源的过程,其实应用了一个十分重要的电路理论,即戴维宁定理(图4.4.1)。

图4.4.1 戴维宁定理示意图

在分析电路时,常将电路称为**网络**。有两个端与外部相连的网络被称为**二端网络**。若二端网络内部含有电源,则称该网络为**有源二端网络**。

一个线性有源二端网络,一般都可以等效为一个理想电压源和一个等效电阻的串联形式。电源电动势的大小就等于该二端网络的开路电压,等效电阻的大小就等于该二端网络内部电源不作用时的输入电阻,这就是**戴维宁定理**。

所谓开路电压,就是二端网络两端间什么都不接时的电压,如图4.4.1所示的 U_0。计算内电阻时要先假定电源不作用,所谓内部电源不作用,也就是内部理想电压源视为短路、理想电流源视为开路,此时网络的等效电阻即为等效电源的内电阻,如图4.4.1中的 r_0。

例：如图 4.4.2 所示，已知 $R_1=30Ω$、$R_2=60Ω$、$R_3=60Ω$、$R_4=30Ω$、$R_5=30Ω$、$E=3V$，求电阻 R_5 中的电流。

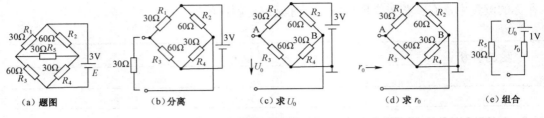

图 4.4.2　例题图

解：
（1）分离：分离电路，分为待求部分和有源二端网络部分，如图 4.4.2（b）所示。
（2）等效：求出有源二端网络的等效电动势和等效内电阻。
等效电动势就等于开路电压，如图 4.4.2（c）所示。

$$U_0 = U_{AB} = V_A - V_B = \frac{60}{30+60} \times 3 - \frac{30}{30+60} \times 3 = 1V$$

等效内电阻为：

$$r_0 = \frac{30 \times 60}{30+60} + \frac{30 \times 60}{30+60} = 40Ω$$

（3）组合求解：等效电源与待求电路相组合，如图 4.4.2（e）所示。

$$I = \frac{U_0}{r_0 + R_5} = \frac{1}{40+30} = 0.0143A$$

用戴维宁定理求解图 4.4.3 所示 $2Ω$ 电阻中的电流。

图 4.4.3　题图

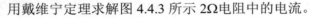
我的结论：

（1）万用表的欧姆挡其实就是一个线性有源二端网络，下面就以"R×1"挡为研究对象，用实验的方法来等效该有源二端网络。首先将万用表的转换开关置"R×1"挡，两表笔相接进行零欧姆调整。再将黑、红两表笔分别与电压表的正负极相接，测试相应的开路电压，即等效电动势。再打开该万用表的后盖，取下表内电源，用导线将原来接电源正负极的连接点短接，并用另一只万用表测量待测有源二端网络（待测万用表的"R×1"挡）的等效电阻。最后画出相应的等效电路图。

（2）用同样的方法等效"R×10"挡。

（3）说明为什么万用表置电阻挡时两表笔不能长时间短接？尤其是低倍率挡？

我的结论：_____

_____

_____

_____

"R×1"挡等效电路　　　　"R×10"挡等效电路

2．认识叠加定理

对照图 4.4.4 中的左图连接电路，接通电源，用电表分别测量电路中的 I_1、I_2、I_3，并将测量结果填入表 4.4.1 中；断开电源，拆除电源 U_{S2}，并将原来接电源 U_{S2} 的接线端钮用导线短接，如图 4.4.4 中的中图所示。接通电源，用电表分别测量电路中的 I_1'、I_2'、I_3'，并将测量结果填入表 4.4.1 中；断开电源，接上电源 U_{S2}，拆除电源 U_{S1}，并将原来接电源 U_{S1} 的接线端钮用导线短接，如图 4.4.4 中的右图所示。接通电源，用电表分别测量电路中的 I_1''、I_2''、I_3''，并将测量结果填入表 4.4.1 中。

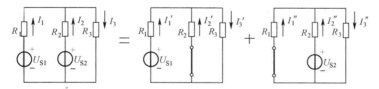

图 4.4.4　叠加定理解题分解图示

表 4.4.1　记录表

I_1	I_2	I_3	I_1'	I_2'	I_3'	I_1''	I_2''	I_3''	$I_1'+I_1''$	$I_2'+I_2''$	$I_3'+I_3''$

计算表中的 $I_1'+I_1''$、$I_2'+I_2''$、$I_3'+I_3''$。比较 I_1、I_2、I_3 与对应的 $I_1'+I_1''$、$I_2'+I_2''$、$I_3'+I_3''$ 之间的数值关系。

会发现：_____

_____，其实这是叠加定理的必然结果。

在由多个电源和线性电阻组成的电路中，任何一条支路的电流或电压，都可以看成是由电路

中各电源（电压源和电流源）分别单独作用时在该支路中所产生的电流或电压的代数和。这就是叠加定理。

如图 4.4.4 所示的电路中，U_{S1} 和 U_{S2} 是两只恒压源，也就是提供恒定电压的理想电压源，它们共同作用在三个支路中所形成的电流分别为 I_1、I_2 和 I_3。根据叠加定理，左图就等于中图和右图的叠加，即：

$$I_1 = I_1' + I_1''$$
$$I_2 = I_2' + I_2''$$
$$I_3 = I_3' + I_3''$$

用叠加定理来分析复杂直流电路，就是把多个电源的复杂直流电路化为几个单电源电路来分析计算。不过在分析计算中有以下几个问题要注意。

（1）叠加定理仅适用于由线性电阻和电源组成的线性电路。所谓线性电阻，就是电阻大小不随电压电流的变化而变化的电阻，也就是严格遵守欧姆定律的电阻。

（2）所谓电路中只有一个电源单独作用，就是假定其他电源均除去，即理想电压源视为短接，理想电流源视为开路。实际电源都可以等效为恒压源与内阻的串联形式或恒流源与内阻的并联形式。若电源不是理想电源，它们都有一定的内阻，则所谓电源单独作用应保留其内阻。

（3）叠加定理只适用于线性电路中的电压和电流的叠加，而不能用于电路中的功率叠加。

想一想

（1）用叠加定理求解图 4.4.3 所示电路 2Ω 电阻中的电流。

（2）万用表是根据通过表头的电流大小要反映所测试电阻大小的，请你用叠加定理来分析当待测试电阻已经带电（即已经与其他电源相接），为什么不能用万用表测试该电阻的大小？

我的回答：_____

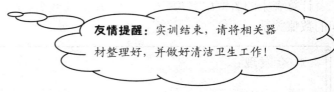

友情提醒：实训结束，请将相关器材整理好，并做好清洁卫生工作！

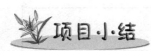

项目小结

（1）电阻器可分为可变电阻器、半可变电阻器和固定电阻器，又可分为碳膜电阻器、金属膜电阻器和线绕电阻器。

（2）严格遵守欧姆定律的电阻是线性电阻，阻值随电压和电流变化的电阻是非线性电阻，常用的非线性电阻器有压敏电阻器和热敏电阻器。

（3）当温度升高时金属导体的电阻将增大，而半导体的电阻将变小；当满足特定外界条件时，导体的电阻会变为零,这就是超导体。

(4) 高阻值电阻器要用万用表的高倍率欧姆挡测量,低阻值电阻器要用万用表的低倍率欧姆挡测量,测量前要进行零欧姆调整。

(5) 伏安法测量电阻中的安培表内接法适宜测量高阻值电阻,电流表的内阻会导致误差;伏安法测量电阻中的安培表外接法适宜测量低阻值电阻,电压表的内阻会导致误差。

(6) 电桥分为单臂电桥(惠斯通电桥)和双臂电桥(开尔文电桥)两种,直线电桥是最简单的单臂电桥。

(7) 绝缘电阻的测量要用兆欧表,它的种类很多,最传统的就是摇表。

(8) 戴维宁定理和叠加定理是解决复杂电路的两个基本规律,任意一个线性有源二端网络可用戴维宁定理等效为一个电源,多电源的线性电路可利用叠加定理化简为多个电源各自单独作用的简单电路的叠加。

1. 回顾一下日常生活中哪些方面用到了可变电阻器?哪些方面用到了半可变电阻器?哪些方面用到了固定电阻器?它们的作用如何?

2. 去实训室找一块废旧电路板,找一找上面哪些元件是可变电阻器?哪些元件是半可变电阻器?哪些元件是固定电阻器?哪些元件是碳膜电阻器?哪些元件是金属膜电阻器?哪些元件是线绕电阻器?

3. 为什么白炽灯常在开灯的瞬间烧断灯丝,而半导体器件往往在工作一段较长时间后发生故障?

4. 想想看假如超导体被广泛使用,人们的生活会变成什么样子?

5. 一待测量电阻的阻值大约为 10Ω,额定功率为 5W,现有两只万用表,它们的电流挡和相应的内阻分别为 $1\Omega/500\text{mA}$、$10\Omega/50\text{mA}$、$100\Omega/5\text{mA}$、$1\text{k}\Omega/0.5\text{mA}$,电压挡和相应的内阻分别为 $5\text{k}\Omega/2.5\text{V}$、$20\text{k}\Omega/10\text{V}$、$100\text{k}\Omega/50\text{V}$、$500\text{k}\Omega/250\text{V}$。若再配一只电源,只测量一组数据,则要尽可能减小测量误差,该电源的电压最好应为多少?采用什么接法?各电表的量程取多少?

若待测量电阻大致为 $4\text{k}\Omega$,额定功率为 10W,则结果又将如何?

6. 用伏安法测量电阻时,怎样做才能尽可能减小测量误差?

7. 用直线电桥测电阻时,怎样做才能尽可能减小测量误差?电桥测电阻的精度一般都很高,而直线电桥的测量精度为什么不高?

8. 使用摇表测绝缘电阻时应注意哪些问题?

9. 选用万用表的合适倍率分别在晴天、阴天、雨天时测量自己和同学的人体电阻,并设计表格记录下来(有条件时也可以在夏天、冬天时分别测量记录),总结人体电阻的大致范围,以及人体电阻与天气、体型、性别等的关系,并考虑能否将万用表发展为一个衡量人体健康指标的简易仪表。

10. 用一只万用表测量另一只万用表在不同电压量程下的内阻以及在不同电阻倍率下的内阻,体验伏特表内阻与量程的关系以及欧姆表内阻与倍率的关系。考虑为什么不能轻易用万用表测量安培表内阻与量程的关系(注意不要烧坏电表)。

学习领域二 简易直流电表

领域简介

电流表和电压表是电工测量中的最基本仪表,也是简单直流电路知识和技能应用于生产、生活实际的最为典型的产品。在本领域中,将通过制作电流表、电压表和万用电表,掌握直流电路知识在实际中的广泛应用,培养利用理论知识分析问题和解决问题的能力,电路原理图和装配图的识读分析能力,实际产品的安装检测和调试能力,以及产品意识、质量意识、团队意识和安全意识。

项目5 电流表、电压表的制作

学习目标

- ✧ 掌握电阻串联、并联和简单混联电路的连接方式,会计算相应电路的等效电阻、电压和电流;
- ✧ 会制作简单的直流电流表和直流电压表;
- ✧ 了解支路、节点、回路和网孔的概念,掌握基尔霍夫定律,能应用基尔霍夫电流、电压定律列出两个网孔电路的电压、电流方程。

工作任务

- ✧ 制作直流电压表;
- ✧ 制作直流电流表;
- ✧ 体验基尔霍夫定律。

项目概要: 本项目由两项独立的任务组成,每一项任务都包括知识准备、电表制作和电表校验三个部分。在两项任务之后,在电表原理即电阻串并联知识的基础之上,最后进行知识链接,即认识基尔霍夫定律。

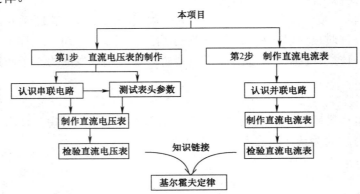

第1步　直流电压表的制作

1．认识电阻串联电路
1）电阻串联电路

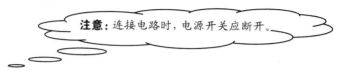

对照电路图 5.1.1 将电源和电阻连接起来，分别用电压表和电流表测出各电阻两端的电压和电路的总电流。

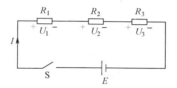

图 5.1.1　电阻串联电路

我的测试结果：$I=$_____，$U_1=$_____，$U_2=$_____，$U_3=$_____。

电阻的串联电路如图 5.1.1 所示，即几个电阻依次相接组成的无分支电路，使电流只有一条通路。串联电路的规律如下。

串联电路中流经各电阻的电流 I 相等，即
$$I=I_1=I_2=I_3$$
电路总电压等于各电阻两端的电压之和，即
$$U=U_1+U_2+U_3$$
电路的等效电阻等于各电阻之和，即
$$R=R_1+R_2+R_3$$

① 你的测量结果与计算得到的结果是否相符？如果相差太大请找出原因。
② 如图 5.1.1 所示，电源电动势为 6V，接有 $R_1=10Ω$、$R_2=20Ω$、$R_3=30Ω$ 的三个串联电阻作负载，电路中的电流是多少？各电阻两端的电压分别为多少？电路总功率和各电阻所损耗的功率分别为多少？

我的分析结果：_____

2）认识电位器

观察老师配发的各种电位器，了解它们的结构和使用。

注意：连接电路时，电源开关应断开。

将一只 470Ω 的电位器（最好用线绕电位器）按图 5.1.2 所示电路连接好。将电位器的滑动触点 P 调到一端，用电压表测量 ab 两点间的电压，并将测量结果填入表 5.1.1 中。然后分别将电位器的滑动触点 P 向另一端调节到总幅度的 $\frac{1}{3}$、$\frac{1}{2}$ 和 $\frac{2}{3}$，测量出 ab 两点间的电压并填入表 5.1.1 中。最后将电位器的滑动触点 P 调到另一端，再用电压表测量 ab 两点间的电压，并填入表 5.1.1 中。

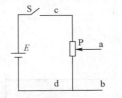

图 5.1.2 电位器分压电路

表 5.1.1 记录表

电位器状态	一端	$\frac{1}{3}$	$\frac{1}{2}$	$\frac{2}{3}$	另一端
ab 间电压					

友情提醒：请切断电源开关！

我的分析结果：若将电位器当做一个电压变换的网络，图中的 cd 端为输入端，ab 端为输出端，其输入端电压保持不变，而输出端的电压可从_____一直调至_____。表 5.1.1 中的"一端"状态的输出电压最____（大/小），触点 P 被调至最____（上/下）端，而"另一端"状态的输出电压最____（大/小）。

2. 测定表头的满偏电压和内阻

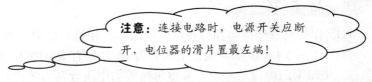

注意：连接电路时，电源开关应断开，电位器的滑片置最左端！

（1）按图 5.1.3 所示连接电路（将电位器调至输出电压最低状态，电阻箱的值置最大，开关断开），其中 V_0 为量程很小的伏特表。

（2）闭合开关 S，将电阻箱 R 调至零，调节电位器 R_P 使 G 满偏，此时伏特表 V_0 的读数即为待测表头 G 的满偏电压 U_g。

（3）调节电阻箱使 R 增大，观察此时 G 的读数变化情况和 V_0 的读数变化情况。

（4）同时调节电位器和电阻箱，在保证伏特表 V_0 读数不变仍然为 U_g 的前提下，使 G 半偏，则电阻箱的电阻与表头内电阻相等，读出电阻箱 R 的值即为表头内电阻，这种测量方法称为 **半偏法**。

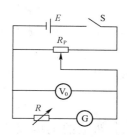

图 5.1.3　测定表头参数

我的观测结果：
- 表头满偏电压 U_g=＿＿＿＿＿＿＿；
- 电阻箱使 R 增大时，G 的读数变＿＿＿，V_0 的读数变＿＿＿；
- 表头内阻 R_g=＿＿＿＿＿＿＿。

想一想

友情提醒：请切断电源开关！

我的分析结果：

在图 5.1.3 所示的电路中：

① 电阻箱 R 为零时，伏特表和表头相＿＿＿联，伏特表两端的电压 U_1 与表头两端的电压 U_2 ＿＿＿（相等/不相等），所以当表头指针满偏时，伏特表的读数即＿＿＿于表头满偏电压 U_g。

② 若电阻箱有一定的数值，此时电阻箱与表头相＿＿＿联，伏特表两端的电压 U_1 为表头两端的电压 U_2 与电阻箱两端的电压 U_3 之＿＿＿。所以，当表头指针半偏而伏特表的读数仍为表头满偏电压 U_g 时，电阻箱与表头 G 构成的串联电路的总电压为＿＿＿倍的 U_g，表头两端的电压为＿＿＿倍的 U_g，电阻箱两端的电压为＿＿＿倍的 U_g，电阻箱两端的电压与表头两端的电压＿＿＿（相等/不相等）。又因为流过表头的电流与电阻箱的电流＿＿＿，根据部分电路欧姆定律，此时电阻箱的电阻就＿＿＿于表头的内电阻。

3. 制作直流电压表

（1）如图 5.1.4 所示，现有一只磁电系表头，满偏电压为 U_g，内阻为 R_g。给该表头串联一只附加电阻（分压电阻），当所加总电压为 $U_0=10U_g$ 时，表头指针正好满偏，则表头的分压等于多少？分压电阻（附加电阻）R_{fj} 与表头内电阻 R_g 的关系怎样？你能看出这一串联电路的实质吗？

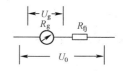

图 5.1.4　电压表的原理图

(2)回顾前面测量的表头,其参数为多少?

(3)若欲将该表头通过串联电阻的方式制作一只量程为 2V 的伏特表,则应串联的附加电阻为多少?

> **我的分析结果:**
> (1)当电表满偏时,表头两端的电压为_____U_g,分压电阻(附加电阻)R_{fj} 两端的电压应该是_____U_g,由于串联电路中电压跟电阻成_____比,即 $U_g/R_g=U_{fj}/R_{fj}$,所以分压电阻(附加电阻)$R_{fj}=$____R_g。
>
> 这一串联电路实质就是量限为_____U_g 的电压表。
> (2)$R_g=$_____,$U_g=$_____。
> (3)$R_{fj}=$_____。

电压表的基本结构和工作原理如下。

1)电压表的基本结构

磁电系电压表由磁电系测量机构(也称表头)和测量线路(附加电阻)构成。如图 5.1.4 所示是最基本的磁电系电压表电路。图中 R_{fj} 是附加电阻,它与测量机构串联。

2)电压表的实质

通过分压电阻对被测电压 U 分压,使表头两端的电压 U_c 在表头能够承受的范围内(即 $U_c \leqslant U_g$),并使电压 U_c 与被测电压 U 之间保持严格的比例关系。

3)电压表的工作原理

若串联附加电阻后,电表的量程由原来的 U_g 变为 U_0。当所测电压为 U 时,通过表头的电流

$$I_c = U/(R_{fj}+R_g) \tag{5-1-1}$$

当电表满偏时,根据欧姆定律和串联电路的特点,可以得到

$$I_g = U_0/(R_{fj}+R_g) \tag{5-1-2}$$

即

$$U_g = I_g R_g = U_0 - I_g R_{fj} \tag{5-1-3}$$

由式(5-1-1)可知,对某一量程的电压表而言,R_g 和 R_{fj} 是固定不变的,所以流过表头的电流 I_c 与被测电压 U 成正比。根据这一正比关系对电压表标度尺进行刻度,电表就可以指示出被测电压的大小。

由式(5-1-3)可知,附加电阻与测量机构(表头)串联后,测量机构(表头)两端的电压只是被测电路电压 U 的一部分,而另一部分电压被附加电阻 R_{fj} 所分担。适当选择附加电阻 R_{fj} 的大小,即可将测量机构的电压量程扩大到所需要的范围。

如果用 m 表示量程扩大的倍数,即电表满偏时:

$$U_0 = mI_g R_g$$

则由式(5-1-3)可得

$$R_{fj} = (m-1)R_g \tag{5-1-4}$$

上式表明,将电压表的量程扩大为原来表头的电压量程的 m 倍,则串联的附加电阻 R_{fj} 的阻值应为表头内阻 R_g 的($m-1$)倍,即量程扩大的倍数越大,附加电阻的阻值就越大。

4）电压表的读数

由表头指针所指的读数乘以量程扩大的倍数，即为被测量的实际测量值。

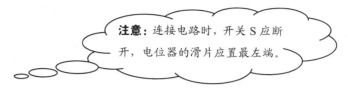

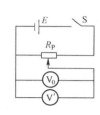

（1）对照图 5.1.5 所示电路图连接电路，其中 V_0 为标准电压表（用万用表的直流电压挡），V 为前面制作的量程为 2V 的伏特表。

（2）调节电位器，当 V 的读数为 1V 时，记录此时 V_0 的示数。

（3）再调节电位器，当 V 的读数为 2V 时，记录此时 V_0 的示数。

（4）断开 S，比较测试中两表的读数，分析你所制作的电压表读数偏大还是偏小。

图 5.1.5　电压表校验电路

我的记录与分析：
V 的读数为 1V 时，V_0 的示数为 _____ 。
V 的读数为 2V 时，V_0 的示数为 _____ 。
制作的电压表读数偏 _____ 。

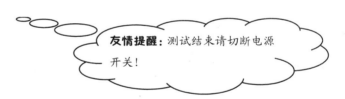

第 2 步　制作直流电流表

1. 认识电阻并联电路

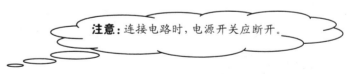

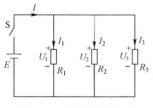

图 5.2.1　并联测试电路

对照电路图 5.2.1 将相应电源和电阻连接起来，分别用电表测出各电阻中通过的电流和电路的总电流。结果为：$I=$ ____，$I_1=$ ____，$I_2=$ ____，$I_3=$ ____。

我的测试结果：$I=$ _____，$U_1=$ _____，$U_2=$ _____，$U_3=$ _____。

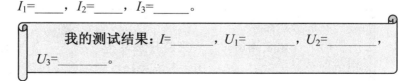

电阻的并联电路如图 5.2.2 所示，即**几个电阻并列地连接**。并联电路的规律如下。

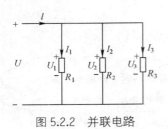

图 5.2.2 并联电路

并联电路中各支路两端的电压 U 相等，即
$$U=U_1=U_2=U_3$$
电路总电流等于各支路的电流之和，即
$$I=I_1+I_2+I_3$$
电路的等效电阻的倒数等于各支路电阻倒数之和，即
$$\frac{1}{R}=\frac{1}{R_1}+\frac{1}{R_2}+\frac{1}{R_3}$$

 想一想

（1）你的测量结果与计算得到的结果是否相符？如果相差太大请找出原因。

（2）如图 5.2.1 所示，电源电动势为 6V，接有 $R_1=10\Omega$、$R_2=20\Omega$、$R_3=30\Omega$ 三个并联电阻做负载，电路中的总电流是多少？各电阻中通过的电流分别为多少？电路的总等效电阻为多少？电路总功率和各电阻损耗功率各为多少？

我的分析结果：＿＿

2. 制作直流电流表

 想一想

（1）如图 5.2.3 所示，一只磁电系表头，满偏电流为 I_g，内阻为 R_g。现给该表头并联一只分流电阻 R_{fL}，当该并联电路所通过的总电流等于 $10I_0$ 时，表头满偏，即其指针指到最大刻度，此时表头中所通过的电流为多大？分流电阻 R_{fL} 与表头内阻 R_g 的关系怎样？你能看出这一并联电路的实质吗？

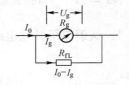

图 5.2.3 直流电流表电路

（2）前面所测试的表头，其参数为多少？

（3）若欲将该表头通过并联电阻的方式制作一只量程为 10mA 的电流表，则应并联的分流电阻为多少？

我的分析结果：

（1）当电表满偏时，表头的分流为＿＿＿＿＿＿，分流电阻（附加电阻）R_{fL} 中的电流应该是＿＿＿＿＿I_g，由于并联电路中电流跟电阻成＿＿＿＿＿比，所以分流电阻 $R_{fL}=$＿＿＿＿R_g。

这一并联电路实质就是量限为＿＿＿＿＿＿I_g 的电流表。

（2）$R_g=$＿＿＿＿＿，$U_g=$＿＿＿＿＿，$I_g=$＿＿＿＿＿。

（3）$R_{fL}=$＿＿＿＿＿。

电流表的基本结构和工作原理如下。

1）电流表的基本结构

磁电系电流表由磁电系测量机构（也称表头）和测量线路——分流器构成。如图 5.2.3 所示是最基本的磁电系电流表电路。图中 R_{fL} 是分流电阻，它并接在测量机构的两端。

2）电流表的实质

通过分流电阻对被测电流 I 分流，使通过表头的电流 I_c 在表头能够承受的范围内，并使电流 I_c 与被测电流 I 之间保持严格的比例关系。

3）工作原理

当所测电流为 I 时，通过表头的电流 I_c 和 I 之间的关系为：

$$I_c R_c = R_{fL}(I - I_c) \tag{5-2-1}$$

当电表满偏时，根据欧姆定律和并联电路的特点，可以得到：

$$I_g R_g = R_{fL}(I_0 - I_g) \tag{5-2-2}$$

对某一电流表而言，R_g 和 R_{fL} 是固定不变的，所以通过表头的电流与被测电流成正比。根据这一正比关系对电流表标度尺进行刻度，电表就可以指示出被测电流的大小。

如果用 n 表示量程扩大的倍数，即

$$n = \frac{I_0}{I_g}$$

则由式（5-2-2）可得

$$R_{fL} = \frac{R_g}{n-1} \tag{5-2-3}$$

上式表明，将电流表的量程扩大为表头的电流量程的 n 倍，则分流电阻 R_{fL} 的阻值应为表头内阻 R_g 的 $\frac{1}{n-1}$，即量程扩大的倍数越大，分流电阻的阻值就越小。另外，当表头及需要扩大量程的倍数确定以后，通过式（5-2-3）即可计算出所需要的分流电阻的阻值。

4）电流表的读数

由表头指针所指的读数乘以量程扩大的倍数，即为被测量的实际测量值。

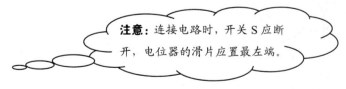

注意：连接电路时，开关 S 应断开，电位器的滑片应置最左端。

（1）对照图 5.2.4 所示电路图连接电路，其中 Ⓐ 为标准电流表（用万用表的直流电流挡），Ⓐ 为前面制作的量程为 10mA 的电流表。

（2）调节电位器，当 Ⓐ 的读数为 5mA 时，记录此时 Ⓐ 的示数。

（3）再调节电位器，当 Ⓐ 的读数为 10mA 时，记录此时 Ⓐ 的示数。

（4）断开 S，比较两次测试中两表的读数，分析你所制作的电流表读数偏大还是偏小。

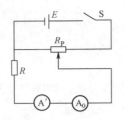

图 5.2.4　电流表校验电路

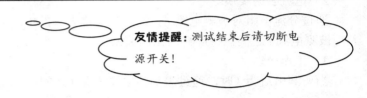

我的记录与分析：
Ⓐ 的读数为 5mA 时，Ⓐ₀ 的示数为＿＿＿＿＿。
Ⓐ 的读数为 10mA 时，Ⓐ₀ 的示数为＿＿＿＿＿。
制作的电流表读数偏＿＿＿＿。

友情提醒：测试结束后请切断电源开关！

知识链接：基尔霍夫定律

1. 认识基尔霍夫电流定律

图 5.3.1 中电流 I 与 I_1、I_2 三者的关系怎样？图 5.3.2 中电流 I_1 与 I_2、I_3 三者的关系怎样？

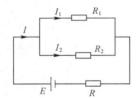 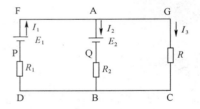

图 5.3.1　节点电流分析电路（1）　　图 5.3.2　节点电流分析电路（2）

我的结果：＿＿＿＿＿＿＿＿＿＿＿＿＿＿＿＿＿＿＿＿＿＿＿＿＿＿＿＿＿＿＿＿＿＿＿

由图 5.3.1 我们不难看出，电阻 R_1 和 R_2 相并联，两支路电流 I_1、I_2 与总电流 I 的关系为 $I=I_1+I_2$。但图 5.3.2 就不一样了，这里很难确定电路的连接关系，因为该电路中有两个电源，不是简单的电阻串并联电路。这其实是另一种复杂直流电路，这里的 I_1、I_2、I_3 遵循着另一更为广泛的规律。下面先了解几个概念。

复杂直流电路：含有两个或两个以上电源，用简单的电阻串并联规律无法化简为单回路电路的直流电路。

支路：由一个或几个元件首尾相接构成的无分支的电路。

节点：三条或三条以上支路汇聚的点。

回路：任意的闭合电路。
网孔：组成电路的一个个最小回路单元，是一种特殊的回路，其内部不再包含支路。

我的思考：图 5.3.2 所示电路含有_____个电源，_____（能/不能）用电阻的串并联规律将其化为单回路电路，所以它是_____（简单/复杂）直流电路。图 5.3.2 中有_____个节点，_____条支路，_____个回路，_____个网孔。

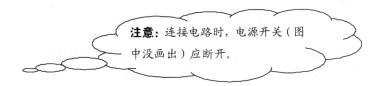

注意：连接电路时，电源开关（图中没画出）应断开。

按照图 5.3.2 连接好电路，用电流表分别测出 I_1、I_2 和 I_3 的值（注意电流的方向），并将结果填入下表。

表 5.3.1 记录表

I_1	I_2	I_3	I_2+I_3

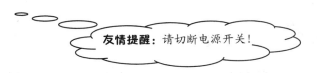

友情提醒：请切断电源开关！

电路中任意节点上，流入节点的电流之和等于流出该节点的电流之和，这就是**基尔霍夫电流定律**，又称节点电流定律（KCL）。

求图 5.3.3 中各图的 I_1 和 I_2。

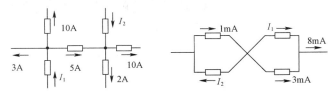

图 5.3.3 节点电流定律练习电路

> 我的结果：_____
>
> _____
>
> _____
>
> _____

2. 认识基尔霍夫电压定律

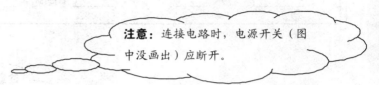

> **注意**：连接电路时，电源开关（图中没画出）应断开。

对照图 5.3.2 连接好电路，用电压表分别测量 U_{AQ}、U_{QB}、U_{BD}、U_{DP}、U_{PF}、U_{FA} 和 U_{AG}、U_{GC}、U_{CB}、U_{BQ}、U_{QA}（注意方向），并将测量结果填入表 5.3.2 中。

表 5.3.2　记录表

U_{AQ}	U_{QB}	U_{BD}	U_{DP}	U_{PF}	U_{FA}	$U_{AQ}+U_{QB}+U_{BD}+U_{DP}+U_{PF}+U_{FA}$
U_{AG}	U_{GC}	U_{CB}	U_{BQ}	U_{QA}		$U_{AG}+U_{GC}+U_{CB}+U_{BQ}+U_{QA}$

> **友情提醒**：请切断电源开关！

> **我的思考**：表 5.3.2 中所测电压是 AQBDPFA 回路和 AGCBQA 回路中各段电路的电压降，从表中数据可以看出，任意闭合回路中各段电路的电压降之和_____（等于/不等于）零。

任意闭合回路中，各段电路电压降之和等于零，这就是**基尔霍夫电压定律**，又称为回路电压定律（KVL）。

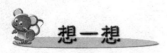

用回路电压定律求图 5.3.4 中的电路电流 I。

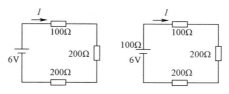

图 5.3.4　回路电压定律练习电路

我的分析：_____
_____
_____

3．基尔霍夫定律的应用——支路电流法

支路电流法是利用基尔霍夫节点电流定律和回路电压定律来解决复杂直流电路的最为基本的方法之一。具体方法如下：

第一步，假定各支路电流及其方向。如图 5.3.5 中的 I_1、I_2、I_3，方向如图所示。

第二步，列写独立的节点电流方程。电路中只有两个节点，所列写的节点电流方程有两个，但只有一个是独立的。若以 A 节点为研究对象，节点电流方程为：

$$I_1 = I_2 + I_3$$

第三步，列写回路电压方程。一般情况下，电路有几个网孔，就可列写几个独立的回路电压方程。在列写回路电压方程前，应先确定相应回路的绕行方向，在前面就是以顺时针方向为绕行方向来测量各段电路的电压降的，这里仍以顺时针方向来列写相应的回路电压方程，即

$$U_{AQ}+U_{QB}+U_{BD}+U_{DP}+U_{PF}+U_{FA}=0$$
$$U_{AG}+U_{GC}+U_{CB}+U_{BQ}+U_{QA}=0$$

其中 BD 间、FA 间、AG 间、CB 间的电压为零，所以，

$$E_2+I_2R_2+I_1R_1-E_1=0$$
$$I_3R-I_2R_2-E_2=0$$

第四步，联立方程组，求解各支路电流。

$$\begin{cases} I_1 = I_2 + I_3 \\ E_2 + I_2R_2 + I_1R_1 - E_1 = 0 \\ I_3R - I_2R_2 - E_2 = 0 \end{cases}$$

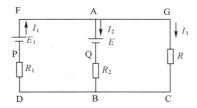

图 5.3.5　支路电流分析电路

用支路电流法求图 5.3.6 中各支路的电流。

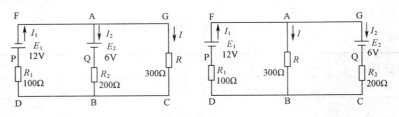

图 5.3.6　支路电流练习电路

我的结果：_____

友情提醒：请整理好物品，搞好清洁卫生！

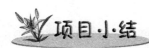

（1）在电阻串联电路中，各电阻中所通过的电流相等，总电压等于各电阻上的电压之和，各电阻两端的电压与电阻成正比，电路的总电阻等于电路各电阻之和。

（2）测量表头参数的半偏法就是利用了电阻串联电路的相关规律。

（3）电压表是由表头和分压用的附加电阻串联而成的，它是利用串联电路电压与相应的电阻成正比的原理工作的。

（4）在电阻并联电路中，各支路电压相等，总电流等于各支路电流之和，各支路电流与相应电阻成反比，总电阻的倒数等于各支路电阻倒数之和。

（5）电流表是由表头和分流电阻并联而成的，它是利用并联电路电流与相应电阻成反比的原理工作的。

（6）基尔霍夫定律包括节点电流定律和回路电压定律两部分，它们是电荷守恒定律和能量守恒定律的必然结果。

1. 两灯泡分别为"220V，60W"和"220V，40W"，串联后接在 220V 的电路中，若不计电压的变化对灯丝电阻的影响，则两灯泡两端的电压分别为多少？实际损耗的功率为多少？两灯泡串联后所能承受的最大电压是多少？最大损耗功率为多少？

2. 利用图 5.1.3 所示的电路测量表头内电阻时，若元件参数选择恰当，在调节电阻箱 R 时，伏特表的读数不发生改变（变化很小），即不要伏特表也能测量表头的内阻。如果要使以上情形变为现实，则对元件参数有什么要求？

3. 一表头满偏电流为 1mA，内阻为 2kΩ，若给该表头串联一只 8kΩ 的电阻制作成一只伏特表，则当表头指示 0.4mA 时，所测电压为多少伏？当所测电压为 8V 时，表头指示多少毫安？

4. 一电流表表头电阻为 2kΩ，给其并联一 500Ω 电阻时，它们就会变成一只量程为 5mA 的电流表，则表头的满偏电流为多少？

5. 一电流表量程为 5mA，现给其并联一只 100Ω 电阻，当原电流表中通过的电流为 3mA 时，并联电阻中所通过的电流为 12mA，则原电表的内阻为多少？与 100Ω 电阻并联后电表的量程被扩大到了多少？

*6. 求图 1 中的 R。

*7. 利用基尔霍夫定律计算图 2 中的伏特表读数。

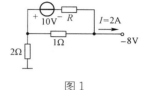

图 1

8. 测量同一输出电压时，注意观察用一只伏特表测量与用两只伏特表串联起来去测量时指针的变化情况，它们之间近似满足什么关系？若用三只伏特表串联起来去测量呢（注意伏特表都取同一量程）？

9. 测量同一输出电流时，注意观察用一只安培表测量与用两只安培表并联起来去测量时指针的变化情况，它们之间近似满足什么关系？若用三只安培表并联起来去测量呢（注意安培表都取同一量程）？

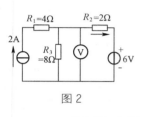

图 2

10. 三只灯泡分别为"220V，40W"、"220V，60W"和"220V，100W"，它们的电阻分别为多大？将它们串联后接在 220V 电路中，观察它们的明暗程度，比较它们消耗的实际功率的大小，再用万用表分别测量它们两端之间的电压并记录下来，比较电压的大小。从中体会串联电路中电压的分配以及功率的分配与电阻大小之间的关系，并思考为什么是这样的关系。

11. 将上题中的三只灯泡并联后接在 220V 电路中，观察它们的明暗程度，比较它们消耗的实际功率的大小。从中体会并联电路中功率的分配与电阻大小之间的关系，并思考为什么是这样的关系。

项目 6 万用表的制作

学习目标

- 能识读万用表电路原理图和装配图；
- 能分析万用表直流电压挡和直流电流挡的工作原理；
- 会检测相关元器件；
- 能正确装配万用表并进行简单调试。

工作任务

- 识读万用表电路原理图和装配图；
- 检测元器件；
- 安装并调试万用表。

项目概要：本项目由三项递进的任务组成，每一项任务虽相对独立，但就项目的整个体系而言，前一任务是后一任务的基础，后一任务是前一项任务的继续。

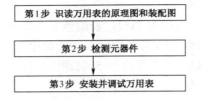

第1步 识读万用表电路原理图和装配图

1. 识读万用表电路原理图

MF47型万用表电路原理图，如图6.1.1所示。

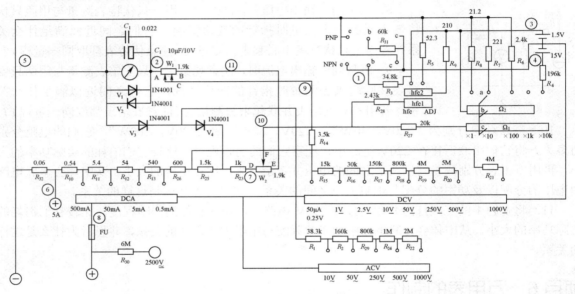

图6.1.1 MF47型万用表电路原理图

1）识读转换开关

万用表的转换开关是万用表的重要组成部分，其作用是选择与测量对象相适应的测量线路。在一般万用表的电路原理图中，万用表的转换开关是以平面展开图的形式来呈现的。图6.1.1中的小圆圈一般表示电路板上的静触点，长条块一般表示电路板上的静触片，箭头一般表示转换开关的动触点。如图6.1.1所示，万用表的转换开关正置于"R×10"挡，其三个连接在一起的动触点a、b、c将静触点"R×10"和静触片"Ω1"、"Ω2"连接了起来。

① 根据以上转换开关状态的描述，请思考以上电路原理图所示万用表的转换开关为几刀几

掷开关？

② 通过阅读实训室所提供的待安装万用表的相关资料可知，将要安装的是什么型号的万用表？其转换开关有多少个挡位？是几刀几掷开关？

我的思考：_____

2）识读直流电流挡测量线路

如图 6.1.2 所示的就是从图 6.1.1 中分离出来的直流电流挡的测量线路。此图中的转换开关正置于 0.5mA 挡，"0.5mA" 静触点与 "DCA" 静触片相连，此时的等效电路如图 6.1.3 所示。

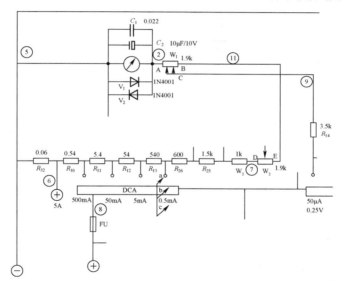

图 6.1.2　MF47 型万用表直流电流挡测量线路

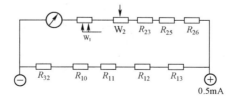

图 6.1.3　MF47 型直流电流 0.5mA 挡等效电路

① 画出 MF47 型万用表 50mA 挡的等效电路图。

MF47 型万用表 50mA 挡的等效电路图

② 分析待安装电表的电路原理图,将直流电流挡测量线路从中分离出来,并画出其中最小量程和最大量程对应的等效电路图。

待安装电表最小直流电流挡等效电路图　　**待安装电表最大直流电流挡等效电路图**

3)识读直流电压挡测量线路

读一读

如图 6.1.4 所示的就是从图 6.1.1 中分离出来的直流电压挡的测量线路。此图中的转换开关正置于 250V 挡,"250V"静触点与"DCV"静触片相连,此时的等效电路如图 6.1.5 所示。

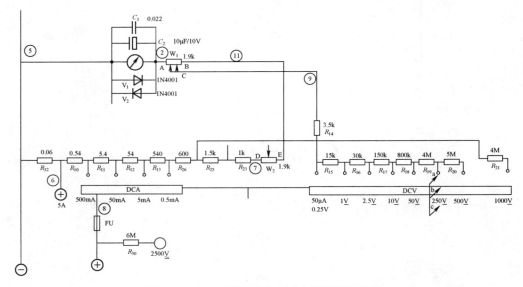

图 6.1.4　MF47 型万用表直流电压挡测量线路

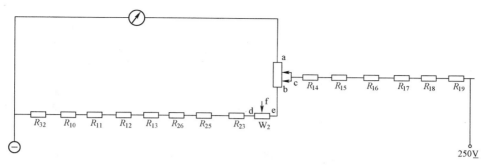

图 6.1.5　MF47 型直流电压 250V 挡等效电路

① 画出 MF47 型万用表直流 1000V 挡的等效电路图。

MF47 型万用表直流 1000V 挡的等效电路图

② 分析待安装电表的电路原理图，将直流电压挡测量线路从中分离出来，并画出其中最小量程和最大量程对应的等效电路图。

待安装电表最小直流电压挡等效电路图　　待安装电表最大直流电压挡等效电路图

4）识读交流电压挡测量线路

如图 6.1.6 所示的就是从图 6.1.1 中分离出来的交流电压挡的测量线路。此图中的转换开关正置于 500V，"500V"静触点与"ACV"静触片相连，此时的等效电路如图 6.1.7 所示。

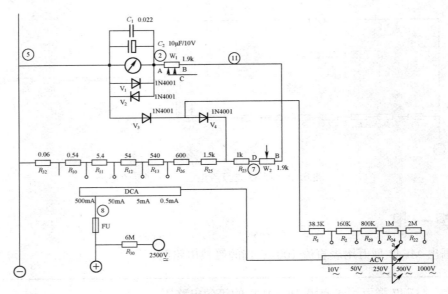

图 6.1.6 MF47 型万用表交流电压挡测量线路

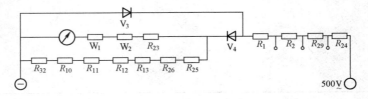

图 6.1.7 MF47 型交流电压 500V 挡等效电路

想一想

① 画出 MF47 型万用表交流 1000V 挡的等效电路图。

MF47 型万用表交流 1000V 挡的等效电路图

② 分析待安装电表的电路原理图,将交流电压挡测量线路从中分离出来,并画出其中最小量程和最大量程对应的等效电路图。

待安装电表最小交流电压挡等效电路图	待安装电表最大交流电压挡等效电路图

5）识读电阻挡及 ADJ 和 hfe 测量线路

如图 6.1.8 所示的就是从图 6.1.1 中分离出来的电阻挡及 ADJ 和 hfe 的测量线路。此图中的转换开关正置于"R×10"挡，"R×10"静触点与静触片"Ω1"、"Ω2"相连，此时的等效电路如图 6.1.9 所示，图中的 R_x 即为待测电阻。

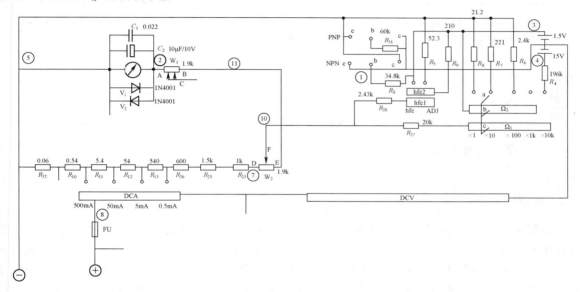

图 6.1.8　MF47 型万用表电阻挡及 ADJ 和 hfe 测量线路

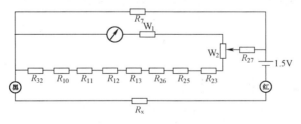

图 6.1.9　MF47 型万用表"R×10"挡等效电路

想一想

① 画出 MF47 型万用表"R×10k"挡的等效电路图。

MF47 型万用表"R×10k"挡的等效电路图

② 分析待安装电表的电路原理图，将电阻挡和 ADJ、hfe 测量线路从中分离出来，并画出其中"R×1"挡和"R×100"挡的等效电路图。

待安装电表"R×1"挡等效电路图

待安装电表 "R×100"挡等效电路图

2. 识读万用表电路装配图

如图 6.1.10～6.1.12 所示为与图 6.1.1 对应的 MF47 型万用表的装配图。该表的测量线路主要安装在塑料基板上。图 6.1.10 所示的是该基板面向电表面板一侧的装配图，该面没有安装电路元件，安装的全是测量线路的连线；图 6.1.11 所示的是电路基板面向后盖一侧的装配图，电表主要电子元件都安装在该面上；图 6.1.12 所示的是电表前板的装配图，不便在电路板上安装的元器件，包括电池、电位器、转换开关、各类插孔、熔断器等全都直接安装在电表前盖上。

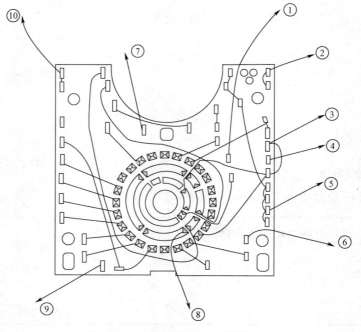

图 6.1.10　MF47 型万用表装配图一

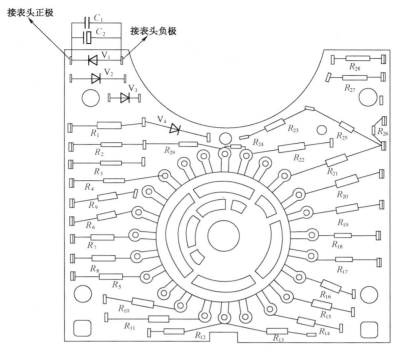

R_1	38k	R_9	210	R_{17}	150k	R_{25}	1.5k
R_2	160k	R_{10}	0.54	R_{18}	800k	R_{26}	600
R_3	33k	R_{11}	5.4	R_{19}	4M	R_{27}	20k
R_4	196k	R_{12}	54	R_{20}	5M0.5W	R_{28}	2.4k
R_5	51	R_{13}	540	R_{21}	4M0.5W	R_{29}	800k
R_6	2.4k	R_{14}	3.5k	R_{22}	2M0.25W	R_{30}	6M
R_7	221	R_{15}	15k	R_{23}	1k	R_{31}	60k
R_8	21.2	R_{16}	30k	R_{24}	1M0.25W	R_{32}	0.06

图 6.1.11 MF47 型万用表装配图二

看一看

分析图 6.1.1、图 6.1.10 和图 6.1.11。

（1）在图 6.1.10 和图 6.1.11 中，用 "500mA"、"50mA" 和 "DCA"、"ADV" 等与原理图相同的标号标出电路板上各静触点和静触片。

（2）分析与各静触点和静触片相连接的元件，比较原理图和装配图的连接是否一致。

（3）分析装配图中的各连接导线，比较这些连线与原理图中的标号是否一致。

（4）分析电路原理图，比较图 6.1.12 中各元器件的端线连接与原理图是否一致。

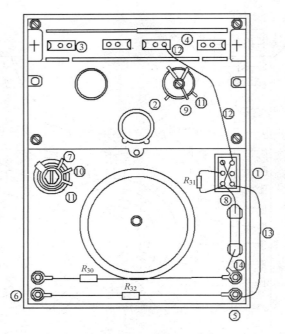

图 6.1.12 MF47 型万用表装配图三

我的分析结果：_____
_____
_____
_____

阅读待安装万用表的电路原理图、装配图及相应的装配文件。

（1）观察万用表套件，待安装电表的测量线路是安装在塑料基板上还是安装在敷铜电路板上？

我的结果：_____

（2）用原理图中的相应标志在装配图中标出转换开关的各静触点和静触片。
（3）用装配图中的相应标号在原理图中标出装配图中各连接导线。
（4）检查装配图中的各元器件的连接位置与原理图是否一致。

我的检查结果：_____

第2步 检测元器件

取一泡沫塑料板,将待安装万用表装配文件中的元器件清单平放在上面,按照该清单的顺序在相应套件中寻找元器件,读取它们的标称值,能进行检测的要检测,并做如下记录。对体积较小的电子元件,直接插在元器件清单上的相应位置,以方便后面安装。

元 器 件	标 称 值	检 测 结 果	元 器 件	标 称 值	检 测 结 果

看一看

以上识读或检测的结果与元器件清单上的标称值是否一致?元器件清单上的参数与电路原理图中的参数是否一致?若有不一致的地方,请小组讨论,并将结果向老师汇报。

我的对比结果:_____
_____
_____

想一想

（1）待安装万用表有几只电位器？你能区分它们的实物吗？它们的区别体现在哪？

（2）元器件实物与电路原理图、装配图的对应关系你都清楚了吗？请再对照检查一遍，有问题请小组讨论。

我的结果：_____
_____
_____
_____

第3步 安装并调试万用表

1. 导线的加工处理

在电子产品中，导线是电路的重要组成部分之一。在整机装配前需要对所使用的导线进行必要的前期加工，以便整机装配能更加顺利进行。绝缘导线前期加工的主要工序为：剪裁、剥头、捻头和搪锡。

（1）剪裁。绝缘导线的剪裁就是根据实际需要，对产品或设备内部的连接导线事先进行剪裁。导线剪裁的顺序为先长后短，剪裁的工具一般用斜口钳，尽量避免浪费。

（2）剥头。将绝缘导线的两端去掉一段绝缘层而露出芯线的过程称为剥头。常用的方法有以下两种。

剪刀剥头法：在待剥离处用剪刀切割开一个有一定深度的环形切口，注意不要切透绝缘层，然后在切口处弯曲导线，直至余下的绝缘皮破裂。

专用剥线钳剥头法：剥线钳的种类很多，使用方法也各有差异。但基本方法是，将合适长度的剥头绝缘导线插入剥线钳的相应大小的切口内，压紧剥线钳手柄使其刀刃切入导线的绝缘表皮，然后进一步用力使其欲剥离的绝缘皮脱离。

（3）捻头。多股导线剥头后，多股线头一般都是松散的，需要进行捻头处理，以便于搪锡和焊接。捻线头时不能用力过猛，以免捻断导线。一般将导线捻至螺旋角度在30°～45°之间即可，如果芯线上有绝缘漆层，则应先去除漆层后再捻。

（4）搪锡。捻头后的导线，应在较短的时间内进行搪锡，以免时间过长导致剥头后的芯线氧化，造成接触不良。

注意：搪锡时应先醮松香后上锡。

根据安装文件的要求，对相应的连接导线进行剪裁、剥头、捻头和搪锡处理。并将操作的相应体会和技巧记录下来。

> 我的记录：_____
> _____
> _____
> _____

2．测量线路板的制作

   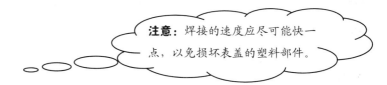

注意：焊接的速度应尽可能快一点，以免损坏表盖的塑料部件。

（1）清洁元器件引脚和电路板的各焊盘焊点。用细砂纸轻轻擦拭相应的引脚和焊点、焊盘，清除其表面的氧化层。

（2）插放元器件。按照安装文件的要求，对相应的元器件分别进行成形并插入相应的焊接孔中。

（3）检查。首先对照元器件清单和装配图检查有无该插而没有插上的元器件，再对照元器件清单和装配图检查不该插而插上的元器件，然后对照装配图检查相应的元器件的插放位置是否正确。

（4）焊接。检查无误后对各焊点进行焊接，若测量线路的基板为塑料板，则焊接的速度一定要快，以免烫坏塑料基板。

> 我的记录：_____
> _____
> _____
> _____

看一看

查看你的电路板，元器件排列是否合理、整齐、美观，焊点是否大小适当、颜色鲜亮、没有毛刺，有无虚焊、漏焊、接触不良等现象。相互交换检查、讨论，若有，则请找出原因，必要时应进行修复。

> 我的观察结果：_____
> _____
> _____
> _____

我的观察结果：_____
_____
_____

3. 表盖上各类元器件的安装

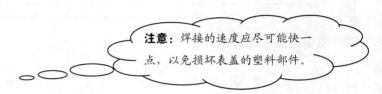

（1）根据装配文件，将相应的插孔接线柱插入相应的位置，有接线垫片的要套上接线垫片，并固定。
（2）将需要安装的其他元器件安装到位。
（3）将表头安装到表盖上。

想一想

在安装中你遇到过哪些问题？这些问题你是怎样解决的？为什么？

我的结果：_____
_____
_____

4. 总装

（1）连接电路板上尚未连接的导线，并检查。
（2）连接电路板与电表其他部分之间的导线，并检查。
（3）安装电路板和转换开关，注意转换开关的动片方向不要装反。
（4）给电表装上保护用的熔断丝。

想一想

在安装中你遇到过哪些问题？这些问题你是怎样解决的？为什么？

我的结果：_____
_____
_____

*5. 调试

在图 6.1.1 所示的电路中，用于调节的元件只有两个，它们是 W_1 和 W_2。其中 W_2 是零欧姆调整器，并非用于调试，所以用于调试的只有 W_1。

W_1 的调试又分为两部分，一是 A、B 两触点之间距离的调试，二是 A、B 两触点整体左右位置的调试。前者调试的直流电流挡，它是整个万用表测量线路的基础；后者调试的是直流电压挡，它是在直流电流挡基础上建立起来的。

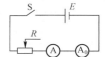

图 6.3.1 测量 A、B 触点间的距离

首先将万用表调至直流电流挡，并将电表 Ⓐ 与标准电流表 Ⓐ₀ 相串联，再一起接于图 6.3.1 所示的电路中，闭合 S，适当调节可变电阻的大小，使两电表有合适的读数，再比较两表读数的大小。若 Ⓐ 的读数偏大，则减小 A、B 触点间的距离，反之则增大 A、B 间的距离。

再将万用表调至直流电压挡，并将电表 Ⓥ 与标准电压表 Ⓥ₀ 相并联，接于如图 6.3.2 所示的电路中，闭合 S 后适当调节电位器使两电表都有合适的读数，并比较两电表读数的大小。若 Ⓥ 的读数偏大，则整体调节 A、B 向右移，但保持 A、B 的相对距离不变；若 Ⓥ 的读数偏小，则整体调节 A、B 向左移，但保持 A、B 的相对距离不变。

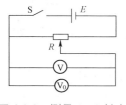

图 6.3.2 测量 A、B 触点整体位置

以上调节，前后会相互影响，所以要反复多次，直至万用表的读数准确。

阅读相关装配文件，掌握已装配万用表的调试方法，设计你的调试方案。

我的调试方案：_____
_____
_____
_____

对照装配文件的要求进行调试，并记录。

我的调试记录：_____
_____
_____
_____

 **想一想**

在调试中你发现哪些问题？这些问题你是怎样解决的？为什么？

我的结果：_____

_____

友情提醒：请整理好物品，搞好清洁卫生！

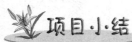 **项目小结**

（1）在万用表的电路原理图上，万用表的转换开关是以平面展开的方式表示的，以小圆圈和长方块分别表示静触点和静触片，以联动的箭头表示动触点。

（2）一般万用表的测量线路由直流电流挡、直流电压挡、交流电压挡、电阻挡和 ADJ、hfe 挡组成。

（3）直流电压挡测量线路一般是万用表测量线路中的共用部分，其他部分的测量功能都建立在该线路之上。对其他部分而言，直流电流挡测量线路就相当于灵敏度较低、内电阻较小的等效表头。

（4）万用表直流电流挡测量线路是一种闭路式电路，任一电阻都是所有量程共用的，一个电阻出现故障就会影响所有量程工作；电路由分流支路和表头支路组成，量程越大，分流支路的电阻越小，分流支路的电流越大。

（5）直流电压挡的测量线路有单用式和共用式两种，大部分万用表采用的共用式电路结构，即前一个小量程的附加电阻也是后面大量程的附加电路的组成部分之一。

（6）装配万用表时首先要读懂装配文件，分清装配图与原理图的对应关系，能在装配图中找到原理图上相应的元器件、触点、触片或连线。

（7）为了方便焊接，装配前要对元器件的引脚和导线的线头进行前期处理。

（8）元器件插好后要进行检查，确保无误后方可焊接。若电路基板为塑料板，则焊接的速度一定要快。

（9）电路板之外的元器件都安装到表盖上以后，要连接好所有的连接线，然后方可安装电路板和转换开关，安装转换开关时一定要当心不能装反。

（10）电表的调试要根据安装文件的实际要求进行。

习　题

1. 你是怎样看懂万用表电路原理图的？
2. 万用表的测量线路一般由几个部分组成？其中哪个部分是共用的？
3. 你是怎样读懂万用表装配图的？
4. 装配万用表主要有哪几步？每一步应怎样操作？要注意什么问题？

学习领域三　磁场和磁路

领域简介

电与磁是紧密相连的，电流能产生磁场，磁场在一定的条件下也能产生电流。在本学习领域中，将学习磁场和磁路的基本概念和基本规律，了解磁场和磁路相关知识在实际生产生活中的应用，制作简单的干簧管过流保护电路，为学习后续项目和相关课程做相关知识和技能的准备，也为将来走上社会，更好地适应工作岗位需要和终生发展奠定磁场和磁路方面的知识基础。

项目 7　感知磁场和磁路

学习目标

- ◇ 理解磁场的基本概念，会判断载流长直导体与载流螺线管导体周围磁场的方向，了解其在工程技术中的应用；
- ◇ 了解磁通的概念及其在工程技术中的应用，掌握左手定则；
- ◇ 了解磁场强度、磁感应强度和磁导率的基本概念及其相互关系；
- ◇ *了解磁路和磁通势、主磁通和漏磁通的概念；
- ◇ *了解磁阻的概念和影响磁阻的因素；
- ◇ *了解磁化现象，能识读起始磁化曲线、磁滞回线、基本磁化曲线，了解常用磁性材料以及消磁与充磁的原理和方法，了解磁滞、涡流损耗产生的原因及降低损耗的方法。

工作任务

- ◇ 感知磁场；
- ◇ 认识磁路；
- ◇ 认识铁磁性材料。

项目概要： 本项目由 3 项递进的任务组成，每一项任务虽相对独立，但就项目的整个体系而言，前一任务是后一任务的基础，后一任务是前一项任务的继续。其实本项目是下一个项目的一部分，在此只是为下一个项目进行知识和技能准备。

第1步　感知磁场 → 第2步　认识磁路 → 第3步　认识铁磁性材料

第1步 感知磁场

1. 认识磁场

初中物理介绍过磁场的一些简单知识，使同学们对磁场有了一定的了解，下面先进行简要的回顾。

> **我的回顾：** 磁体都有_____个磁极，分别称为_____极和_____极，磁体和磁体之间有力的作用，其规律为"同性相_____、异性相_____"。我国古代四大发明之一的_____就是利用这一原理工作的，其_____极指向南而_____极指向北，这说明地球就是一个大的磁体，其_____极在地球的"地理北极"附近。

人们对磁的认识最早是从简单的磁现象开始的，我国古代四大发明之一的指南针就是磁现象的应用。所有的磁体都有两个极，若将磁体从中间吊起，这两个极中有一个指向北（North），称为 N 极，另一个指向南（South），称为 S 极。两个磁体靠在一起，同极性的两个磁极相互排斥，异极性的两个磁极相互吸引。地球就是一个大磁体，根据指南针的指向，这个大磁体的 N 极就在指南针 S 极所指的方向，即地球的南极。

磁场是一个十分抽象的概念。磁场是什么？**磁场就是一种物质，是一种存在于磁体或电流周围，能对处于其中的其他磁体和电流产生力作用的特殊物质。**

磁场由磁体或电流产生。一般情况下，在磁体或电流周围都存在磁场，虽然看不见、摸不着，但它们却是客观存在的。人类对磁场虽无直接感觉，但由于磁场对处于其中的其他磁体或电流会产生力的作用（这就是磁场的基本性质），所以可以通过一些设备和仪器来感知它们的存在。在一磁体周围放一小磁针，小磁针就会受到一种力的作用，这个力就是磁场对磁体的作用力，这就说明磁体周围存在着磁场，**该小磁针 N 极的指向就是该点的磁场方向**。

为了形象地反映磁场的空间分布，常在磁场中画出一些有向曲线来表示磁场强弱和方向，这些曲线称为**磁感线**（以前也称为磁力线）。在这些曲线上，每一点的切线方向与该点的磁场方向相同，曲线的分布密度表示磁场的强弱。图 7.1.1 所示为一条形磁体的磁感线，其中 A 点的磁场比 B 点的磁场弱。

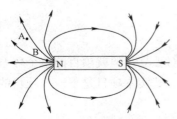

图 7.1.1 条形磁体的磁感线

磁感线是闭合曲线，在磁体外部，由 N 极指向 S 极；在磁体内部，由 S 极指向 N 极。垂直于纸面的磁场的磁感线也用箭头来表示。若磁感线垂直纸面向里，只能看到其箭尾，所以用箭尾符号"×"表示；若磁感线垂直纸面向外，只能看到其箭尖，所以用符号"·"表示。

2. 感知电流的磁效应

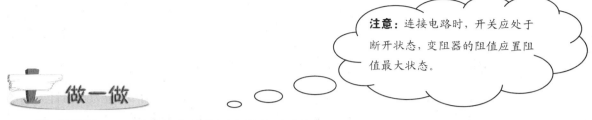

注意：连接电路时，开关应处于断开状态，变阻器的阻值应置阻值最大状态。

① 观察图 7.1.2 所示的实验装置中绝缘导线的绕向，在确保通电后中心直导线中电流向上的前提下，将电源、开关和滑动变阻器通过导线串联到实验装置的两接线端钮上。
② 闭合开关，调节变阻器至合适状态（具体状态参数由老师给定）。
③ 在水平板上均匀撒放一些铁屑，直导线通电后轻轻敲动水平板，观察铁屑分布的变化。
④ 在图 7.1.2 中靠近直导线处放置一个小磁针，观察小磁针 N 极的指向，并在图 7.1.3 中标出。

我的记录：_____

图 7.1.2　直线电流

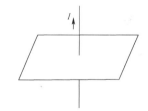

图 7.1.3　直线电流的磁场分布

友情提醒：请先断开电源！

①直导线通电后，铁屑的分布情况说明了一个十分重要的现象——**电流的磁效应**，即通电导线周围存在_____，铁屑在该磁场作用下被磁化而相当于若干个小磁针，它们在空间中的分布就是若干个小磁针首尾相接，就相当于磁感线。由此可见直线电流磁场的磁感线是一组以_____为中心的同心圆，越靠近直线电流，磁感线分布越_____（密/疏），说明磁场越_____（强/弱）。

②根据铁屑的分布和小磁针的指向，在图 7.1.3 中的水平板上画出三条能反映磁场特征的磁感线。若用右手握着通电直导线，大拇指指向电流方向，则会发现四指的环绕方向_____（就是/不是）磁场方向，这就是判断直线电流磁场方向的**安培定则**，也就是**右手螺旋定则**。

做一做

① 观察图 7.1.4 所示的实验装置中绝缘导线的绕向，在确保通电后环形电流为顺时针方向的前提下，将电源、开关和滑动变阻器通过导线串联到实验装置的两接线端钮上。

② 闭合开关，调节变阻器至合适状态（具体状态参数由老师给定）。

③ 在水平板上均匀撒放一些铁屑，环形导线通电后轻轻敲动水平板，观察铁屑分布的变化。

④ 在 7.1.4 图的线圈中心放置一个小磁针，观察小磁针 N 极的指向，并在图 7.1.5 中的相应位置标出。

图 7.1.4　环形电流

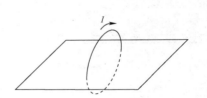

图 7.1.5　环形电流的磁场分布

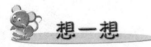

友情提醒：请先断开电源！

①环形导线通电后，铁屑的分布情况同样说明电流的磁效应，即通电环形导线周围存在_____，小铁屑在该磁场作用下被磁化而相当于若干个_____，它们在空间中的分布就相当于磁感线。请根据图 7.1.4 中小磁针指向在图 7.1.5 中的水平板上画出三条表示磁场分布的典型磁感线。

②若用右手握着环形电流，四指指向电流的环绕方向，则大拇指的指向_____（就是/不是）环形电流内部的磁场方向，这就是判别环形电流磁场方向的**安培定则**，也就是**右手螺旋定则**。

做一做

① 观察图 7.1.6 所示的实验装置中绝缘导线的绕向，在确保通电后螺线管上侧电流向里、下

侧电流向外，即和图 7.1.7 一致的前提下，将电源、开关和滑动变阻器通过导线串联到实验装置的两接线端钮上。

② 闭合开关，调节变阻器至合适状态（具体状态参数由老师给定）。

③ 在水平板上均匀撒放一些铁屑，螺线管通电后轻轻敲动水平板，观察铁屑分布情况的变化。

④ 在图 7.1.6 中线圈的左端放置一个小磁针，观察小磁针 N 极的指向，并在图 7.1.7 中的相应位置标出。

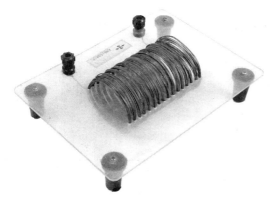

图 7.1.6　螺线管形电流

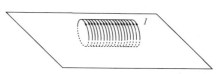

图 7.1.7　螺线管形电流的磁场分布

① 螺线管通电后，由于电流的磁效应，通电螺线管周围存在_____，小铁屑在该磁场作用下被磁化而相当于若干个小磁针，它们在空间中的分布就相当于磁感应线。由此可见，通电螺线管的磁感应线和_____的磁感应线十分相似。

② 根据小磁针的指向和铁屑的分布情况，在图 7.1.7 中的水平板上画出三条具有典型特征的磁感应线。若用右手握着通电螺线管，四指的环绕方向与电流方向相同，则大拇指的指向_____（就是/不是）螺线管内部的磁场方向，这就是判断通电螺线管磁场方向的**安培定则**，也就是**右手螺旋定则**。

标出图 7.1.8 中 a、b 两点的磁场方向，并比较两点的磁场强弱。

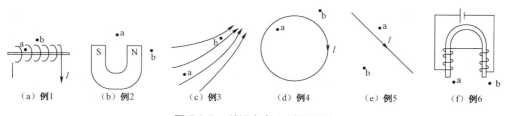

图 7.1.8　磁场方向及磁场强弱

3. 感知磁场对电流的力作用

磁场不仅对磁体有力的作用，对电流也会有力的作用，下面请根据要求来做一个实验。
（1）对照图 7.1.9 安装好器材，连接好电路。
（2）快速闭合开关并立即断开，并观察导体框的摆动方向。
（3）对调电源的极性，再快速地接通一下电源，则通电时，再观察导体框的摆动方向。
（4）改变电路中的电阻大小，重复第（2）、（3）步操作。

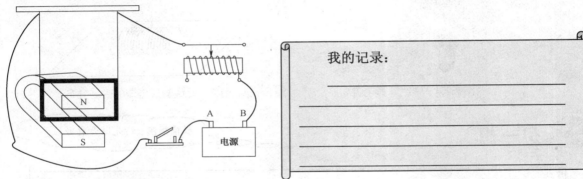

图 7.1.9　体验磁场对电流的力作用

我的思考：根据前面的记录可以看出，若我们平展左手，大拇指与四指同一平面上且相互垂直，掌心对着磁场方向，四指指向电流方向，则大拇指指向与导体所受到的作用力方向相_____，这就是下面要说的左手定则。

磁场对处于其中的其他电流也会产生力的作用，现在就来简单认识一下该作用力的规律。
1）磁场对电流作用力的方向

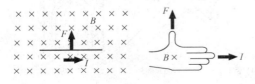

图 7.1.10　左手定则

　　磁场对电流作用力的方向用**左手定则**来判断。具体操作方法是：展开左手，四指并拢，大拇指与四指位于同一平面且相互垂直，掌心对着磁感线（让磁感线垂直穿过掌心），四指指向导体中所通过的电流方向，则大拇指指向导体所受作用力的方向，如图 7.1.10 所示。

2）磁场对电流作用力的大小

磁场对电流作用力的大小可用表达式：

$$F = BIL$$

来计算。式中，F 表示作用力的大小，单位为牛顿；B 是**磁感应强度**，这是一个表示磁场强弱的物理量，单位为特斯拉（T）；L 是导体在磁场垂直方向上的长度，单位为米（m）。

在实际应用以上关于磁场对电流作用力的大小和方向规律时，要注意一个问题，就是导体要与磁场垂直，否则要将导体等效到（投影到）与磁场垂直的平面上，如图 7.1.11 所示。

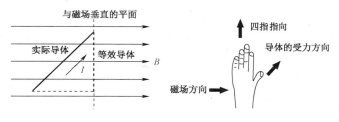

图 7.1.11 左手定则

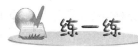

标出图 7.1.12 中各电流所受的磁场作用力的方向。

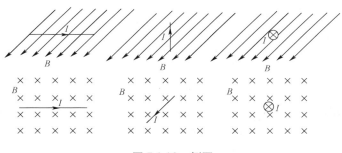

图 7.1.12 例图

4．认识描述磁场的其他物理量

1）磁通

设在匀强磁场中有一个与磁场方向垂直的平面，其面积为 S，磁场的磁感应强度为 B，则穿过这个面的**磁通量**（简称**磁通**）为：

$$\Phi = BS$$

在国际单位制中，磁通的单位是 Wb，$1\text{Wb} = 1\text{T} \cdot \text{m}^2$。

由磁通表达式可知：$B = \dfrac{\Phi}{S}$，即磁感应强度就是穿过单位面积的磁通，所以**磁感应强度**也称为**磁通密度**。

2）磁导率

磁场中各点磁感应强度的大小与空间的媒介质有关，**磁导率**就是一个用来表示媒介质导磁性能的物理量，不同的媒介质磁导率不同，铁磁性物质的导磁性能好，就是因为其磁导率高。

真空中的磁导率是一个常数，用 μ_0 来表示，即：

$$\mu_0 = 4\pi \times 10^{-7} \text{H/m}$$

空气、木材、玻璃、铜、铝等物质的磁导率与真空中的磁导率非常接近。其他媒介质的磁导率与真空中的磁导率的比值叫做**相对磁导率**，用 μ_r 表示，即：

$$\mu_r = \frac{\mu}{\mu_0}$$

相对磁导率没有单位，它表示在其他条件相同的情况下媒介质中的磁导率与真空中磁导率的比值。

根据物质的导磁性能不同，可把物质分为 3 种类型，即反磁性物质（$\mu_r<1$ 但接近于 1）、顺磁性物质（$\mu_r>1$ 但接近于 1）、铁磁性物质（$\mu_r \gg 1$）。

3）磁场强度

磁场中各点的磁感应强度与媒介质的性质有关，这就使磁场强度的计算显得十分复杂。为了使磁场的计算简单，常用磁场强度来表示磁场的大小和方向。磁场中某点的磁感应强度与媒介质磁导率的比值，就是该点的**磁场强度**，用 H 来表示，即：

$$H = \frac{B}{\mu}$$

磁场强度也是一个矢量，在均匀媒介质中，它的方向与磁感应强度的方向一致。在国际标准单位制中，它的单位为 A/m。

想一想

（1）如图 7.1.13 所示，一圆柱体的中心轴与磁感应强度为 $B=0.5$T 的匀强磁场平行，其上端被削成了一个与中心轴成 30°的倾斜面，已知圆柱的直径为 $D=50$cm，则通过这个倾斜面的磁通量是多少？

（2）如图 7.1.14 所示，线圈通电后在磁路中产生的磁通为 0.01Wb，已知铁芯的相对磁导率为 4000，$S_1=50\text{cm}^2$，$S_2=200\text{cm}^2$，则 A、B 两处的磁场强度和磁感应强度分别为多少？

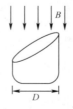

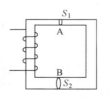

图 7.1.13　例图 1　　图 7.1.14　例图 2

我的分析结果：_____

*第2步　认识磁路

在图 7.1.6 所示螺线管中插入一铁棒，给螺线管通电后轻轻敲动水平板，观察铁屑的分布情况。

我的观察记录：_____

想一想

与前面没有插入铁棒相比，铁屑的分布有什么不同？从这些不同中你能得到什么体会？

我的分析结果：_____

通常将由铁芯制成的能使磁场集中于其中的回路称为**磁路**，如图 7.2.1 所示。铁芯中的磁通称为**主磁通**，少部分通过周围空气构成回路的磁通称为**漏磁通**。

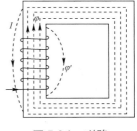

图 7.2.1　磁路

磁路和电路在很多方面都相似。电路中的电流与磁路中的磁通相对应。电路中有电源，磁路中也有与之相对应的"磁源"，这就是通电线圈；电路中的电源大小一般用电动势来表示，磁路中"磁源"的大小也用一个叫做**磁通势**的物理量来表示，磁通势的大小为：

$$E_m = NI$$

电路中有电阻，$R = \rho L / S$。磁路中也有磁阻，磁阻大小为：

$$R_m = L/(\mu S)$$

电路欧姆定律为 $I = E/R$，与之相对应，磁路中也有磁路欧姆定律：

$$\phi = \frac{E_m}{R_m} = \frac{NI}{\dfrac{L}{\mu S}}$$

磁路的串并联也遵循与电路串并联相对应的规律。

(1) 用磁路的串并联规律解释为什么铁芯能将磁场集中。

(2) 一磁路总长为 50cm，铁芯的相对磁导率为 5000H/m，若铁芯上出现一个宽只有 1mm 的横向裂缝，则铁芯中的磁通会减小到原来的多少？

我的分析结果：_____
_____
_____
_____

*第 3 步　认识铁磁性材料

1. 认识磁化现象

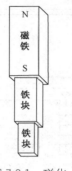

（1）如图 7.3.1 所示，将一长方形铁块放置在条形磁铁的下端，然后释放，观察是否会坠落。

（2）如图 7.3.1 所示，将一更小的长方形铁块放置在大铁块的下端，释放后观察小铁块是否会坠落。

我的记录：_____
_____
_____

图 7.3.1　磁化

我的分析结果：

（1）磁体与磁体之间会发生力的作用，其规律为_____相斥、_____相吸。磁体能吸引铁块，说明铁块在磁场中的表现和磁铁一样，即处于磁场中的铁块就相当于一个磁铁。如图 7.3.1 所示，大铁块在磁场中就相当于一个上端为_____极、下端为_____极的条形磁铁。

（2）小铁块又能被大铁块吸引，说明小铁块在磁场中同样表现出与磁铁相同的特性，即小铁块相当于一个小磁铁，在图 7.3.1 中，其上端为_____极，下端为_____极。像图中的两个铁块这样，原来_____（具有磁性/不具有磁性）的物体在磁场的作用下而_____（具有磁性/不具有磁性）的现象叫做铁磁性物质的磁化。

 读一读

  关于铁磁性物质的磁性能，已经有了直观的体会。磁铁能吸铁，而被吸的铁又会吸引其他铁磁性物质，也就是说，此时被吸引的铁就跟一般的磁铁一样，具有很多一般磁铁所具有的特征，这实际上就是铁磁性物质的磁化。所谓铁磁性物质的**磁化**，就是指原来不具有磁性的物质在外磁场作用下而具有磁性的现象。其作用就是导磁，将分散的磁场集中到铁磁性物质（通常称为铁芯）中来，并按照人们的意愿引导到需要的地方。

  根据物质的导磁性能，将物质分为 3 大类，即顺磁性物质、反磁性物质和铁磁性物质。由于顺磁性物质和反磁性物质的导磁性能很差，所以在实际生产、生活中所用的导磁材料一般都是指铁磁性物质。

  铁磁性物质内部磁感应强度 B 随外磁场 H 变化而变化所形成的 B-H 曲线称为磁化曲线，铁磁性物质的磁化曲线如图 7.3.2 中的 Od 所示，磁化过程分为 4 个阶段：Oa 为起始段，此段磁化的速度很慢，铁磁性物质的磁导率很低；ab 为直线段，此段的 B 随 H 变大几乎线性增大，物质的磁导率也逐渐增大；bc 为接近饱和段，此段的磁导率最大，一般电机和变压器的铁芯都工作在接近饱和段；cd 为饱和段，此段的 B 不再随 H 变大而增大。当铁芯饱和后，若 H 再变小，B 不再随 H 同步减小，而是滞后于 H 的变化。

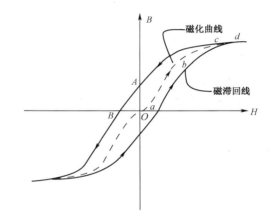

图 7.3.2 磁化曲线和磁滞回线

  图 7.3.2 中 $Oabcd$ 曲线称为基本磁化曲线，A 点的磁感应强度 B_A 称为剩磁，B 点的磁场强度 H_B 称为矫顽力，AB 段曲线称为**退磁曲线**。

  在反复磁化过程中，铁芯的 B 总是滞后于 H 的变化，这种现象称为**磁滞现象**，反复磁化所产生的闭合磁化曲线称为**磁滞回线**，反复磁化过程中的能量损耗称为**磁滞损耗**。

  根据磁化后所表现出来的特征，铁磁性物质又被分为下面几类：**软磁性材料**，这种材料容易被磁化，外磁场撤去后其磁性又几乎全部消失，即剩磁几乎为零。由于其剩磁小、磁化容易，所以在反复磁化过程中因磁极反复"翻转"而损耗的能量（即磁滞损耗）也就小。这种材料常用来制作电机和变压器的铁芯，其磁滞回线如图 7.3.3（a）所示。**硬磁性材料**，这种材料磁化比较困难，但磁化后若外磁场撤去，其磁性能会很大程度被保留，即剩磁较大，正是由于这一特征，常用的磁铁（即永久磁铁）都是由这种材料制成的，其磁滞回线如图 7.3.3（b）所示。**矩磁性材料**，这种材料磁化很难，但一旦被磁化，外磁场撤去后，其磁场会全部保留，即百分之百的剩磁，正是由于它的这一特征，在现代信息技术中，常用矩磁性物质来制作存储元件，其磁滞回线如图 7.3.3（c）所示。

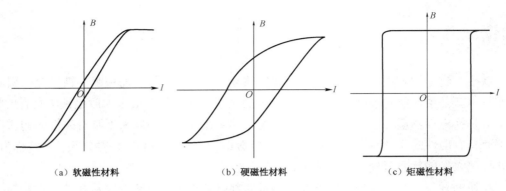

(a) 软磁性材料　　　　　(b) 硬磁性材料　　　　　(c) 矩磁性材料

图 7.3.3　铁磁性物质的磁滞回线

日常生活中所遇到的铁芯或磁芯里，哪些是软磁性材料？哪些是硬磁性材料？哪些是矩磁性材料？为什么？

我的分析结果：_____

在实际生活中，电动机、发电机、变压器和各类交流电磁铁的铁芯都不是整块铁块，而是由许多薄硅钢片叠压而成的，该措施的目的是为了减小铁芯工作时由于电磁感应所产生的涡流。

涡流是感应电流的一种，它的出现将损耗能量，造成没必要的能量损耗。为了保证电气设备能长时间工作而温度不致过高，所以在电动机、变压器等电气设备中，都用硅钢片来制作铁芯。用表面绝缘的硅钢片叠加成铁芯，可将涡流限制在狭长的薄片内，回路电阻变大，涡流减弱很多，从而使涡流损耗大为减小。用硅钢片而不用一般的铁片，是因为硅钢片的导磁性能较好而其电阻与相同的铁片相比较大。

事物总是一分为二的，涡流有害仅是涡流的一面，而在很多场合又经常利用涡流来为人们服务。在有色金属和特殊合金的冶炼中，常用的高频感应炉就是利用涡流的热效应来工作的，它的主要部件就是一个与大功率交流电源相接的线圈，当线圈中通以强大的高频率电流时，所产生的交变磁场使处于线圈中间的坩埚中的金属产生强涡流而发热熔化。在当前家庭中，电磁炉是节能、高效、安全、清洁的现代家用电器，它也是利用涡流原理工作的。

观察老师配发的变压器和电动机的铁芯,了解硅钢片在铁芯中的叠压方向。

我的观察结果:_____
_____
_____

在很多电子设备中,变压器的铁芯不是由硅钢片叠压而成的,而是由一种叫做铁氧体的磁性材料整体制成的。请你想一想这种铁氧体除了具有高磁导率外,还应具备什么特性?

我的分析结果:_____
_____
_____

2. 充磁和消磁

充磁和消磁一般要用专业充磁机和消磁器。

(1)消磁器就是一个电磁铁,不过这个电磁铁的电源是交流电(市电,50Hz),所以它的磁极也在按照 50Hz 的频率不断转换。

用它靠近一个被磁化的物体,该物体的磁性将会随消磁器不断转换,用它慢慢拉开该物体,它的磁性将减弱到很小。

(2)充磁机一般有恒流充磁机和脉冲充磁机两种。

恒流充磁机就是在线圈中通过恒定的直流电,使线圈产生恒定磁场,适合于低矫顽力永磁材料的充磁。

脉冲充磁机是在线圈中通过瞬间的脉冲大电流,使线圈产生短暂的超强磁场。适合于高矫顽力永磁材料或复杂多极充磁的场合,广泛用于永磁材料生产和应用,适合于各类永磁材料零件及部件的磁化,如铝镍钴系列、铁氧体系列、稀土永磁系列等,具有高效、可靠的特点。设备对工作场地电源配置无特殊要求,使用方便、灵活。

(1)查阅有关资料,了解实训室中的充磁机和消磁器的性能、类型和使用方法。
(2)给待磁化材料进行编号,给它们充磁,并判断它们哪些是软磁材料,哪些是硬磁材料。

(3) 对硬磁材料进行消磁，并设法检查消磁的效果。

我的记录和分析：
(1) _____
_____
_____
(2) _____
_____
_____
(3) _____
_____
_____

友情提醒：请整理好物品，搞好清洁卫生！

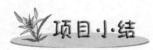

项目小结

（1）磁场是自然界中的一种特殊物质，它的基本特性是对处于其中的磁体或电流产生力的作用。

（2）磁场可用磁通量、磁感应强度和磁场强度等物理量来定量描述，也可用磁感线来直观地描述。

（3）磁场能对电流产生力作用，磁场方向、电流方向和受力方向之间的关系遵循左手定则。

（4）磁导率是描述物质导磁性能的物理量，根据磁导率的大小不同，物质可分为3类；根据磁化过程中所表现的特点不同，铁磁性物质也常分为3种。

（5）铁磁性物质的磁化过程分为4个阶段，一般电动机、变压器的铁芯都工作于接近饱和段。

（6）通常所说的磁化曲线就是基本磁化曲线，铁磁性物质在反复磁化过程中所形成的曲线叫做磁滞回线，这说明铁磁性物质会形成磁滞现象，产生磁滞损耗。

（7）铁磁性物质在反复磁化过程中会出现涡流损耗和磁滞损耗，也称为铁损。为了减小铁损，一般电动机、变压器的铁芯用高磁导率的硅钢片叠压而成。

（8）充磁和消磁一般要用到专业的充磁机和消磁器。

1. 你能通过实例来说明在人们的周围时刻存在磁场这种特殊物质吗？
2. 地球就是一个大的永久磁体，请根据实际感受说明其 N 极和 S 极分别在什么地方？
3. 如下图所示，A、B 两点哪一点的磁场强？并在图中标出 A、B 两点磁场的大致方向。

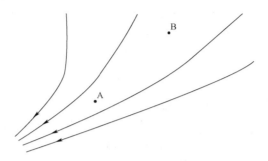

4. 如下图所示，两外形完全相同的永久磁铁和软铁棒 A 和 B，左图中 A 能将 B 吸起，而右图中 B 不能将 A 吸起，请你根据以上现象说明 A、B 中哪个是永久磁铁，哪个是铁棒？

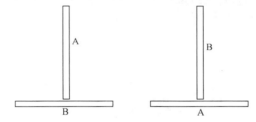

5. 如下图所示的螺线管中有两根原来靠在一起的相同的铁棒，当线圈通电后，两铁棒会有什么变化？为什么？

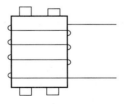

6. 如下图所示，画出电流在图中所标各点产生的磁场的方向。

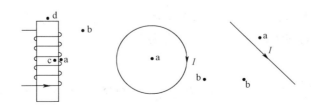

7. 判别下图中通电直导线 a 的受力方向。

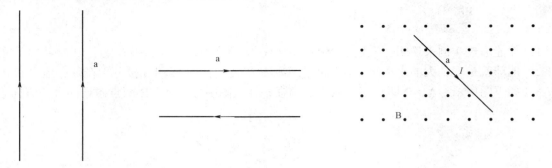

*8. 根据磁路的相关规律，请说明铁磁性物质为什么能导磁？
*9. 为什么电动机、变压器的铁芯正常工作时的工作点一般都设计在接近饱和区？
*10. 简述磁路和电路相关物理量及规律的对应关系。
*11. 能否用直流线圈给永久磁铁消磁？为什么？

项目 8　过流保护电路的制作

学习目标

- 了解干簧管的结构和原理；
- 会检测干簧管；
- 了解电磁式继电器的结构和工作原理；
- 会检测电磁式继电器；
- 能识读干簧管-继电器过流保护电路；
- 能安装干簧管-继电器过流保护电路并进行简单测试。

工作任务

- 检测干簧管；
- 检测继电器；
- 安装过流保护电路并测试。

项目概要：本项目是在前一个项目基础上进行的，也由 3 项递进的任务组成，每一项任务虽相对独立，但就项目的整个体系而言，前一任务是后一任务的基础，后一任务是前一项任务的继续。

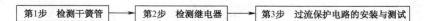

第1步　检测干簧管

1. 干簧管的分析测试

干簧管的结构：干簧管全称为"干式舌簧开关管"，两片导磁又导电的材料做成的簧片平行地封入充有某种惰性气体的玻璃管中，这就构成了干簧管。两簧片一端重叠并有一定的空隙，便于形成接点。

干簧管的接点形式有两种：一种是常开接点型，有两只引脚，触点为常开类型，如图 8.1.1（a）所示；另一种是转换接点型，有三只引脚、一组常开触点、一组常闭触点，如图 8.1.1（b）所示。

干簧管的工作原理：当永久磁铁靠近干簧管或者绕在干簧管上的线圈通电，形成的磁场使簧片磁化时，重叠部分感应出极性相反的磁极，异名的磁极相互吸引，当吸引的磁力超过簧片的弹力时，接点就会吸合；当外磁场消失后磁力减小到一定值时，两个簧片由本身的弹性而分开，线路就断开。

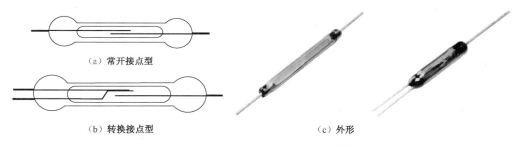

图 8.1.1　干簧管

（1）取一只常开接点型干簧管，用万用表的电阻挡测量两极间的电阻。

（2）将干簧管移至一磁铁的磁极附近，观察两极片的反应，并用万用表的电阻挡测量两极间的电阻。

我的观测：_____

由上面的现象分析可得：

我的分析:

（1）当磁铁与干簧管之间距离很远时，干簧管内两极片相_____（碰触/分离）；当磁铁与干簧管之间距离较近时，干簧管内两极片相_____（碰触/分离）。由以上现象分析可知，干簧管相当于受_____（磁场/外力）控制的开关。

（2）不在磁场中，两极片是分离的；在磁场中，两极片就会相碰。这种现象说明干簧管的两极片是_____（铁/铜）质的，在磁场中因被_____产生异极性磁极而相互_____（吸引/排斥）。

做一做

（1）取一转换接点型干簧管，如图 8.1.2 所示，分别用万用表测量 ab、bc、ca 间的电阻。

（2）将干簧管移至一磁铁的磁极附近，再分别用万用表测量 ab、bc、ca 间的电阻。

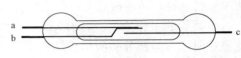

图 8.1.2 转换接点型干簧管

我的观测记录：

（1）R_{ab} =_____, R_{bc} =_____, R_{ca} =_____。

（2）R_{ab} =_____, R_{bc} =_____, R_{ca} =_____。

想一想

由上面的现象可以看出：

我的分析：

（1）当磁铁与干簧管之间距离较远时，干簧管内三极片状态是：_____脚与_____脚相碰触，而与_____脚相分离。

（2）当磁铁与干簧管之间距离很近时，干簧管内三极片状态是：_____脚与_____脚相碰触，而_____脚与_____脚变为分离状态。

（3）当磁铁再次远离干簧管时，三极片的状态复原。由以上现象可知，转换接点型干簧管相当于受_____控制的_____刀_____掷开关。

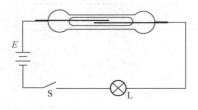

图 8.1.3 常开型干簧管控制电路

2. 简单干簧管控制电路的制作

1）常开型干簧管控制电路的制作

如图 8.1.3 所示是一简单的常开型干簧管控制电路。

我的分析：

（1）闭合 S 后，灯泡应_____（亮/不亮）。用一条形磁铁的某一磁极逐渐靠近干簧管，灯泡将由_____（亮/不亮）变为_____（亮/不亮）。

（2）再将条形磁铁逐渐远离干簧管后，灯泡又将由_____（亮/不亮）变为_____（亮/不亮）。

（3）当条形磁铁逐渐靠近再逐渐远离干簧管，干簧管内两极片的变化现象应为：_____。

（4）将磁铁的两磁极对调后，再逐渐靠近和远离干簧管，干簧管两极片的变化现象应是：_____。

注意：接线时电源开关要断开。

（1）对照图 8.1.3 安装电路。
（2）闭合 S 后，观察灯泡是否发光。
（3）用一条形磁铁的某一磁极逐渐靠近干簧管，观察灯泡是否发光。
（4）再将条形磁铁逐渐远离干簧管，观察灯泡是否发光。

我的观测：

开关 S 闭合后，磁铁没靠近时灯泡_____（亮/不亮），说明干簧管内的两极片相_____（分离/相接）。

当磁铁的某一磁极逐渐靠近干簧管，灯泡_____（亮/不亮），说明干簧管内的两极片相_____（分离/相接）。

当磁铁逐渐远离干簧管后，灯泡_____（亮/不亮），说明干簧管内的两极片相_____（分离/相接）。

2）转换接点型干簧管控制电路的制作

友情提醒：请先断开电源！

转换接点型干簧管控制电路如图 8.1.4 所示。

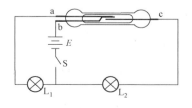

图 8.1.4　转换接点型干簧管控制电路

我的分析：

（1）S 未闭合时，灯 L_1 应_____（亮/不亮），L_2 应_____（亮/不亮），S 闭合后，灯 L_1 应_____（亮/不亮），L_2 应_____（亮/不亮）。

（2）用一条形磁铁逐渐靠近干簧管，灯 L_1 将由_____（亮/不亮）变为_____（亮/不亮），而灯 L_2 将由_____（亮/不亮）变为_____（亮/不亮），同时干簧管内极片 b 会_____。

（3）条形磁铁逐渐远离干簧管，灯 L_1 将由_____（亮/不亮）变为_____（亮/不亮），而灯 L_2 将由_____（亮/不亮）变为_____（亮/不亮），同时干簧管内极片 b 会_____。

> **注意**：接线时电源开关要断开。

（1）对照图 8.1.4 连接好电路。
（2）S 未闭合时，观察灯 L_1、L_2 是否发光；S 闭合后，观察灯 L_1、L_2 是否发光。
（3）用一条形磁铁逐渐靠近干簧管，观察灯 L_1、L_2 是否发光。
（4）条形磁铁逐渐远离干簧管，观察灯 L_1、L_2 是否发光。

我的观测：

S 未闭合时，灯 L_1_____（亮/不亮），L_2_____（亮/不亮）；S 闭合后，灯 L_1_____（亮/不亮），L_2_____（亮/不亮）。

用一条形磁铁逐渐靠近干簧管，灯 L_1_____（亮/不亮），而灯 L_2_____（亮/不亮），说明干簧管内极片_____。

条形磁铁逐渐远离干簧管，灯 L_1_____（亮/不亮）；而灯 L_2_____（亮/不亮），说明干簧管内极片_____。

> **友情提醒**：测试结束请先断开电源！

第2步　检测继电器

继电器是一种电子控制器件，通常应用于自动控制电路中，它实际上是用较小的电流去控制较大电流的一种"自动开关"，故在电路中起着自动调节、安全保护、转换电路等作用。继电器的种类较多，如电磁式继电器、舌簧式继电器、启动继电器、限时继电器、直流继电器、交流继电器等。但在电子电路中用得最广泛的就是电磁式继电器，如图 8.2.1 所示。下面以电磁式继电器为例说明继电器的结构和工作原理。

电磁式继电器是各种继电器的基础，它主要由铁芯、线圈、动触片、静触片、衔铁、返回弹簧等几部分组成，其结构如图 8.2.2 所示。

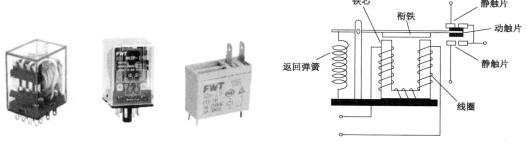

图 8.2.1　常用小型电磁式继电器　　　　图 8.2.2　电磁式继电器结构示意图

在线圈两端加上一定的电压，线圈中就会流过一定的电流，由于电磁效应，线圈产生磁场并磁化其中间的铁芯，衔铁就会在电磁吸引力的作用下克服返回弹簧的拉力向铁芯移动，从而带动与衔铁相连的动触片动作，使原来断开的触点（常开触点）闭合，原来闭合的触点（常闭触点）断开。当线圈断电后，电磁的吸力也随之消失，衔铁就会在弹簧的反作用力作用下返回原来的位置，动触片复位，使通电闭合的触点（常开触点）断开，通电断开的触点（常闭触点）闭合。

对于继电器的"常开"、"常闭"触点，可以这样来区分：继电器线圈未通电时处于断开状态的触点，称为"常开触点"，线圈未通电时处于接通状态的触点称为"常闭触点"。

这里所介绍的电磁式继电器都属于片式继电器，在电路图中的符号如图 8.2.3 所示。其实干簧管也是簧片式继电器的一种。

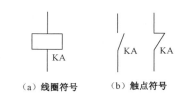

（a）线圈符号　　（b）触点符号

图 8.2.3　继电器的图形符号和文字符号

（1）观察你将要检测的继电器，其各引脚是否有数字或文字符号标志，若没有，则以 1、2、3、… 予以标号。

（2）将你的万用表调至电阻挡，经零欧姆调整后分别测量两两引脚间的电阻大小，并填入表 8.2.1 中。

我的记录：

表 8.2.1　继电器不得电时引脚之间电阻

两引脚											
阻值											

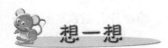 **想一想**

该继电器内部有一个线圈，外部有两个引脚与该线圈相连。分析以上数据，找出与线圈相接的两引脚。

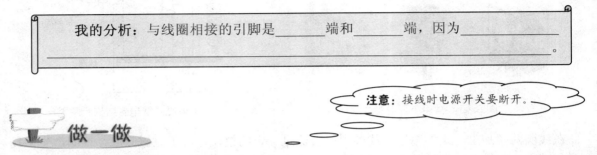

我的分析：与线圈相接的引脚是_____端和_____端，因为_____。

注意：接线时电源开关要断开。

 **做一做**

（1）读出继电器铭牌上的线圈额定电压。
（2）将电源电压调至继电器线圈的额定值，关断电源开关，将继电器线圈的两引脚接到该电源上。
（3）闭合电源开关，观察线圈通电时出现的现象。
（4）用万用表测出除线圈引脚之外的继电器其他引脚两两之间的电阻。

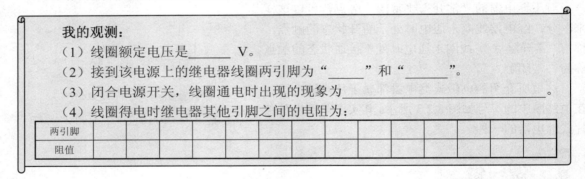

我的观测：
（1）线圈额定电压是_____V。
（2）接到该电源上的继电器线圈两引脚为"_____"和"_____"。
（3）闭合电源开关，线圈通电时出现的现象为_____。
（4）线圈得电时继电器其他引脚之间的电阻为：

两引脚										
阻值										

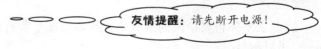 友情提醒：请先断开电源！

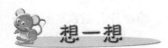 **想一想**

根据线圈在得电和失电情况下的各引脚之间的电阻参数，确定继电器的内部结构。如图8.2.4所示为该继电器的内部结构示意图，请在相应引脚括号内填上与实物相应的数字标号，并将多余的触点删掉。

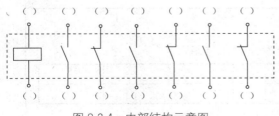

图8.2.4 内部结构示意图

我的分析：它有常开触点_____个，分别介于_____和_____之间、_____和_____之间、_____和_____之间；它有常闭触点_____个，分别介于_____和_____之间、_____和_____之间、_____和_____之间。

下面简单体验一下继电器的作用:
（1）对照图 8.2.5 连接好电路。
（2）在相应的括号中填写上与实物相对应的数字标号。
（3）闭合开关 S_1，观察两灯的发光现象。
（4）闭合开关 S_2，再观察两灯的发光现象。

我的观察：
　　闭合开关 S_1，灯泡 L_1 _____（亮/不亮），灯泡 L_2 _____（亮/不亮）。
　　再闭合开关 S_2，灯泡 L_1 _____（亮/不亮），灯泡 L_2 _____（亮/不亮）。

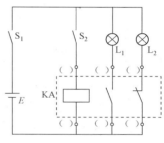

图 8.2.5　继电器控制灯泡电路

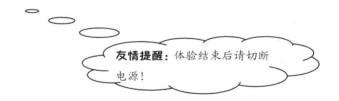

第3步　过流保护电路的安装与测试

1. 分析电路的工作原理

如图 8.3.1 所示为一简单的过流保护电路。图中 KA_1 为电磁式继电器，KA_2 为干簧管。图中有两个线圈，一个是绕在干簧管上用于检测电流的线圈 KA_2，另一个是电磁式继电器的线圈 KA_1。

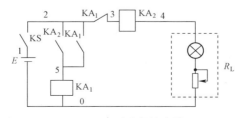

图 8.3.1　过流保护电路

我的分析：

（1）图 8.3.1 中电磁式继电器共用了_____个触点，它（们）是常_____（开/闭）触点_____（填文字符号）和常_____（开/闭）触点_____（填文字符号）。图中干簧管共用了_____个触点，它（们）是常_____（开/闭）触点_____（填文字符号）和常_____（开/闭）触点_____（填文字符号）。

（2）当电路中的负载（滑动变阻器和灯泡）R_L 的阻值太_____时，电路就会出现过流现象，所以在连接电路时，为了保证在需要时才会出现过流，滑动变阻器的滑片应置最_____端。

（3）当电路过流时，干簧管线圈 KA_2 中所通过的电流会很大，产生的磁场会很_____（强/弱），足以使干簧管的极片_____化，以致图中的常_____（开/闭）触点 KA_2 _____（闭合/断开），从而使电磁式继电器线圈 KA_1 _____（得电/失电）。随之主电路中与负载电阻 R_L 相串联的常_____（开/闭）KA_1 触点_____（闭合/断开），以达到过流保护的目的。

（4）假如图中没有常开触点 KA_1，则电磁继电器 KA_1 得电后其常闭触点断开，主电路被切断，干簧管的磁场将随之消失，其触点复位，常开触点 KA_2 _____（断开/闭合），接着 KA_1 线圈_____（失电/得电），常闭触点 KA_1 _____（断开/闭合），主电路又被接通进入过流状态，电路又一次进行过流保护，如此周而复始。为了避免以上现象的发生，电路中设计了**自锁环节**，这就是常开触点 KA_1。在常闭触点 KA_1 断开的同时，常开触点 KA_1 闭合，这就保证了主电路断开，干簧管复位，常开触点 KA_2 断开时，线圈_____不会失电以保证电路持续处于过流保护状态，直至故障排除。

（5）故障排除后要使电路继续正常工作，应_____。

2．制作过流保护线圈

阅读相关资料，查找干簧管吸合的安匝数。

我的记录：干簧管吸合的安匝数为_____。

若过流保护电路的动作电流为 500mA，则过流保护线圈应绕多少匝？

我的分析：过流保护线圈应绕_____匝。

（1）取适当的漆包线，用一适当粗细的圆柱体做骨架，以上面分析所得匝数为基准，绕制线圈。

（2）在两线端各留有十匝余量的位置剪断漆包线，并将其两端各 5mm 长的端头去掉漆层。

为什么要留有十匝的余量？

我的记录：

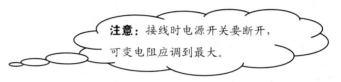

（1）将线圈接入如图 8.3.2 所示的电路。

（2）将干簧管插入线圈中，并将欧姆表的两表笔接于干簧管的两电极上。

（3）闭合 S，调节 R 使电路中的电流逐渐增大，同时观察欧姆表的反应。

若在电流达到 500mA 前干簧管中的簧片动作，则减少线圈的匝数后重试。

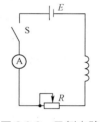

图 8.3.2 示例电路

若在电流达到 500mA 后干簧管中的簧片不动作，则增加线圈的匝数后重试。

直至电流为 500mA 时干簧管中的簧片正好动作。

（4）调试完成后断开电源，拆掉电路。

（5）用适量的石蜡将干簧管固定于线圈中。

如图 8.3.3 所示为待安装过流保护电路的接线图。

（1）图中的虚线框表示什么意思，你能看出来吗？

（2）图中的连线与原理图的本质一致吗？

（3）图中所标连线标号与原理图中的标号一致吗？

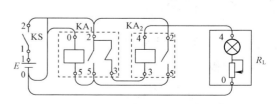

图 8.3.3 过流保护电路接线图

我的分析：
（1）＿＿＿＿＿＿＿＿＿＿＿＿＿＿＿＿＿＿＿＿＿＿＿＿＿＿＿＿＿＿＿＿＿。
（2）＿＿＿＿＿＿＿＿＿＿＿＿＿＿＿＿＿＿＿＿＿＿＿＿＿＿＿＿＿＿＿＿＿。
（3）＿＿＿＿＿＿＿＿＿＿＿＿＿＿＿＿＿＿＿＿＿＿＿＿＿＿＿＿＿＿＿＿＿。

注意：留意接线时开关 KS 以及可变电阻 R_L 的状态。

（1）对照图 8.3.3 连接电路。
（2）闭合开关 KS，逐渐调小可变电阻器的阻值即调小负载电阻 R_L，观察电路的变化。

我的记录：＿＿＿＿＿＿＿＿＿＿＿＿＿＿＿＿＿＿＿＿＿＿＿＿＿＿＿＿＿＿＿＿。

友情提醒：请先切断电源！

若此时将滑动变阻器的值逐渐调大，电路会有什么反应？为什么？

我的分析：＿＿＿＿＿＿＿＿＿＿＿＿＿＿＿＿＿＿＿＿＿＿＿＿＿＿＿＿＿＿＿＿
＿＿＿＿＿＿＿＿＿＿＿＿＿＿＿＿＿＿＿＿＿＿＿＿＿＿＿＿＿＿＿＿＿＿＿＿＿。

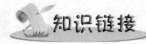

友情提醒：操作结束请先切断电源！

断开电源开关 KS，再闭合，观察电路的反应。

我的记录：＿＿＿＿＿＿＿＿＿＿＿＿＿＿＿＿＿＿＿＿＿＿＿＿＿＿＿＿＿＿＿＿。

知识链接

1. 继电器的技术参数与检测

1）继电器技术参数
（1）额定工作电压。
额定工作电压是指继电器正常工作时线圈所需要的电压。根据继电器的型号不同，可以是交流电压，也可以是直流电压。

(2)直流电阻。

直流电阻是指继电器中线圈的直流电阻,可以通过万用表测量。

(3)吸合电流。

吸合电流是指继电器能够产生吸合动作的最小电流。在正常使用时,给定的电流必须略大于吸合电流,这样继电器才能稳定地工作。而对于线圈所加的工作电压,一般不要超过额定工作电压的 1.5 倍,否则会产生较大的电流而把线圈烧坏。

(4)释放电流。

释放电流是指继电器产生释放动作的最大电流。当继电器吸合状态的电流减小到一定程度时,继电器就会恢复到未通电的释放状态。这时的电流远远小于吸合电流。

(5)触点切换电压和电流。

触点切换电压和电流是指继电器允许加载的电压和电流。决定了继电器能控制电压和电流的大小,使用时不能超过此值,否则很容易损坏继电器的触点。

2)继电器测试

(1)测触点电阻。

用万用表的电阻挡,测量常闭触点两接线端点的电阻,其阻值应为 0;而测量常开触点两端点间的电阻,其值应为无穷大。由此可以区别出哪个是常闭触点,哪个是常开触点。

(2)测线圈电阻。

可用万用表 R×10Ω 挡测量继电器线圈的阻值,从而判断该线圈是否存在着开路现象。

(3)测量吸合电压和吸合电流。

找来可调稳压电源和电流表,给继电器输入一组电压,且在供电回路中串入电流表进行监测。慢慢调高电源电压,听到继电器吸合声时,记下该吸合电压和吸合电流。为求准确,可以多试几次而求平均值。

(4)测量释放电压和释放电流。

也是像上述那样连接电路,当继电器发生吸合后,再逐渐降低供电电压,当听到继电器再次发生释放声音时,记下此时的电压和电流,可尝试多次而取得平均的释放电压和释放电流。一般情况下,继电器的释放电压为吸合电压的 10%~50%,如果释放电压太小(小于 1/10 的吸合电压),则不能正常使用,这样会对电路的稳定性造成威胁,工作不可靠。

2. 固体继电器简介

固体继电器(Solid State Relay,SSR)是利用现代微电子技术与电力电子技术相结合而发展起来的一种新型无触点电子开关器件。它可以实现用微弱的控制信号(几毫安到几十毫安)控制零点几安培直至几百安培电流负载,进行无触点接通或分断。固体继电器是一种四端器件,有两个输入端、两个输出端。输入端接控制信号,输出端与负载、电源串联,SSR 实际是一个受控的电力电子开关。固体继电器由输入电路、驱动电路和输出电路三部分组成,其等效电路如图 8.3.4 所示。

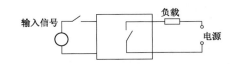

图 8.3.4 固体继电器的等效电路

由于固体继电器具有高稳定、高可靠、无触点及寿命长等优点,广泛应用在电动机调速、正反转控制、调光、家用电器、烘箱加温控温、送变电电网的建设与改造、电力拖动、印染、塑料加工、煤矿、钢铁、化工、军用等方面。

固体继电器与通常的电磁继电器不同：固体继电器无触点；固体继电器的输入电路与输出电路之间的光（电）隔离，使固体继电器使用更为安全；固体继电器由分立元件、半导体微电子电路芯片和电力电子器件组装而成，以阻燃型环氧树脂为原料，采用灌封技术使其封闭在外壳中，与外界隔离，具有良好的耐压、防腐、防潮、抗振性能。

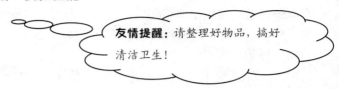

项目小结

（1）干簧管是通过外界磁场实现电路控制的元件。

（2）干簧管有常开接点型和转换接点型两种，常开接点型干簧管就相当于一只由外磁场控制的单刀单掷开关，转换接点型干簧管相当于一只受外磁场控制的单刀双掷开关。

（3）电磁继电器是通过电流或电压实现触点控制的元器件。

（4）电磁继电器主要由线圈、铁芯和触点组成。

（5）用干簧管线圈来检测电路的电流大小，用干簧管的常开触点来控制继电器，用继电器来控制电路的通断，这就是过流保护电路的工作原理。

习　题

1．干簧管分为哪几种？它们的结构和作用有什么不同？

2．干簧管的动作受什么控制？如何用电流来控制干簧管动作？

3．怎样区分干簧管是常开接点型的，还是转换接点型的？怎样区分转换接点型干簧管的三个簧片中哪两个是常开的？哪两个是常闭的？

4．怎样区分继电器的各接线引脚与其内部线圈、触点的对应关系？

5．为什么在过流保护电路中不直接用干簧管的触点实现对电路的通断控制，而要通过继电器来控制电路？这一设计说明了什么？

6．在过流保护电路中，继电器的一个常开触点与干簧管的常开触点并联在一起，用于实现对继电器线圈的控制，这个环节其实就是电气控制电路中常见的自锁环节。请分析该环节的作用，若没有这个环节，结果会怎样？

学习领域四　交流电路的基本物理量

领域简介

在工农业生产和日常生活中所使用的电源一般都是交流电或由交流电变换而来的,了解交流电路的基本概念和基本规律、学习交流电路的测量方法是正确应用交流电、使其更好地为人们生产生活服务的基础。在本学习领域中,将了解表示交流电路的基本物理量和交流电的表示方法,学习交流电路的基本物理量的测量方法,同时了解纯电阻电路、纯电感电路和纯电容电路的相关规律。

项目 9　初识交流电路

学习目标

- ◇ 掌握正弦交流电的三要素;
- ◇ 理解有效值、最大值和平均值的概念,掌握它们之间的关系;
- ◇ 会使用信号发生器、毫伏表和示波器,会用示波器观察信号波形,会测量正弦交流电的频率和峰值;
- ◇ 理解正弦量解析式、波形图的表现形式及其对应关系;
- ◇ 理解相位、初相和相位差的概念,掌握它们之间的关系;
- ◇ 理解正弦量的旋转矢量表示法;
- ◇ 了解正弦量解析式、波形图、矢量图的相互转换方法。

工作任务

- ◇ 测试正弦交流电的基本物理量;
- ◇ 认识交流信号的表示方法。

项目概要：本项目由两项既相互独立、又有递进关系的任务构成。第一项任务立足于电子信息类专业的需要,主要学习电子仪器的使用;第二项任务以第一项任务为基础,练习用相应的表示法表示前面所观测的各交流信号。

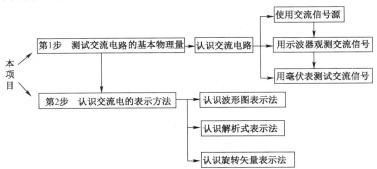

第1步 测试交流电路的基本物理量

1. 认识交流电路

交流电是大小和方向随时间呈周期性变化的电流，正弦交流电则是大小和方向随时间按正弦规律变化的电流。在日常生活中，通常所说的交流电就是指正弦交流电。如图9.1.1所示是交流电压随时间变化的波形图。

正弦交流电大小可用瞬时值、有效值、最大值来表示。交流电的大小是随时间按正弦规律变化的，瞬时值就是交流电某一时刻的数值，所以一般的瞬时值应是一个正弦函数表达式。

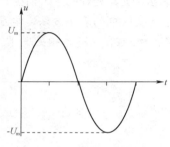

图9.1.1 正弦交流电压波形

电动势的瞬时值：$e = E_m \sin(\omega t + \varphi)$

电流的瞬时值：$i = I_m \sin(\omega t + \varphi)$

电压的瞬时值：$u = U_m \sin(\omega t + \varphi)$

上面的表达式中，E_m、I_m、U_m 分别是交流电的电动势、电流和电压的最大值，即交流电在变化过程中所能达到的最大值，一般用大写字母加下标"m"表示。括号里的量 $\omega t + \varphi$ 被称为交流电的相位，其中的 φ 又被称为初相位。

在实际生产和生活中，通常测量、计算的交流电的大小，是所谓的有效值。若分别给同一电热器通交流电和直流电，在相同时间内所产生的热效应相等，则称这个直流电的数值就是相应交流电的有效值，一般用大写字母表示。有效值与最大值的关系为：

$$U = \frac{1}{\sqrt{2}} U_m, \quad I = \frac{1}{\sqrt{2}} I_m, \quad E = \frac{1}{\sqrt{2}} E_m$$

交流电是随时间变化的，其变化的快慢用周期或频率来描述。频率就是交流电在一秒内变化的次数，用 f 表示，周期就是完成一次变化所用的时间，用 T 来表示。它们之间的关系是：

$$T = \frac{1}{f}$$

ω 是反映交流电变化快慢的物理量，不过它既不是周期，也不是频率，而是所谓角频率。它与周期和频率的关系为：

$$\omega = 2\pi f = \frac{2\pi}{T}$$

上式中，括号里的量 $\omega t + \varphi$ 被称为交流电的相位，其中的 φ 又称为初相位。

在实际生产和生活中，人们关注更多的是两个交流信号的相位差，所谓相位差，也就是两个交流信号的相位之差。要注意的是，只有两个信号的频率相同时才能有相位差，若两个信号的频率不同，则相位差是无意义的，因为频率不同，相位差在随时间变化。

以上的周期、有效值和初相位是描述正弦交流电的三要素。

交流信号与直流信号相比有很大不同,确定直流信号只要知道其大小即可,而确定交流信号要知其三要素。

(1)日常生活中所用的照明交流电路电压为220V,该电压是有效值还是最大值?

(2)日常生活中所用的照明交流电路频率为50Hz,其周期为多少?每秒电流的方向变化多少次?

(3)比较同频交流信号的步调是否一致,应该比较交流信号的什么物理量?所得到的结论一般用什么物理量来描述?

我的思考:_____

2. 使用交流信号源

交流信号的测试比较复杂,不仅有大小的测试,还有周期或频率的测试,有时还要测试两交流信号间的相位差。而且交流信号又有强电和弱电之分,强电测试和弱电测试的基本仪器很多是不同的,在此先学习弱电的测试方法,即电子电路中的测试方法。

函数信号发生器是电子电路中常用的交流信号源,它不仅能产生各种正弦交流信号,还能产生方波、三角波等非正弦交流信号,只是其输出电压低,额定输出功率小,所以一般用做电子电路的交流信号源。

如图9.1.2所示为YB1636函数信号发生器。若调节各旋钮和按键,并使之处于表9.1.1中的状态,再按下电源开关键,并调节频率调节旋钮,使频率指示显示窗显示1000Hz,此时该函数信号发生器就是一台1000Hz交流信号源。

表9.1.1 操作状态

操作项目	状态	操作项目	状态
电源开关键	弹出	直流偏置	按下
波形开关	"～"键按下	占空比	按下
极性开关	弹出	频率选择开关	弹出
衰减开关	弹出	占空比开关旋钮	按下
频率调节旋钮	旋至中间位置	幅度调节旋钮	逆时针旋到底

图9.1.2 YB1636函数信号发生器

阅读实训室函数信号发生器的相关资料,参照上述调节方式和表9.1.1中的状态,思考如何将你的函数信号发生器调到1000Hz正弦交流输出状态？

我的操作步骤：_____
_____
_____
_____
_____

根据以上设计进行函数信号发生器的调节，并记录。

我的记录：_____
_____
_____

3．用示波器观测交流信号

怎样验证函数信号发生器输出的是正弦交流信号？这就要用示波器来测试。图9.1.3所示是一台双踪示波器，它可以同时测试两个交流信号，以比较它们之间的相位关系。

图9.1.3　双踪示波器

检查如图9.1.3所示的双踪示波器各按键和旋钮，并使之有表9.1.2中的状态。打开电源，当亮度旋钮顺时针方向旋转时，直线轨迹就会在大约15秒后出现。调节聚焦旋钮直到轨迹最清晰，并检查轨迹与水平刻度线是否平行；若不平行，则调节"光迹旋转"、"↑↓"和"⇄"，使光迹正中且水平。很多示波器采用的是光点聚焦，但光点聚焦操作的速度要快，时间不能长，同时要与"辉度"旋钮配合使用，否则会损坏荧光屏。

表9.1.2　操作状态

操作项目	状　　态	操作项目	状　　态
电源（POWER）	电源开关键弹出	触发方式（TRIG MODE）	自动（AUTO）
亮度（INTENSITY）	顺时针方向旋转	触发源（SOU RCE）	内（INT）
聚焦（FOCUS）	中间	触发电平（TRIG LEVEL）	中间
AC-⊥-DC	接地（⊥）	Time/Div	0.5ms/div
垂直移位（POSITION）	中间扩展键弹出	其他按键	均弹出

按下 CH1 选择按键,将相应的"AC-⊥-DC"置"⊥",用信号线将函数信号发生器"电压输出"端口与示波器"CH1"输入端口连接起来,并适当调节信号发生器的"幅度"旋钮和示波器的"TIME/DIV"、"VOLTS/DIV"、"微调"旋钮,即可使显示屏上出现稳定的、大小适中的波形。

读数时需将"TIME/DIV"和"VOLTS/DIV"置"校准"位,适当调节"↑↓"和"⇄",可使图像置于显示屏的正中,根据示波器上的"TIME/DIV"、"VOLTS/DIV"指示值,可由图像得到信号的频率(周期)、最大值(有效值)。

(1)上述示波器有一个 CH1 选择按键,还有一个 CH2 选择按键,根据以上操作说明,你知道这里的 CH1 和 CH2 各表示什么意思吗?

我的分析:_____

(2)根据以上操作说明,你能理解"TIME/DIV"、"VOLTS/DIV"的含意吗?

我的分析:_____

(3)阅读实训室双踪示波器的相关资料,参照上述示波器的调节方式和表 9.1.2 中的状态,思考如何利用实训室的示波器测试实训室的函数信号发生器输出信号的大小和频率?

我的操作步骤:_____

友情提醒:示波器直接测试的是峰-峰值!

根据以上设计进行操作,并测试相应参数。

我的记录:_____

 **想一想**

比较以上所测信号频率与函数信号发生器所示频率 1000Hz 是否一致？若不一致，则说说你对此差异的看法。

我的分析：_____
_____

4. 用毫伏表测试交流信号

 **读一读**

电子电路中，测量信号电压的大小更多的是用毫伏表。

如图 9.1.4 所示，将毫伏表"RANGE"旋钮置最大挡，并将信号源的"电压输出"与毫伏表的"INPUT"相连，按下毫伏表的电源开关按钮。

适当调节毫伏表"RANGE"旋钮，使毫伏表指针偏转一适当的角度，这样即可读出毫伏表的测量值，也就是函数信号发生器的输出信号的大小。

图 9.1.4　毫伏表

 **想一想**

（1）开通毫伏表电源前为什么要将毫伏表"RANGE"旋钮置最大挡？

我的分析：_____
_____
_____

（2）阅读实训室毫伏表的相关资料，参照上述毫伏表的调节方式思考，如何利用实训室的毫伏表测试实训室的函数信号发生器输出信号的大小？

我的操作步骤：_____
_____
_____
_____

 **做一做**

友情提醒：毫伏表测试的是有效值！

根据以上设计进行操作，并记录。

我的记录：_____

比较毫伏表所测电压与示波器所测电压，两者是否很相近？若相差较大，则分析其原因。

我的分析：_____

友情提醒：毫伏表测试的是有效值！

调节函数信号发生器的信号频率和信号大小，分别用示波器测试其频率和大小，并将测试的频率与函数信号发生器的频率相比较。再用毫伏表测试其大小，并与示波器测试的结果相比较。

我的记录：_____

第2步 认识交流电的表示方法

1. 认识波形图表示法

（1）闭合函数信号发生器电源开关，将其输出频率调至 1000Hz。
（2）闭合示波器电源开关，用示波器观测函数信号发生器的输出信号，并调节函数信号发生器和示波器，使图像居中且一个周期在水平轴上为 8 格（8div）。
（3）将示波器显示的图像画在图 9.2.1 中。

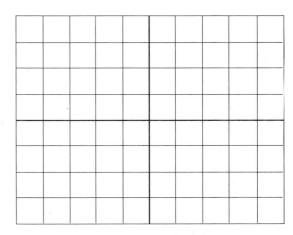

图 9.2.1 波形图

上面用示波器观测到的图像其实就是交流电的表示法之一——波形图表示法。用波形图表示正弦交流电，可直观地表达被表示交流电的最大值 U_m、初相位 φ 和周期 T 或角频率 $\omega(\omega=2\pi f)$。

如图 9.2.2（a）所示，该交流信号的初相位 $\varphi_0=0$，周期 $T=8\text{ms}$，频率 $f=1/(8\times10^{-3})=125\text{Hz}$，角频率 $\omega=2\pi f=2\pi\times125=500\pi\text{rad/s}$，电流的最大值 $I_m=2\text{A}$，电流的有效值 $I=2/\sqrt{2}=1.41\text{A}$。

如图 9.2.2（b）所示，该交流信号的初相位为 $\varphi_0=\pi/4$，周期为 $T=7-(-1)=8\text{ms}$，频率 $f=1/(8\times10^{-3})=125\text{Hz}$，角频率 $\omega=2\pi f=2\pi\times125=500\pi\text{rad/s}$，电流的最大值 $I_m=2\text{A}$，电流的有效值 $I=2/\sqrt{2}=1.41\text{A}$。

如图 9.2.2（c）所示，该交流信号的初相位为 $\varphi_0=-\pi/4$，周期为 $T=2\times(5-1)=8\text{ms}$，频率 $f=1/(8\times10^{-3})=125\text{Hz}$，角频率 $\omega=2\pi f=2\pi\times125=500\pi\text{rad/s}$，电流的最大值 $I_m=2\text{A}$，电流的有效值 $I=2/\sqrt{2}=1.41\text{A}$。

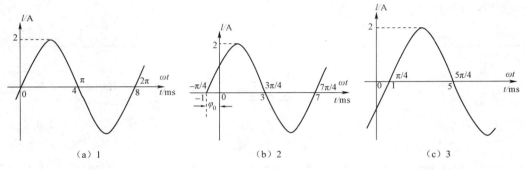

图 9.2.2　交流电的波形图表示法

想一想

交流信号的初相位是相对的，而相位差是绝对的。若只研究同一个交流信号，则初相位可任意设计，当然越简单越好，最简单的当然是零。假定图 9.2.1 所示交流信号的初相位为零，请在图 9.2.3 的坐标系中画出与图 9.2.1 相对应的波形图，并在坐标轴上标注相应的单位，且计算出该信号的周期、频率、角频率、有效值和最大值。

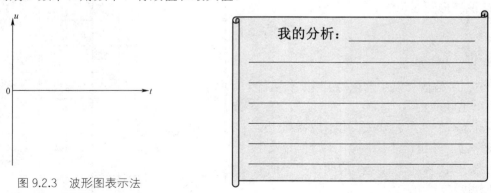

图 9.2.3　波形图表示法

2．认识解析式表示法

解析式表示法就是用正弦交流电随时间变化的函数表达式表示交流电的方法，如：

$$a = A_m \sin(\omega t + \varphi_0) = A_m \sin(2\pi f t + \varphi_0)$$

式中，a 表示交流信号的瞬时值，A_m 表示交流信号的最大值，ω 表示交流信号的角频率，f 表示交流信号的频率，φ_0 表示交流信号的初相位。

解析式表示法与波形图表示法完全对应，它也能全面反映交流电的三要素。

对应于图 9.2.2（a）交流信号的解析式表示为：

$$i = 2\sin 500\pi t \text{ A}$$

对应于图 9.2.2（b）交流信号的解析式表示为：

$$i = 2\sin(500\pi t + \pi/4) \text{ A}$$

对应于图 9.2.2（c）交流信号的解析式表示为：

$$i = 2\sin(500\pi t - \pi/4) \text{ A}$$

请写出与图 9.2.3 所示信号相对应的交流信号的解析表达式。

我的分析：_____

3. 认识旋转矢量表示法

前面介绍了正弦交流电的解析式表示法和波形图表示法，这两种表示法的本质是一样的，只是所选择的形式不同而已，前者所用的是代数形式而后者所用的是几何形式。这两种表示法直观、全面，而进行交流量运算时却无能为力。下面简单介绍能方便运算的旋转矢量表示法。

用旋转矢量表示交流电的方法如图 9.2.4 所示。图中旋转矢量的长度表示交流信号的有效值（或最大值），旋转矢量与横轴的夹角表示交流电的初相位，矢量旋转的角速度表示交流信号的角频率。

$i_1 = 2\sin(500\pi t + \pi/4)$A、$i_2 = 2\sin 500\pi t$ A 和 $i_3 = 2\sin(500\pi t - \pi/4)$ A 三个交流电流对应的旋转矢量图如图 9.2.5 所示。

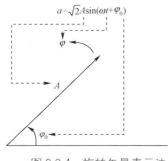

图 9.2.4 旋转矢量表示法

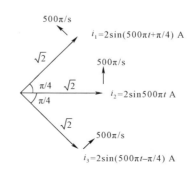

图 9.2.5 旋转矢量图

 **想一想**

请根据图 9.2.3 中的波形图及其相应的解析表达式，画出该信号的旋转矢量图。

> 我的旋转矢量图

读一读

旋转矢量表示法的最大优点是能够方便运算，其计算方法是将三角函数的加减运算转换成为矢量的叠加运算。如图 9.2.6 所示的串联电路中，已知 $u_1=20\sin 500\pi t$ V、$u_2=20\sin(500\pi t+\pi/2)$V，则怎样求得 u 的表达式呢？

首先画出 u_1 和 u_2 的旋转矢量图，如图 9.2.6 所示，以旋转矢量 U_1 和 U_2 为邻边作一个平行四边形，则相应的对角线就是总电压的旋转矢量 U。该矢量的大小为 20V，初相位为 $\pi/4$，旋转角速度应和 U_1、U_2 相同，由此可得总电压的解析式表达式为 $u_2=20\sqrt{2}\sin(500\pi t+\pi/4)$V。

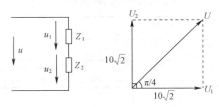

图 9.2.6　串联电路旋转矢量表示法

 想一想

如图 9.2.7 所示，$i_1=4\sin 500\pi t$ A，$i_2=3\sin(500\pi t-\pi/2)$ A，则 i 的瞬时表达式是什么？

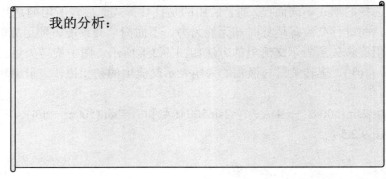

图 9.2.7　示例

> 我的分析：

> **注意**：信号源的输出调节旋钮应逆时针旋转到底！

 **做一做**

（1）将图 9.2.8 所示的电容器和电阻器串联后接于函数信号发生器的输出端。
（2）逆时针将函数信号发生器的输出幅度调节旋钮旋到底。
（3）闭合函数信号发生器的电源开关，将信号频率调至 3000Hz。

（4）调节信号发生器，使信号幅度达到适当的数值（具体要求由老师确定）。
（5）用毫伏表分别测试图中三个电压的有效值 U、U_1、U_2。
（6）用双踪示波器的 CH1 通道和 CH2 通道同时测试 u 和 u_2，比较它们的相位差大小。

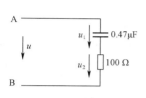

图 9.2.8 RC 串联电路

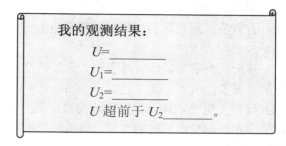

我的观测结果：
$U=$ _____
$U_1=$ _____
$U_2=$ _____
U 超前于 U_2 _____。

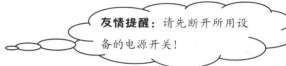

友情提醒：请先断开所用设备的电源开关！

想一想

在上面的观测中：
（1）假定 u 的初相位为零，则 u、u_2 的解析表达式是什么？
（2）你能画出 u、u_2 相应的旋转矢量图吗？若能，请画出。
（3）你能画出 u_1 的旋转矢量图吗？若能，请画出。
（4）u_1 的解析表达式是什么？
（5）根据解析表达式或旋转矢量图，能求出 u_1 的有效值吗？该有效值等于多少？并与前面测试的 U_1 相比较。

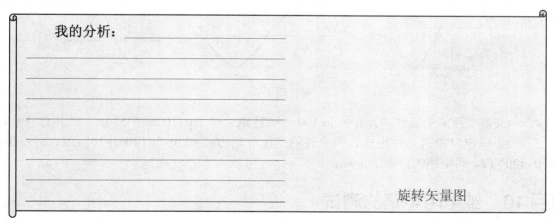

我的分析：_____

旋转矢量图

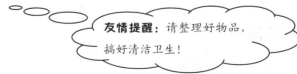

友情提醒：请整理好物品，搞好清洁卫生！

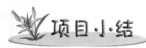

项目小结

（1）交流电就是大小和方向随时间周期性变化的电流，通常所说的交流电是指正弦交流电。

(2) 交流电的大小一般用有效值或最大值来描述，通常表述或测量的数值都是指有效值。

(3) 周期与频率是描述交流电变化快慢的物理量，交流电的变化快慢还常用角频率来描述。

(4) 相位是用来描述交流电变化步调的物理量，对于同频信号而言，交流电变化是否同步用相位差来描述，相位是相对的，相位差是绝对的。

(5) 有效值、周期和初相位称做交流电的三要素。

(6) 波形图表示法能全面、直观地表示交流电的三要素，但不便于运算。

(7) 解析式表示法是用瞬时表达式来反映交流电随时间变化的方法，该方法也能全面地表示交流电的三要素，但也不便于运算。

(8) 旋转矢量表示法就是用旋转矢量来表示交流电的方法，矢量的大小表示交流电的大小，与横轴的夹角表示交流电的初相位。该法将交流电的三角函数运算转换成矢量运算，能方便求解交流电加减运算的结果。

习 题

1. 我国通常照明用电为 220V、50Hz，则该交流电的有效值为多大？最大值为多大？频率为多少？周期为多少？角频率为多少？

2. 某一电路两端的电压为 $u=100\sin(100\pi t+30°)$V，所通过的电流为 $i=5\sin(100\pi t-45°)$A，请画出电压和电流的波形图及旋转矢量图。

3. 写出图 1 中交流信号的解析表达式。

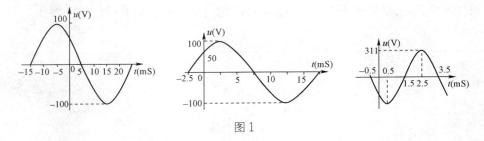

图 1

4. 两并联支路的电流分别为 $i_1=6\sin(100\pi t-45°)$A、$i_2=8\sin(100\pi t+45°)$A，求其总电流 i。

5. 一串联电路由两元件组成，两元件的电压分别为 $u_1=220\sin(100\pi t+30°)$V、$u_2=220\sin(100\pi t+120°)$V，求电路的总电压 $u=u_1+u_2$。

项目10　纯电阻电路的测试

学习目标

- 会用万用表测量交流电压；
- 会用交流电流表测量交流电流；
- 能通过测量电压和电流研究纯电阻电路电流与电压、电阻的大小关系；
- 掌握纯电阻电路的电流与电压、电阻的大小关系；
- 掌握纯电阻电路电压和电流的相位关系，并能进行测试、比较。

工作任务

- ◆ 用万用表测试交流电压；
- ◆ 用交流电流表测试交流电流；
- ◆ 测试纯电阻电路电流和电压的大小；
- ◆ 测试纯电阻电路电流和电压的相位关系。

项目概要： 本项目由 4 项任务组成，每一项任务虽相对独立，但就项目的整个体系而言，前两项任务是后两项任务的基础，后两项任务是本项目的重点。

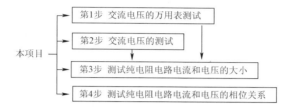

第 1 步　交流电压的万用表测试

前面用毫伏表测试过交流电压，这样的测试一般应用于电子电路。在日常生产、生活中，交流电压一般都在 220V 以上（强电），这时交流电压的测试一般用交流电压表或万用表的交流电压挡。交流电压表或万用表的交流电压挡的使用，与直流电压或万用表的直流电压挡的使用基本一样。测量前都要选择合适的量程，合适量程的标准是指针尽可能指示于三分之二到满刻度之间。当电表的指针指示值过小时，说明量程选大了，应选择小一点的量程；若电表指针偏转超出了电表的最大刻度，则说明量程选小了，应选择大一点的量程。

但交流电压表的使用与直流电压表也有两点不同，一是交流电压测量时无极性之分，电表不会出现反偏现象，即测量时不用注意电表的极性。二是有些电表的大量程刻度线与直流电压、直流电流挡的刻度线共用，但小量程（如 10V 挡）测量时，应读与之相对应的专用刻度线。如图 10.1.1 所示，大量程测量交流电压时，应读第二道左侧标有"$\underset{\sim}{V}$"的刻度线，若用 10V 挡测量交流电压时，则应读第三道左侧有"AC10V"的刻度线。也有部分万用表交流电压挡的刻度线独立，其第二道刻度线边上标注的是"DCVA"，表示其只是直流电压、电流的刻度线，第三道刻度线边上标注的是"ACV"，这才是交流电压的刻度线。

图 10.1.1　表头刻度线

警告：接通电源前要将输出电压调至零，接通电源后再按要求由小至大将电压调至相应值；若使用的是万用表，请当心电表的挡位与所测量的电压是否匹配。

测量交流电压的有效值，并记录相应的量程和标度尺。

（1）开通实训台可调交流电源开关，将其输出电压调至 5V。

（2）用电压表或万用表的交流电压挡测试此时的输出电压值，并将测试值和相应的量程填入表 10.1.1 中。

（3）将可调交流电源的输出电压分别调到 10V、20V、45V、150V，重复第（2）步。

我的记录：

表 10.1.1　记录表

实训台指示	5V	10V	20V	45V	150V
测量值（V）					
电表量程					
所读标度尺					

友情提醒：分析问题前首先断开电源，注意安全！

（1）检查上面的测试结果中是否有与实训台的输出指示相差较大的数据？若有，请分析其原因。

（2）重新检查每一组数据相应的量程和标度尺，它们是否适当？

我的分析：_____

第 2 步　交流电流的测试

读一读

在日常生产、生活中，测试交流电流一般要用交流电流表。交流电流表的使用，与直流电流表的使用基本一样。测量前都要选择合适的量程，合适量程的标准是电流表的指针尽可能指示于三分之二到满刻度之间。当电表的指针指示值过小时，说明量程选大了，应选择小一点的量程；若电表指针偏转超出了电表的最大刻度，则说明量程选小了，应选择大一点的量程。

但交流电流表的使用与直流电流表相比同样也有两点不同。一是交流电流测量时无极性之分，电表不会出现反偏现象，即测量时不用注意电表的极性；二是有些交流电流表的刻度是不均匀的，特别是小量程的低端尤其明显，有时相应的最小刻度都会发生变化，所以读数时一定要注意。如图 10.2.1 所示，左侧两只电磁系交流电流表的刻度明显是不均匀的，特别是最左边的电表，其第一个刻度就是"50"，而后面每格只有"10"。

图 10.2.1　交流电流表

（1）将"220V，15W"的白炽灯和交流电流表按照图 10.2.2 所示的电路连接。
（2）检查电路确保正确无误后将插头插入实训台的 220V 交流电源插座中，再次检查电路，无误后闭合电源开关。
（3）若电流表读数偏大（超过最大刻度），则断开电源开关，更换大量程测量；若电流表读数偏小，则更换小量程测量；若电表的量程适当，则读出电流表的读数并记录。
（4）更换为"220V，25W"的白炽灯，重复（1）、（2）、（3）步。
（5）更换为"220V，40W"的白炽灯，重复（1）、（2）、（3）步。
（6）更换为"220V，60W"的白炽灯，重复（1）、（2）、（3）步。
（7）更换为"220V，100W"的白炽灯，重复（1）、（2）、（3）步。

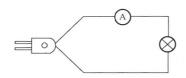

图 10.2.2　交流电流的测量

我的记录：

白炽灯	选用量程	测量值
15W		
25W		
40 W		
60 W		
100 W		

比较以上交流电流的测量与前面项目中的直流电流的测量有什么不同？并简单说明其原因。

我的分析：_____
_____
_____
_____

第3步　测试纯电阻电路电流和电压的大小

1. 研究电流与电压的大小关系

在直流电流中，电流的大小与电压成正比，与电阻成反比，这一关系在交流电路中是否仍然成立呢？下面先研究电流与电压的大小关系。

根据控制变量法，在研究电流与电压的大小关系时，应设定电阻保持不变，即研究在电阻不变的条件下电流怎样随电压变化而变化。

（1）交流电流表的量程一般都较大，实训室中常用的交流电流表的小量程一般为100mA，这对测试中所用的电阻器会有什么样的要求？

（2）测试的范围应尽可能大一点，这样结果就会更明显一点，但测试的范围也不宜过大，所有电流最好由电表的同一量程来测量，你知道这是为什么吗？

（3）该测试较为复杂，测试中要大幅度改变电压的大小，你认为最好用什么方法来调节电压？

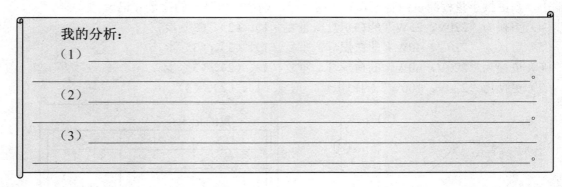

（1）根据前面的分析，在图10.3.1的虚线框中画出适当的元件，以完善整个电路。

（2）对照图 10.3.1 连接好电路，检查无误后闭合电源开关。

（3）调节电路使伏特表的读数为 2V，读出电流表的读数，并记录。

（4）分别调节电路，使伏特表的读数分别为 4V、6V、8V、10V，重复第（3）步。

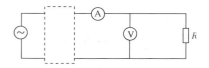

图 10.3.1 电压、电流的测量

我的记录：

电压	2V	4V	6V	8V	10V
电流					
电压之比	1:2:3:4:5				
电流之比	1:___:___:___:___				

友情提醒：先断开电源开关！

根据上面测试的结果，计算相应的电流之比，并将结果填入表中。分析表中数据，你能得出怎样的结论？

我的分析：_____
_____。

2. 研究电流与电阻的大小关系

警告：接线时请将电源保持断开！

（1）用已知电阻 R_1 代替 R，对照图 10.3.1 连接好电路，检查无误后闭合电源开关。

（2）调节电路使伏特表的读数为 10V，读出电流表的读数，并记录。

（3）断开电源，用已知电阻 R_2 代替 R_1，调节电路使伏特表的读数保持 10V 不变，再读出电流表的读数并记录。

（4）分别将 R_3、R_4、R_5 接入电路，重复第（3）步。

我的记录：

电阻	R_1	R_2	R_3	R_4	R_5
电压	10V	10V	10V	10V	10V
电流					

友情提醒：先断开电源开关！

（1）上面所测数据中的电流之比为多少？
（2）上面所测数据中的电阻倒数之比为多少？
（3）所测电流之比和电阻倒数之比是否大致相等？由此你能得到什么结论？

我的分析：
（1）所测电流之比 $I_1:I_2:I_3:I_4:I_5$=1: ___ : ___ : ___ : ___ 。
（2）电阻倒数之比（$1/R_1$）:（$1/R_2$）:（$1/R_3$）:（$1/R_4$）:（$1/R_5$）=1: ___ : ___ : ___ : ___ 。
（3）以上之比大致 _____（相等/不相等），这说明 _____ 。

第4步　测试纯电阻电路电流和电压的相位关系

要研究电路电压和电流的相位关系，一般要用双踪示波器来测试。但双踪示波器所能测试的一般只是电压信号，电流信号的测试还要通过测试电阻上的电压来转换。也就是说，一般电路中电流信号的测试是通过测试电路中电阻器上的电压信号来实现的，这是建立在已知电阻器的电压和电流相位关系基础上进行的测试。而现在所要解决的就是研究电阻器上电压和电流的相位关系，自然使用双踪示波器是无法实现了。

通常的做法是：电路如图 10.4.1 所示，将信号发生器的频率调至很低，灵敏度很高的电流表和电压表分别串联和并联在电路中，通过观察电表指针的偏转情况来确定电路中电压和电流的相位关系。

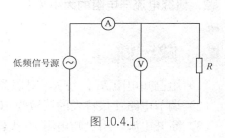

图 10.4.1

想一想

（1）电流信号能否用示波器直接测试？
（2）图 10.4.1 中，为了观察纯电阻电路中电压和电流的相位差，为什么要将信号源的输出信号的频率调至很低？
（3）你认为图 10.4.1 所示电路中，电流表和电压表是直流电表还是交流电表，为什么？有人认为这两只表的零处于刻度盘的正中会更好，这又是为什么？
（4）电流表和电压表的灵敏度为什么要高？

我的分析:
（1）_____
_____。
（2）_____
_____。
（3）_____
_____。
（4）_____
_____。

   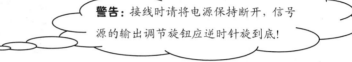

（1）对照图 10.4.1 连接好电路。注意电表的极性，电流表左侧为正极，电压表上侧为正极。（请根据老师的要求选用电阻器）

（2）开通信号源，将频率调至 0.5Hz。

（3）观察两电表的指针来回摆动的步调是否一致。

我的记录：_____。

根据以上观察，你能得到什么结论？

我的结论：_____。

在交流电路中，电阻器的表现同直流电路几乎相同。通过电阻器的电流与电阻器两端的电压成正比，与电阻器的电阻成反比，即

$$I_R = \frac{U_R}{R}$$

上式称为纯电阻电路的**欧姆定律**。

纯电阻电路中，电阻器两端电压与所通过的电流同相位，电阻器上的电压与电流相位差为零。若 $u=100\sqrt{2}\sin(314t+30°)$ V 的电压加在 50Ω 的电阻器上，电阻器中所形成的电流为 $i=2\sqrt{2}\sin(314t+30°)$ A，它们的波形图和旋转矢量图如图 10.4.2 所示。

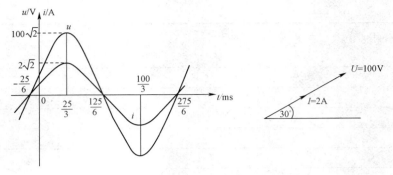

图 10.4.2　纯电阻电路的波形图和旋转矢量图

友情提醒：请整理好物品，搞好清洁卫生！

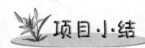 项目小结

（1）在电子电路中，交流电压的大小一般用毫伏表测试，在日常照明或动力电路中，交流电压一般用交流电压表测试。交流电压表的使用和直流电压表的使用相似，只是没有极性区分，有时电表的刻度尺不均匀。

（2）在日常照明和动力电路中，交流电流的大小要用交流电流表来测试。同直流电流表一样，交流电流表必须串联于电路中，但它也没有极性之分，有时其刻度尺也不均匀。

（3）在纯电阻电路中，电流的大小与电压成正比，与电阻成反比，该结论同直流电路一样。

（4）将直流电压表并联于电阻的两端，将直流电流表串联于电阻电路中，给电路加上频率很低的交流信号，通过比较两电表指针的摆动步调，可得到电阻电路中电压和电流的相位关系。

 习　题

1．某纯电阻交流电路中，测得电路两端的电压为 10V，电流为 200mA，则该电路的电阻为多大？

2．某纯电阻电路的电阻为 10Ω，测得所通过的电流为 2A，则该电路的电压有效值为多大？最大值为多大？

3．有一 100Ω 电阻两端的电压如图 1 所示，请写出其中通过电流的瞬时表达式，并画出电流的波形图。

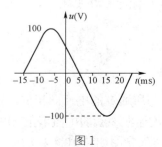

图 1

4．某电路的电流、电压分别为 $i=6\sin(100\pi t-45°)$ A、$u=200\sin(100\pi t-45°)$ V，求该电路的电阻。

5．有一 100Ω 电阻中所通过的电流如图 2 所示，请写出其两端电压的瞬时表达式，并画出电压的波形图。

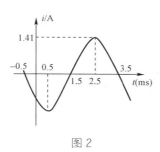

图 2

项目 11　纯电感电路的测试

学习目标

- 了解电磁感应现象，掌握右手定则；
- *了解电磁感应定律和楞次定律；
- 了解电感的概念和影响电感的因素；
- 了解 RL 瞬态过程；
- 了解电感器并能判别其好坏；
- 掌握电感元件的电压和电流的关系；
- 会测试电感元件上电压和电流的大小和相位，并能比较它们的相位差。

工作任务

- 认识电磁感应现象；
- 认识自感现象和电感器；
- 电感器的识读与检测；
- 纯电感交流电路的测试。

项目概要： 本项目由 4 项递进的任务组成，每一项任务虽相对独立，但就项目的整个体系而言，前一任务是后一任务的基础，后一任务是前一项任务的继续，第 4 项任务是本项目的重点。

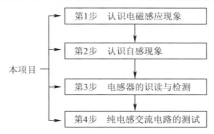

第1步 认识电磁感应现象

做一做

(1) 如图 11.1.1 所示,当金属丝吊着的导体框向外快速运动时、向内快速运动时以及保持静止时,分别观察电流计指针的偏转方向。

(2) 根据图 11.1.1 中的磁极位置在图 11.1.2 中标出竖直方向的磁感应线的方向,并根据电表偏转方向在 11.1.2 图中标有 I 的直线的一端标上箭头,表示快速向外运动时通过导体棒的电流方向。

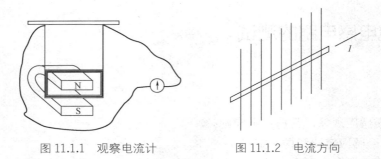

图 11.1.1 观察电流计　　　图 11.1.2 电流方向

(3) 参照上面的操作,再以更快的速度移动导体框,观察电表指针的偏转方向和偏转角度有什么变化。

我的记录:_____

想一想

(1) 由图 11.1.1 所示的实验可以看出,导体切割磁感应线,会在回路中产生电流。在图 11.1.2 中,若平展右手,大拇指与四指位于同一平面并垂直,掌心对着磁感应线,大拇指指向导体棒切割磁感应线的方向,则四指的指向与感应电流方向是否一致?

(2) 电表指针的偏转角度越大,说明导体框切割磁感应线产生的感应电流越大。从上面的观察来分析,导体切割磁感应线的速度越大,所产生的感应电流是否越大?

我的分析:_____

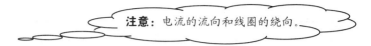

（1）如图 11.1.3 所示，请观察螺线管线圈的实际绕向，并在图 11.1.4 中画出其绕向示意图。当磁铁快速插入螺线管时，观察电表指针的偏转方向，并根据其偏转方向在图 11.1.4 中标出线圈中的电流方向；当磁铁快速拔出螺线管时，再观察电表指针的偏转方向是否与插入时相反；而当磁铁插入保持不动时，电流计指针朝哪个方向偏转。

（2）参照上面的操作，若以更快的速度插入或拔出条形磁铁，观察电表指针的偏转方向，和上面观察的结果是否相同，电表的偏转角度与上面观察到的相比有什么变化。

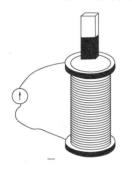 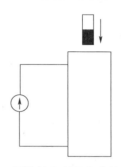

图 11.1.3　螺线管中的磁通变化　　图 11.1.4　螺线管中磁通变化的分析

我的记录：_____
_____
_____

图 11.1.3 所示的实验表明，不仅导体切割磁感应线会产生电磁感应现象，回路中的磁通发生变化时，也会产生电磁感应现象而产生感应电流。

我的分析：

（1）在图 11.1.4 中，产生感应电流的磁场是_____（永久磁铁/通电线圈）产生的，请在图中用黑色笔标出该磁场的方向。

（2）当磁铁向下运动时，在螺线管中产生感应电流的磁场向_____（上/下），其磁通_____（增加/减小/不变），请在刚画出的、表示磁场方向的箭头旁标出表示产生感应电流的磁通 Φ，并在其边上用箭头（向上、向下或水平）来表示其变化情况（增大、减小或不变）。

（3）此时螺线管中产生了感应电流，感应电流也在螺线管中产生磁场，其方向向_____，请在图中用红色笔标出感应电流产生的磁通 Φ 及其方向。

（4）从图中可以看出，当产生感应电流的磁通 Φ 增加时，感应电流产生的磁通 Φ 与产生感应电流的磁通 Φ 方向相_____（同/反）。

（5）反之，当磁铁拔出时，产生感应电流的、方向向_____的磁通 Φ 将（增加/减小），电表指针偏转方向与插入时相_____（同/反），说明感应电流的方向与插入时相_____（同/反），则感应电流产生的磁通向_____，与插入时相_____（同/反）。即当产生感应电流的磁通减小时，感应电流产生的磁通与产生感应电流的磁通方向相_____（同/反）。

（6）磁铁移动的速度越快，则线圈中的磁通变化就越_____（快/慢），电表的指针偏转角度就越_____（大/小），说明所产生的感应电流就越_____（大/小）。

1. 电磁感应现象

电流产生磁场的现象叫做电流的磁效应，与之相反，磁场也能产生电流，这就是**电磁感应**。

但是，磁场要产生电流是要有条件的。最简单的一种是闭合回路中的部分导体在磁场中做切割磁感应线运动，更为广泛的是通过回路的磁通发生变化。

感应电流的方向可用右手定则或楞次定律判断。平展右手，使大拇指和四指垂直且在同一平面内，让掌心正对磁感应线，大拇指指向导体切割磁感应线的方向，则四指即指向感应电流的方向，这就是判断导体切割磁感应线产生感应电流方向的**右手定则**。

*对于一般的电磁感应现象而言，感应电流产生的磁场总是阻碍产生感应电流的磁场的变化，即穿过闭合回路的磁场增强时，感应电流的磁场与产生感应电流的磁场反向；穿过闭合回路的磁场减弱时，感应电流产生的磁场与产生感应电流的磁场同向。这就是判断感应电流方向的一般规律——**楞次定律**。

*2. 电磁感应定律

产生电流的条件是闭合电路中要有电源（电动势）。在电磁感应现象中，只要电路闭合，有感应电流产生，则该闭合电路中必定有电动势存在，这个电动势称为**感应电动势**。感应电动势的大小与磁场和导体等因素有关。

1）导体切割磁感应线的感应电动势

如图 11.1.5 所示，当处在均匀磁场中的有效长度为 L 的直导体，以速度 v 朝着与 B 相垂直的方向运动而切割磁感应线时，导体中感应电动势 E 的大小为：

$$E=BLv$$

上式表明，直导体中所产生的感应电动势 E 的大小等于磁感应强度 B、导体的有效长度 L 和导体切割磁感应线的运动速度 v 三者的乘积。

如果导体运动方向与导体本身垂直，而与磁感应线方向成 θ 角时，则感应电动势 E 的大小是：

$$E=BLv\sin\theta$$

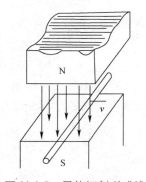

图 11.1.5　导体切割磁感线

2）电磁感应定律

公式 $E=BLv$ 只适用于导线切割磁感应线的感应电动势求解。而非导线切割磁感应线的问题，就必须用"电磁感应定律"来求解感应电动势大小了。

线圈中感应电动势的大小与穿过线圈的磁通的变化率成正比,这个规律叫**电磁感应定律**。电磁感应定律可用下式表示:

$$E = \frac{\Delta \Phi}{\Delta t}$$

如果线圈的匝数是 N 匝时,则电磁感应产生的电动势:

$$E = N\frac{\Delta \Phi}{\Delta t} = \frac{\Delta \psi}{\Delta t}$$

式中,ψ 为**磁链**,$\psi = N\Phi$。

电磁感应定律对所有的电磁感应现象都适用,因此,它是确定感应电动势大小的最普遍的规律。

(1) 如图 11.1.6 所示,当小磁铁由上端进入磁场和由下端离开磁场时,电阻中的电流方向是怎样的?

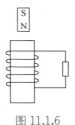

图 11.1.6

(2) 如图 11.1.7 所示,当电键 S 分断时,电阻中的电流方向是怎样的?

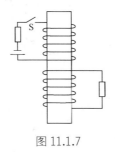

图 11.1.7

(3) 如图 11.1.8 所示,当滑动变阻器的滑片向右滑动时,电阻中的电流方向是怎样的?

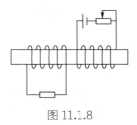

图 11.1.8

(4) 如图 11.1.9 所示,当铁棒由左侧插入通电螺线管时,电阻中的电流方向是怎样的?

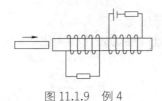

图 11.1.9 例 4

（5）导体棒在磁场中的运动方向如图 11.1.10 所示，请在图中标出感应电流的方向。

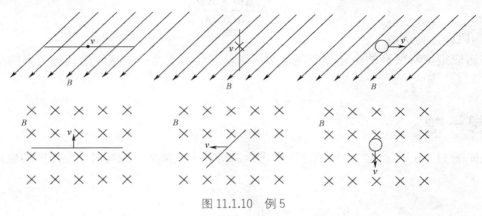

图 11.1.10 例 5

第 2 步 认识自感现象

注意：连接电路时开关应断开。

（1）按图 11.2.1 连接好电路，闭合开关 S，观察灯泡的亮度变化规律。

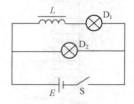

图 11.2.1 自感现象

① 开关 S 未闭合时，灯泡 L_1 _____（亮/不亮），说明 L_1 中_____（有/无）电流流过，灯泡 L_2_____（亮/不亮），说明 L_2 中_____（有/无）电流流过。
② 开关 S 闭合时，仔细对比两灯泡的亮度，发现_____先亮而_____后亮，即灯泡 L_1 亮度变化情况是_____（立即最亮/不亮到渐亮再到最亮），说明 L_1 中_____（有/无）电流流过，电流的变化情况是_____（由零跃至定值/由零渐变至定值）；灯泡 L_2 亮度变化情况是_____（立即最亮/不亮到渐亮再到最亮），说明 L_2 中_____（有/无）电流流过，电流的变化情况是_____（由零跃至定值/由零渐变至定值）。

③ 开关 S 保持闭合时，灯泡 L_1 亮度_____（有/无）变化，说明 L_1 中的电流是_____（恒定的/变化的）；灯泡 L_2 亮度_____（有/无）变化，说明 L_2 中的电流是_____（恒定的/变化的）。

（2）将图中的 L 用导线代替，闭合开关 S，再观察灯泡的亮度变化规律。

我的记录：
① 开关 S 未闭合时，灯泡 L_1_____（亮/不亮），说明 L_1 中_____（有/无）电流流过；灯泡 L_2_____（亮/不亮），说明 L_2 中_____（有/无）电流流过。
② 开关 S 闭合时，仔细对比两灯泡的亮度，发现灯泡 L_1 亮度变化情况是_____（立即最亮/不亮到渐亮再到最亮），说明 L_1 中_____（有/无）电流流过，电流的变化情况是_____（由零跃至定值/由零渐变至定值）；灯泡 L_2 亮度变化情况是_____（立即最亮/不亮到渐亮再到最亮），说明 L_2 中_____（有/无）电流流过，电流的变化情况是_____（由零跃至定值/由零渐变至定值）。
③ 开关 S 保持闭合时，灯泡 L_1 亮度_____（有/无）变化，说明 L_1 中的电流是_____（恒定的/变化的）；灯泡 L_2 亮度_____（有/无）变化，说明 L_2 中的电流是_____（恒定的/变化的）。

读一读

电感器、电感和自感现象及基本特性如下。

1. 电感器、电感

电感器一般是用漆包线在绝缘骨架上环绕若干圈而制成的一种能够存储磁场能量的电子元件，又称为电感线圈或线圈。图 11.2.2 所示为部分电感器实物图。

图 11.2.2　部分电感器实物图

电感器的重要参数是**自感系数**，简称为**电感**，电感表征了电感器存储磁场能量的能力大小。根据电流的磁效应，电感线圈通电后会产生磁场，电感器中就有了一个磁通，磁通与线圈匝数之积称为磁链。产生的磁链与引起该磁链的电流之比即为该线圈的电感。电感、磁链与电流的关系如下：

$$L = \frac{\psi}{I}$$

式中，ψ 为磁链，$\psi = N\Phi$。

电感的国际单位是亨利（H），常用单位有毫亨（mH）、微亨（μH）、纳亨（nH），它们之间的换算关系如下：

$$1H=10^3 mH, \quad 1H=10^6 \mu H, \quad 1H=10^9 nH$$

在电路图中，电感器常用字母"L"表示，常见的图形符号如图 11.2.3 所示。

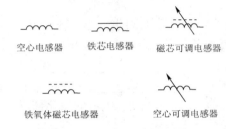

图 11.2.3　常用电感器图形符号

实验证明：电感器电感的大小与其线圈的匝数、形状、直径、长度以及导磁材料有关。

2．自感现象

穿过闭合回路的磁通发生变化时，就会发生电磁感应现象。自感线圈中的电流若发生变化，则其内部的自感磁通也将发生变化，同样也会引发电磁感应现象，这种电磁感应现象就称为**自感现象**。电磁感应现象产生的结果总要阻碍产生电磁感应现象的原因，在前面的观测中，开关闭合时自感现象产生的原因是电流增大，自感现象的结果将阻碍其增大，即产生一个自感电动势阻碍电流增大。

3．自感电动势

自感线圈中由于自身电流变化所产生的感应电动势称为**自感电动势**，自感电动势 E_L 用下式计算：

$$E_L = L \frac{\Delta I}{\Delta t}$$

上式说明，自感电动势的大小与线圈中电流的变化率成正比。

4．电感器的基本特性

电感器在稳恒直流电路中只相当于一根导线（绕线的电阻忽略时），而对于交流电路有阻碍电流变化的作用，并且对不同频率的交流电呈现出不同的阻碍作用。电感器的基本特性可归纳为"通直流、阻交流"或"通低频、阻高频"。关于这一点的详细内容，将在后续项目中介绍。

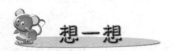

利用自感原理分析以上观测的现象。

我的分析：

(1) 图 11.2.1 中，S 闭合时电感器中的电流在逐渐_____（增大/减小），由于电流的_____效应，它将在线圈中产生磁场，该磁场也在逐渐_____（增大/减小）。由_____现象可知，变化的磁场会产生感应电动势，而该电动势产生的结果将_____（阻碍/推动）该电流_____（增大/减小），这个规律就是楞次定律的另一种表述形式。

(2) 若将图 11.2.1 中的电感器换成有闭合铁芯、线圈匝数更多的电感器再进行实验，其效果会_____（更明显/不明显/和以前一样），这是因为其自感作用表现更强。

(3) 开关 S 闭合一段时间后，两只灯泡的亮度将稳定，是因为线圈中的_____不再变化，不再出现_____现象的原因。

第 3 步　电感器的识读与检测

1．识读电感器

请凭直观感觉，根据电感器的外形、数字、符号等特征对模拟流水线上的电感器进行分捡，将你认为是同一类的电感器放在同一盒子中。注意：完全相同的电感器只捡一只，你认为是同一类型的电感器最多不超过十只，尽量捡不同类型的电感器。

电感器分类和标识方法如下。
1）电感器的分类
按电感量可否调节来分，电感器分为固定电感器和可变电感器两类。
按导磁体性质来分，电感器分为空心线圈、铁氧体线圈、硅钢片铁芯线圈等。
按工作性质来分，电感器分为天线线圈、振荡线圈、扼流线圈、陷波线圈、偏转线圈等。
按绕线结构来分，电感器分为单层线圈、多层线圈、蜂房式线圈等。
2）电感器的标识方法
电感器的电感量标识方法同电阻器、电容器一样，有直标法、文字符号法、色标法和数码标示法。
（1）直标法。
直标法是将电感器的标称电感量用数字和文字符号直接标在电感器外壁上。电感量单位后面用一个英文字母表示其允许偏差。例如，560μHK 表示标称电感量为 560μH，允许偏差为±10%。
（2）文字符号法。
文字符号法是将电感器的标称电感量和允许偏差值用数字和文字符号按一定的规律组合标

志在电感体上。采用这种标示方法的通常是一些小功率电感器,其单位通常为 nH 或 μH,用 N 或 R 代表小数点。例如,4N7 表示电感量为 4.7nH,4R7 则代表电感量为 4.7μH;47N 表示电感量为 47nH。采用这种标示法的电感器通常后面加上一个英文字母表示允许偏差。

(3)色标法。

色标法是指在电感器表面涂上不同颜色的环来表示电感量(与电阻器类似),通常用四道色环表示,识读方法同电阻器,只是单位是 μH。

(4)数码法。

数码法是用三位数字来表示电感量的标称值,该方法常见于贴片电感器上。识读方法与电阻数码法相同,单位为 μH。

识读练习

将分捡出来的电感器插在泡沫塑料板上进行编号,并进行识读练习,其识读的结果填入表 11.3.1 中。

我的记录:

表 11.3.1 记录表

电感器编号	电感标示描述	所属分类	标识分类	标称电感值	允许偏差
例	6.8μ	固定电感器	直标法	6.8μH	±20%
1					
2					
3					
4					
5					
6					
7					
8					
9					
10					
11					
12					
13					
14					
15					
16					
17					
18					
19					
20					

2. 电感器的简单检测

用欧姆表对电感器试测，观察指针的偏转情况，特别是偏转速度是否同测试电阻一样，是否跟测试电容一样有回偏现象。

我的记录：
_____
_____
_____
_____

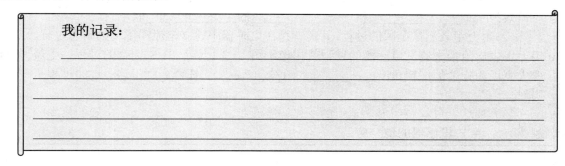

电感器是一种储能元件，其存储的能量是以磁场能的形式表现的，而且电感器中磁场能的大小与其电流的平方成正比（$W_L = \frac{1}{2}LI^2$）。电感器的能量存储过程也就是其中电流、电压发生变化的 RL 瞬态过程。其变化规律如下。

在图 11.3.1（a）中，闭合开关 S 后，电路中的电流要增加，由于电感器的自感作用，它要产生自感电动势阻碍电流增加而形成瞬态过程。在此瞬态过程中，电源通过回路在电感器中建立电流和磁场，电感器中的电流由零逐渐增大直至最大值（$I = \frac{E}{R}$）；电感器两端电压由最大值（E）逐渐减小直至为零。其电压、电流的变化规律曲线如图 11.3.1（c）所示。

在图 11.3.1（b）中，闭合开关 S 且电路稳定后再断开，电感器中的电流要减小，由于电感器的自感作用，它要产生自感电动势阻碍电流的减小而形成瞬态过程，这个过程也就是电感器中存储的磁场能减小的过程。电感器中的电流由最大值（$I = \frac{E}{R}$）逐渐减小直至为零；电感器两端电压也由最大值（E）逐渐减小直至为零。其电压、电流的变化规律曲线如图 11.3.1（d）所示。

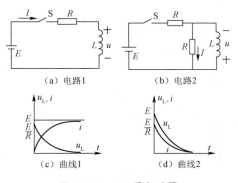

图 11.3.1 RL 瞬态过程

在电感器磁场能增加或减少的过程中，其电流变化的快慢与电容器的充放电一样，都取决于回路电阻 R 以及电感量 L 的大小。L 越小，自感现象越弱，对电流的阻碍作用越弱，电流变化越快；电阻越大，损耗磁场能越多，瞬态过程越快。

想一想

分析前面的测试现象。

> **我的分析：**
> （1）万用表的欧姆挡就是一个_____源的_____端网络，根据_____定理它可等效为一个_____和一个_____的_____联形式。
> （2）用万用表测试电感的过程，其实就是在电感器中建立电流和磁场的瞬态过程。用万用表电阻挡来测试电感器的过程就相当于图 11.3.1（a）中 S 闭合的过程，电流变大表现为指针的偏转角度_____（变大/变小）。你体会到了这一过渡过程了吗？_____。
> （3）要这一过程越明显，电流的变化幅度应越_____，电表的倍率应越_____，电感器的电感应越_____。

做一做

更换万用表的倍率，再测试两只电感器。

> **我的记录：**
> _____。

想一想

再分析测试结果。

> **我的分析：**
> （1）你体会到了这一瞬态过程了吗？_____。这说明实际生活中，RL 瞬态过程持续的时间很_____（长/短），通过 RL 瞬态过程的相关规律_____（无法/可以）实现欧姆表对电感量大小的检测。
> （2）电感器的电感越大，说明该电感器的匝数越_____（多/少），导线越_____（长/短）。为了减小体积，其线径应越_____（粗/细），则用万用表测量出的直流电阻也就越_____（大/小）。也就是说，一般情况下用万用表测量电感器的电阻，其值越_____（大/小），则电感器的电感也就越大。
> （3）用万用表对电感器进行电感检测时，若出现指针恒指于_____（0/∞）处，则这只电感器可判定为开路。
> （4）对电感量很大的电感器而言，若检测出现指针恒指于_____（0/∞）处，则这只电感器可判定为短路。小电感量的电感器由于其电感量小，匝数_____，线径_____，电阻_____（很大/很小），所以不能随便下短路的结论。

 **做一做**

根据前面分析，利用相应的检测方法检测实训室配发的 5 只电感器，并根据检测的结果按电感量由小到大进行排列。

我的分析：

电感	L_1	L_2	L_3	L_4	L_5
直流电阻					

所测电感器的大小顺序为：＿＿＿＿＿＿＿＿＿＿＿＿＿＿＿＿＿＿＿＿。

第 4 步　纯电感交流电路的测试

 **做一做**

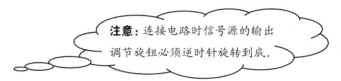

（1）将老师提供的 100Ω 电阻器和 1mH 电感器按照图 11.4.1 连接好。

（2）检查无误后闭合信号源的电源开关，将相应的交流信号频率调整至 10kHz。

（3）用毫伏表测试 U_L，调节信号源的输出电压，使 U_L 的大小为 100mV。

（4）用毫伏表测试 U_R 的大小。

（5）用示波器同时观测 U_L 和 U_R，测试其相位差。

（6）将 U_L 分别调至 200mV、300mV、400mV、500mV，重复第（4）、（5）步，并记录结果至表 11.4.1 中。

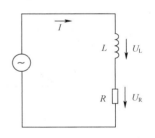

图 11.4.1　电感器的测试

我的记录：

表 11.4.1　记录表

R					
U_L	100mV	200mV	300mV	400mV	500mV
U_R					
I					
U_L 与 U_R 相位差					
电压之比	1:2:3:4:5		电流之比		1:＿:＿:＿:＿

(1)现在要研究的是电感器的电压与电流关系,而在上面的测试电路中,在电感器电路中又串联了一只电阻器,这是为什么?

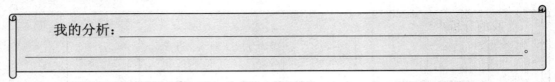

(2)根据上面测试的结果,你能得到每组数据相应的电流大小吗?若能得到,则请在上面的表格中补上相应的电流数值。

(3)比较电压和电流的大小,计算出相应的电流之比,由该比值你能得到什么结论?

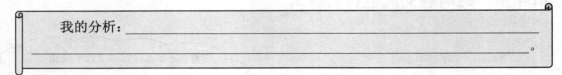

(4)根据上面测试的数据,你能得到不同电压条件下电压与电流的相位差吗?若能,相位差为多少?电压超前于电流还是电流超前于电压?

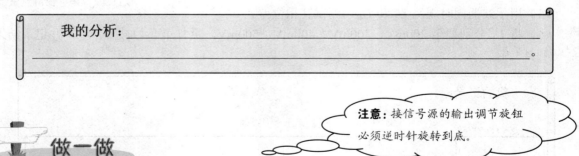

(5)当电压发生变化时,电压与电流的相位差有大的变化吗?由此你又能得到什么样的结论?

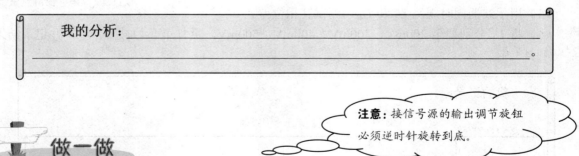

注意: 接信号源的输出调节旋钮必须逆时针旋转到底。

做一做

(1)将老师提供的100Ω电阻器和1mH电感器按照图11.4.1连接好。
(2)检查无误后闭合信号源的电源开关,将相应的交流信号频率调整至10kHz。
(3)用毫伏表测试U_L,调节信号源的输出电压,使U_L的大小为100mV。
(4)用毫伏表测U_R的大小。
(5)分别调节信号源,使U_L的仍保持100mV时信号源的频率分别为10kHz、20kHz、30kHz、40kHz、50kHz,用毫伏表测试相应U_R的大小,并记录结果至表11.4.2中。

我的记录:

表 11.4.2　记录表

R	100Ω	100Ω	100Ω	100Ω	100Ω
U_L	100mV	100mV	100mV	100mV	100mV
f	10kHz	20kHz	30kHz	40kHz	50kHz
U_R					
I					
U_L/I					
f 之比	1:___:___:___:___		U_L/I 之比	1:___:___:___:___	

（1）根据上面的测试结果，计算相应的电流，并填入表 11.4.2 中。
（2）根据上面测试的结果，计算相应的 U_L/I 之值，并填入表 11.4.2 中。
（3）分别计算 5 组数据的 f 之比和 U_L/I 之比，由此你能得出什么样的结论？

我的分析: _____ 。

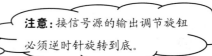

注意：接信号源的输出调节旋钮必须逆时针旋转到底。

（1）将老师提供的 100Ω 电阻器和 1mH 电感器按照图 11.4.1 连接好。
（2）检查无误后闭合信号源的电源开关，将相应的交流信号频率调整至 10kHz。
（3）用毫伏表测试 U_L，调节信号源的输出电压，使 U_L 的大小为 100mV。
（4）用毫伏表测 U_R 的大小。
（5）分别换成 2mH、3mH、4mH、5mH，重复上面的第（2）、（3）步，并记录结果至表 11.4.3 中。

我的记录:

表 11.4.3　记录表

R	100Ω	100Ω	100Ω	100Ω	100Ω
U_L	100mV	100mV	100mV	100mV	100mV
L	1mH	2mH	3mH	4mH	5mH
U_R					
I					
U_L/I					
L 之比	1:___:___:___:___		U_L/I 之比	1:___:___:___:___	

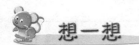

（1）根据上面的测试结果，计算相应的电流，并填入表 11.4.3 中。
（2）根据上面测试的结果，计算相应的 U_L/I 之值，并填入表 11.4.3 中。
（3）分别计算 5 组数据的 L 之比和 U_L/I 之比，由此你能得出什么样的结论？

> 我的分析：_____
> _____。

在交流电路中，由于线圈磁通量的变化，电感器对电流有一定的阻碍作用，这种阻碍作用称为**感抗**，它和电阻、容抗对电流的阻碍作用一样，单位也是欧姆（Ω）。实验证明：感抗的大小与该电感器的电感、通过交流电的频率有关，它们之间关系可用下式表示：

$$X_L = 2\pi f L$$

式中，X_L 为电感器感抗，单位为欧姆（Ω）；f 为交流电频率，单位为赫兹（H_Z）；L 为电感器的电感，单位为享利（H）。

将电感器接在交流电路中，电感器两端电压（U_L）与所通过的电流（I_L）及电感器的感抗（X_L）之间的关系可用下式表示：

$$I_L = \frac{U_L}{X_L}$$

上式称为**纯电感电路的欧姆定律**。

纯电感电路中，电感器两端电压与电流的相位关系是电压相位超前电流相位 90°，它们的波形图如图 11.4.2 所示。

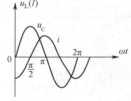

图 11.4.2　电感器电压与电流波形图

> 我的分析：
> （1）由表 11.4.1 可知，纯电感电路中电流的大小与电压成_____比。
> （2）由表 11.4.2 可知，感抗的大小与交流电的频率成_____比。
> （3）由表 11.4.3 可知，感抗的大小与电感的大小成_____比。
> （4）理想电感器在稳恒直流电路中相当于_____（短路/开路），而对交流电路的电流有_____（推动/阻碍）作用，并且对不同频率的交流电呈现_____（不同/相同）的阻碍作用。
> （5）在频率一定的条件下，电感大的电感器，对交流电流的阻碍作用_____（大/小）；对同一电感器，频率越高，对交流电流的阻碍作用越_____（大/小）。
> （6）电感器的基本特性可归纳为：
> 小感量的电感器具有"_____（通/阻）高频、_____（通/阻）低频"的特性，大感量的电感器具有"_____（通/阻）交流、_____（通/阻）直流"的作用。

用万用表测试以上测试过的 5 只电感的直流电阻,并记录结果至表 11.4.4 中。

我的分析:

表 11.4.4　记录表

R_1	R_2	R_3	R_4	R_5

(1) 你知道上面测试 5 只电感器的直流电阻的意义吗?
(2) 你能肯定上面所测试的 5 只电感器在以上的测试电路中都可看成纯电感电路吗?

我的分析:

1. 无感电阻

一般线绕电阻(其实也是线圈)由于存在自感现象,它对电路电性能的影响很大,特别是在高频电路中。所以在频率较高的电路中,必须尽可能将线绕电阻的电感量减到零,这种电阻就是无感电阻。

无感电阻有时又称为高频电阻,常用于高频电路或电磁环境恶劣条件下工作的电子仪器与设备中。阻值通常小于 1000Ω,功率最大可达 100W。

2. 无感电阻的简单制作

制作材料:圆柱状绝缘支架、康铜丝(带有绝缘层)。
制作方法:
(1) 根据所需电阻器电阻大小截取合适长度的康铜丝一段。
(2) 将康铜丝对折后在圆柱状绝缘支架上从最左端或最右端沿某一方绕到另一端。
(3) 将康铜丝两端头部分的绝缘层刮去一小部分后作为无感电阻的两个引脚使用。
这样一只无感电阻器就制作好了。

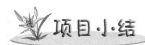

(1) 与电流的磁效应相反,磁场也能产生电流,这一现象就是电磁感应现象。

（2）导体在磁场中切割磁感应，会在导体中产生感应电流，该电流的方向可用右手定则来判断，其电动势的大小可用 $E=BLv$ 来计算。

*（3）更广义来看，只要穿过闭合回路的磁通量发生变化，电路中就会产生感应电流，其方向可用楞次定律来分析，其感应电动势的大小与磁通量的变化率成正比。

（4）自感现象就是自身电流变化所引发的电磁感应现象，描述自感现象强弱的物理量叫自感系数，简称为电感。

（5）电感器就是利用电磁感应原理工作的电磁元器件，它与其他电子元器件一样，也有四种标识方法，用万用表只能根据其直流电阻的大小对其他感量进行大致判别。

（6）在交流电路中，电感器的感抗大小与电感器的电感成正比，与交流信号的频率成正比。

（7）电感器在交流电路中是否可以当做纯电感电路，要根据其感抗大小与直流电阻大小的相对关系来确定。

（8）在纯电感电路中，电流的大小与电压成正比，与感抗成反比，电流相位落后于电压相位90°。

习 题

1. 如图1所示，当与竖直导轨接触良好的导体棒 AB 自由释放后，电阻 R 中所通过的感应电流方向是怎样的？请在图中标出感应电流的方向。

*2. 如图2所示，当永久磁铁移近螺线管时，螺线管中所产生的感应电流方向是怎样的？请在图中标出感应电流的方向。

*3. 图3中，当永久磁铁分别由左侧抽出和右侧抽出时，螺线管中的感应电流方向是怎样的？请在图中分别于 A 端和 B 端标出永久磁铁分别由左侧抽出和右侧抽出时的感应电流方向。

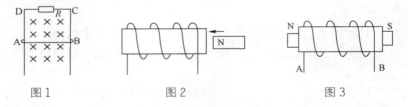

图1　　　图2　　　图3

4. 根据要求标出图4中所缺的物理量。

图4

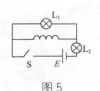

图5

5. 如图5所示，S闭合的瞬间，灯泡 L_1、L_2 的发光情况怎样？当S保持接通时，灯泡 L_1、L_2 的发光情况怎样？S断开的瞬间，灯泡 L_1、L_2 的发光情况怎样？

6. 解释"470μHK"、"3N3"、"6R8"、"333"等标号的含意。

7. 能利用万用表根据电感器的自感现象来差别电感器的质量吗？为什么？

8. 测试电感器的直流电阻，若其阻值大，常认为其电感量大，这是为什么？

9. 在交流电路中，电感器的感抗是怎样形成的？为什么频率越高，感抗就会越大？为什么自感系数越大，感抗就会越大？

10. 一只 10mH 的电感器中所通过的电流 $i=10\sin(1000t-30°)$A，求电感器上的电压 u。

项目 12　纯电容电路的测试

学习目标

- ◆ 了解电容器种类、外形和参数，以及电容和储能元件的概念；
- ◆ 能通过仪器仪表观察电容器充、放电规律，理解电容器充、放电电路的工作特点，会判断电容器的好坏；
- ◆ *理解瞬态过程，了解瞬态过程在工程技术中的应用；
- ◆ *理解换路定律，能运用换路定律求解电路的初始值；
- ◆ *了解 RC 串联电路瞬态过程，理解时间常数的概念，了解时间常数在电气工程技术中的应用，能解释影响其大小的因素；
- ◆ 掌握电容元器件上电压与电流的关系，了解容抗的概念，会观测电容元器件上的电压与电流之间的关系。

工作任务

- ◆ 电容器的识读与简单检测；
- ◆ 测试 RC 瞬态过程；
- ◆ 测试纯电容交流电路。

项目概要：本项目由 3 项递进的任务组成，每一项任务虽相对独立，但就项目的整个体系而言，前两项任务是基础，后一项任务是项目的重点。

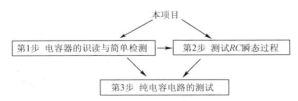

第1步　电容器的识读与简单检测

1. 识读常用电容器

注意：接线时电源应保持断开！

（1）将给定的电容器，按图 12.1.1 所示电路连接好（连接电路时开关 S 保持断开状态），记

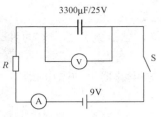

图 12.1.1 电容器的测试

下此时安培表和伏特表的读数。

> **我的记录：**
> 安培表读数为_____A，伏特表读数为_____V。

（2）闭合开关 S，观察电表的示数变化。

> **我的记录：**
> 安培表的示数变化情况为_____，最终保持在_____；伏特表的示数变化情况为_____，最终保持在_____。

（3）断开开关 S，观察两电表的读数。

> **我的记录：**
> 安培表的读数为_____A，伏特表的读数为_____V。

（4）从电路中拆下电容器，用伏特表再测量其两端的电压，再用螺丝刀的金属部分同时触碰电容器的两引脚（注意手应握住螺丝刀的绝缘柄部分），观察现象。

> **我的记录：**
> 用螺丝刀的金属部分同时触碰电容器的两引脚前电容器两端的电压为_____V，触碰时所出现的现象为_____。

（5）再次将电容器接入电路中，并闭合开关 S 数秒后断开，将电源从电路中撤走，用导线将原来连接电源的两接线端短接，闭合 S，观察电表的示数变化情况。

> **我的记录：**
> 安培表的示数变化情况为_____，最终保持在_____；伏特表的示数变化情况为_____，最终保持在_____。

友情提醒：先断开电源开关！

根据前面的测试现象分析。

> **我的分析：**
> （1）在图 12.1.1 所示的电路中，闭合开关且电路稳定后，将电容器从电路中分离出来，电容器虽与电路已经分离，但用螺丝刀同时触碰其两引脚，还是会出现_____现象，这说明该电容器中_____（有/没有）储存电荷，这表明电容器具有_____作用。

（2）开关闭合后，电路中出现电流，电容器两端的电压逐渐_____（增大/减小），电路中的电流逐渐_____（增大/减小）。较长时间后，电路中_____（有/没有）电流，电容器两端的电压与电源电压_____（相等/不相等）。

（3）充好电后将电源撤去，并将原来连接电源的两接线端短接，则电容器两端的电压_____（不变/增大/减小），电容器放电，放电电流_____（不变/增大/减小），最终电压、电流降到_____。

任何两个彼此绝缘而又相互靠近的导体就可以构成一个**电容器**。组成电容器的导体称为**电极**。两个电极之间的绝缘层（材料）称为**电介质**。

将电容器的两极板分别接到电池正、负极，电路接通后的较短时间内，电路中会出现电流，正、负电荷分别向电容器的正、负极板集结，从而使电容器带电，这一过程叫做给电容器"**充电**"。充电结束后，电容器两极板间的电压与电源电压相等，此时电路中不再有电流，电容器两端的电压也不再改变。反之，若将一只已经充电结束的电容器通过一只电阻器将其两极板连接起来，电流就会由电容器的正极板经电阻流向负极板，电容器两端的电压会逐渐变小，直至为零，这个过程称为电容器的"**放电**"。

电容器最为重要的参数是电容，电容表征了电容器存储电荷能力的大小。一个电容器电容的大小定义为：

$$C = \frac{Q}{U}$$

式中，C 为电容器的电容，单位为法拉（F）；Q 为电容器的带电量，单位为库仑（C）；U 为电容器两端的电压，单位为伏特（V）。

电容的国际单位是法拉（F），这是一个很大的单位，在实际应用中电容器的电容往往比 1F 小得多，常用微法（μF）、纳法（nF）、皮法（pF）等做单位。它们的换算关系是：

$$1F = 10^6 \mu F, \quad 1F = 10^9 nF, \quad 1F = 10^{12} pF$$

常见电容器的图形符号如图 12.1.2 所示。

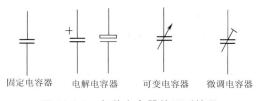

图 12.1.2　各种电容器的图形符号

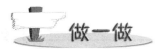

请凭直观感觉，根据电容器的外形、数字、符号等特征对模拟流水线上的电容器进行分类，将你认为是同一类的电容器放在同一盒子中。注意：完全相同的电容器只捡一只，你认为是同一类型的电容器最多不超过十只，尽量捡不同类型的电容器。

常见电容器的分类、主要参数与标识方法如下。

1) 电容器的分类

根据电容器结构或容量是否可变,电容器可分为固定电容器、可变电容器、半可变电容器;若按有无极性分,电容器可分为有极性的电解电容器和无极性的普通电容器。电解电容器的长脚或外壳上标有"+"符号的引脚是其正极,短脚或外壳上标有"-"符号的引脚是负极;根据介质材料不同电容器又可分为瓷片电容器、涤沦电容器、云母电容器、空气电容器、纸介质电容器、铝电解电容器等。图 12.1.3 为部分电容器实物图。

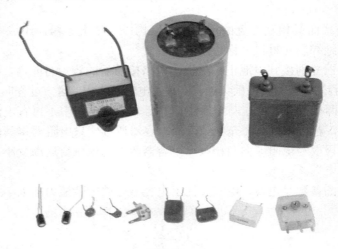

图 12.1.3 部分电容器实物图

2) 电容器的主要参数

选择和使用电容器,人们主要关心电容器的标称容量、耐压值、允许偏差、漏电阻等参数。

(1) 标称容量。

标在电容器外壳上的电容量称为电容器的标称容量,它应符合 GB 2471《固定电容器标称容量系列》的规定,规定见表 12.1.1。

表 12.1.1 固定电容器标称容量系列

系列	允许误差	电容器的标称值
E24	±5%	1.0,1.1,1.2,1.3,1.5,1.6,1.8,2.0,2.2,2.4,2.7,3.0,3.3,3.6,3.9,4.3,4.7,5.1,5.6,6.2,6.8,7.5,8.2,9.1
E12	±10%	1.0,1.2,1.5,1.8,2.2,2.7,3.3,3.9,4.7,5.6,6.8,8.2
E6	±20%	1.0,1.5,2.2,2.3,4.7,6.8

(2) 耐压值。

耐压值是指电容器在电路中长期、有效地工作而不被击穿所能承受的最大直流电压。对于结构、介质、容量相同的电容器,耐压值越高,其体积越大。

在交流电压中，电容器的耐压值应大于交流电压的最大值，否则，电容器可能被击穿，造成不可修复的永久损坏。耐压的大小与介质材料有关。加在一个电容器两端的电压超过了它的额定电压，电容器就可能被击穿损坏。

（3）允许偏差。

电容器的允许偏差与电阻器允许偏差规定相同。一般电容器常用Ⅰ级、Ⅱ级、Ⅲ级表示允许偏差，而电解电容器常用Ⅳ（+20%、-10%）级、Ⅴ（+50%、-20%）级、Ⅵ（+50%、-30%）级表示电容器的允许偏差。

3）电容器的标识方法

电容器的标称容量、耐压、允许偏差等主要参数一般标在电容器的外壳上，其主要标志方法和电阻器标志方法一样，也有直标法、文字符号法、色标法、数码法。

（1）直标法。用数字和字母把电容器的规格、型号直接标在电容器的外壳上，该方法主要用在体积较大的电容器上。图12.1.4（a）所示的标示方法即为直标法。

（2）文字符号法。用数字和文字符号有规律的组合来表示容量的标示方法。标称容量的整数部分通常写在容量单位标志符号的前面，小数部分写在容量单位标志符号的后面。例如p33表示0.33pF，1p表示1pF，6p8表示6.8pF，2μ2表示2.2μF等。图12.1.4（b）所示标示法即为文字符号法。

（3）数码法。用三位数字来表示电容器容量的大小，单位为pF。前两位为有效数字，第三位表示乘数，即$\times 10^n$，n为0～9之间的整数，其中数字9表示10^{-1}。例如，图12.1.4（c）所示的左边的电容器容量为10×10^3pF，即10nF，允许偏差为±5%，耐压为100V；右边的电容器容量为33×10^{-1}pF，即3.3pF。

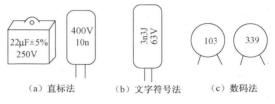

图12.1.4 电容器的标识方法

（4）色标法。与电阻器的色标法类似，其颜色所代表的数字、乘数、允许偏差与电阻色标法完全一致，单位为pF。

对于圆片或矩形片状等电容，非引线端部的一环为第一环，以后依次为第二环、第三环等。

想一想

将所分捡出的电容器按固定电容器、可变电容器、直标法电容器、文字符号标识法电容器、数码标识法电容器、电解电容器和瓷片电容器的分类方法各挑选出一只来识读。

我的识读结果：

（1）可变电容器的标称容量是_____F，其标识方法是_____。

（2）直标法电容器的标识为_____，其标称容量是_____F，_____（有/无）耐压值标识，耐压值是_____V。

（3）文字符号标识法电容器的标识是_____，标称容量是_____F，_____（有/无）耐压值标识，耐压值是_____V。

（4）数码标识法电容器的标示数码是_____，标称容量是_____F，_____（有/无）耐压值标识，耐压值是_____V。

（5）电解电容器的标称容量是_____F，耐压值是____V，电解电容器的_____极引脚与电容器外壳上的_____（＋/－）符号标记相对应。

（6）瓷片电容器的标称容量是_____F，_____（有/无）耐压值标识，耐压值是_____V。

将分捡出来的电容器插在泡沫塑料板上进行编号，并进行识读练习，其识读的结果填入表 12.1.2 中。

表 12.1.2　各种类型电容器识读

电容器编号	电容标示描述	所属分类	标示分类	标称容值	允许偏差	耐压值
例	400V 10n	固定电容器	直标法	10nF	±20%	400V
1						
2						
3						
4						
5						
6						
7						
8						
9						
10						
11						
12						
13						
14						
15						
16						
17						
18						
19						
20						

电容器的种类很多，结构也有所不同，平行板电容器结构最简单、最直观，所以下面就以平行板电容器为例来介绍影响电容器大小的因素。两个互相平行、相互靠近的平行金属极板就构成了一个平行板电容器。平行板电容器的电容大小和以下几个因素有关：两极板间介质、极板正对面积、极板间的距离。根据理论的推导可以得出，平行板电容器电容与两极间的正对面积 S 成正比，与两极间距离 d 成反比，与极间的电介质的介电常数 ε 成正比，即

$$C = \frac{\varepsilon S}{d}$$

电容是电容器的固有特性，电容的大小只随电容器两极板间的正对面积 S、两极板间的距离 d 及极板间绝缘材料的介电常数 ε 的改变而改变。这里 $\varepsilon = \varepsilon_r \varepsilon_0$，$\varepsilon_r$ 为相对介电常数，ε_0 为真空中的介电常数。而外界条件的变化、电容器是否带电或带电多少都不会使电容大小发生改变。

（1）你能解释为什么电容器容量越大、耐压越高，其体积就会越大吗？

（2）一电容器，带 0.002C 电荷时，其电压为 100V，则当其电压降至 50V 时，其容量为多大？带上 0.002C 电荷后，若仅将其两极间的距离增大一倍，则其电压为多少？若再将其极板的正对面积增大一倍，则其电压又为多少？若再将该电容由空气浸入相对介电常数为 5 的绝缘油中，则其电压又为多少？（空气的相对介电常数为 1）

我的分析：_____

2. 电容器的简单检测

（1）取一只 220μF 电容器，判别出其正负极。
（2）万用表转换开关置 R×1k 挡，进行零欧姆调整。
（3）将万用表的红黑表笔分别接 220μF 电容器的正负引脚，观察电表的偏转情况。

我的记录：
　　发现万用表指针向_____（右/左）_____（快速/慢速）偏转，随后向_____（左/右）_____（缓慢/快速）回落，经过一段时间后指针回到_____附近处停稳。

我的分析：
　　（1）使用万用表电阻挡时_____（必须/不一定）给万用表安装电池。
　　（2）万用表电阻挡就是一个有源二端网络，根据戴维宁定理，请在右侧空白方框内画出万用表电阻挡与电容器两引脚相接时的等效电路图。
　　（3）万用表的红、黑表棒直接或间接地与电池的两极相接，图中红表笔接干电池的_____（正/负）极，黑表笔接干电池的_____（正/负）极。即黑表笔是等效电源的_____（正/负）极，红表笔是等效电源的_____（正/负）极。
　　（4）上面万用表对电容器的检测实质是表内干电池作为电源经表头、等效内阻、表笔给电容器_____（充电/放电）。
　　（5）电表与电容器开始相接时指针偏转角度较大，说明开始时充电电流_____（较大/较小），随后指针偏转角度逐渐变小，说明充电电流逐渐_____（增大/减小），最后指针静止说明充电过程_____（结束/未结束）。
　　（6）若最后指针静止于接近"∞"处，说明电容器漏电较_____（大/小）；若最后指针静止于阻值不很大的位置，则说明电容器漏电较_____（大/小）。由上面的测试可知，所测电容器的漏电较_____（大/小）。

（1）用万用表 R×100 挡和 R×1k 挡对 220μF 电容器分别充电，黑表笔接正极，红表笔接负极，用秒表计下充电的大致时间（从表笔与电容器相接到指针大致静止），并记入表 12.1.3 中（一次充电结束后进行下一次充电之前要将该电容器的两极短接放电）。

我的记录：

表 12.1.3　不同倍率挡对电容的充电

倍　率	R×100 挡	R×1k 挡
充电时间（s）		

（2）用万用表电阻 R×1k 挡分别对 220μF 和 470μF 电容器充电，黑表笔接正极，红表笔接负极，用秒表计下充电的大致时间，并记入表 12.1.4 中。

我的记录：

表 12.1.4　同一倍率挡对不同电容的充电

电　　容	220μF 电容器	470μF 电容器
充电时间（s）		

（3）万用表转换开关置 R×1k 挡，红、黑表笔分别接 470μF 电解电容器的两引脚，黑表笔接正极，红表笔接负极，观察电表的偏转情况。

我的记录：
万用表指针向___（右/左）快速偏转，随后向_____（左/右）慢慢回偏，经过一段时间后指针停稳在_____Ω处。

（4）将 470μF 电容器短接放电，对调红、黑表笔再测，观察电表的偏转情况。

我的记录：
万用表指针向___（右/左）快速偏转，随后指针向____（左/右）慢慢回偏，最后指针停稳在_____Ω处。

想一想

我的分析：

（1）表 12.1.3 说明：对相同的电容器，万用表的倍率越大，即充电电阻越_____，电表的指针偏角越_____，回偏速度越_____，即充电瞬间电流越_____，充电时间越_____。

（2）表 12.1.4 说明：对万用表的同一倍率（即相同的充电电阻）而言，所测电容器的容量越大，电表的指针偏角越_____，回偏速度越_____，即其充电瞬间电流越_____，充电时间越_____。

（3）用万用表检测电容器质量，若指针不动，则说明电容器两引脚间可能_____（开路/短路）而无充电电流，或电容器容量____（太小/太大），充电太快，万用表的指针来不及反应。若是后者，则应换____（小/大）倍率挡位来检测。

（4）万用表黑表笔接电容器正极脚、红表笔接负极脚时所测电阻值即为电解电容器的正向漏电阻值。所测电容器的正向漏电阻值为_____Ω。漏电较小的电解电容器，指针向左回偏后所指示的漏电电阻值会大于 500kΩ。若漏电电阻值小于 100kΩ，则说明该电容器已漏电，不能继续使用。

（5）万用表红表笔接电容器正极脚、黑表笔接负极脚时所测电阻值即为电解电容器的反向漏电阻值。所测电容器的反向漏电阻值为_____Ω。

（6）电解电容器正向漏电流越_____（大/小），则漏电阻越_____（大/小）；电解电容器反向漏电流越_____（大/小），则漏电阻越_____（大/小）。电解电容器的正向漏电阻_____于反向漏电阻，用此结论可来辨别电解电容器的正负极。

做一做

（1）用万用表辨别老师配发的有极性标志的电解电容器的极性，并用不干胶为其做正负极标志。

（2）利用万用表的欧姆挡检测配发的 5 只电容器（填写表 12.1.5，请注意电解电容器的极性）。

我的记录：

表 12.1.5　记录表

电容编号	电表倍率	最大偏角指示	充电大致时间	最后指示

想一想

所测试的 5 只电容器中：

我的分析：
（1）开路的电容器是_____号。
（2）短路的电容器是_____号。
（3）容量最大的电容器是_____号。
（4）容量最小的电容器是_____号。

*第 2 步　测试 RC 瞬态过程

注意：接线时电源应保持断开！

做一做

（1）将 200Ω 的电阻与 220μF 的电容器通过单刀双掷开关与电源相接，如图 12.2.1 所示。

（2）将电源电压调至 10V，将电压表接于电容器的两端。

（3）将 S 合至 1，用秒表记下电压由零升至 2V 所对应的时间。

（4）将 S 合至 2，直至伏特表的读数接近于零，再用一导线将电容器的两极短接一下。

（5）重复（3）、（4）步，分别用秒表记下电压由零升至 4V、5V、6V、7V、8V、9V、9.5V 对应的时间，并填入表 12.2.1 中。

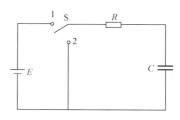

图 12.2.1　电容器充放电电路

我的记录：

表 12.2.1　记录表

电压 u_c/V	2	4	5	6	7	8	9	9.5
时间 t/s								
u_R/V								
电流 i_c/A								

友情提醒：请先断开电源。

根据上面测试的数据，分别计算出相应的电阻两端的电压和电容器的充电电流，并根据相应的测试结果绘制出电容器充电过程中电压、电流随时间变化的曲线（图 12.2.2）。

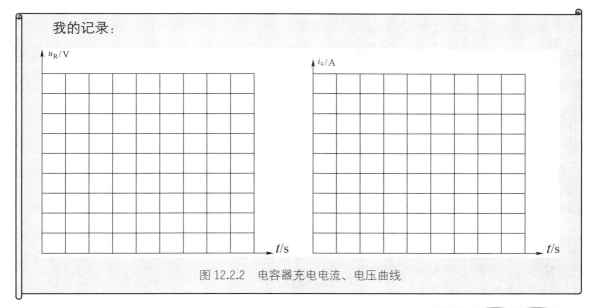

图 12.2.2　电容器充电电流、电压曲线

注意：接线时电源应保持断开！

（1）如图 12.2.1 所示，将电源电压调至 10V，将电压表接于电容器的两端。

（2）将 S 合至 1，直至伏特表的读数接近于 10V 时，用一导线将电阻器的两极短接一下。

（3）将 S 合至 2，用秒表记下电压由 10V 降至 8V 所对应的时间。

（4）重复（2）、（3）步分别用秒表记下电压由 10V 降至 6V、5V、4V、3V、2V、1V、0.5V 对应的时间，并填入表 12.2.2 中。

我的记录：

表 12.2.2　记录表

电压 u_c /V	8	6	5	4	3	2	1	0.5
时间 t/s								
u_R/V								
电流 i_c /A								

友情提醒：请先断开电源。

根据上面测试的数据，分别计算出电阻两端的电压和电容器的放电电流，并根据相应的测试结果绘制出电容器放电过程中电压、电流随时间变化的曲线（图 12.2.3）。

我的记录：

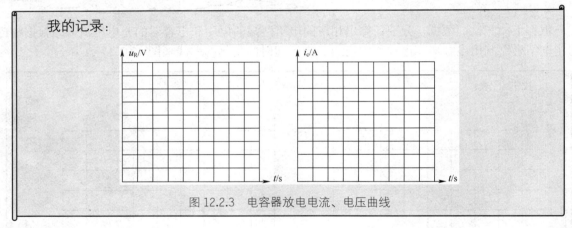

图 12.2.3　电容器放电电流、电压曲线

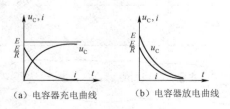

(a) 电容器充电曲线　　(b) 电容器放电曲线

图 12.2.4　电容器充放电曲线

电容器充放电电路如图 12.2.1 所示。开关 S 合在 1 处时，电源 E 给电容器 C 充电；开关 S 合在 2 处时，充电后的电容器 C 通过电阻 R 放电。

电容器充电过程中，充电电流逐渐减小直至为零。电容器电压由零逐渐增大直至等于充电电源电压值。充电电流、电压的变化规律如图 12.2.4（a）曲线所示。数学上可以证明在充电过程中电压和电流的变化规律为：

$$u_C = E(1-e^{-\frac{t}{RC}}), \quad i = \frac{E}{R}e^{-\frac{t}{RC}}$$

电容器放电过程中，放电电流由最大值逐渐减小直至为零，电容器电压由最高电压值逐渐减小直至为零。放电电流、电压变化规律如图 12.2.4（b）所示。数学上可以证明在放电过程中电压和电流的变化规律为：

$$u_C = Ee^{-\frac{t}{RC}}, \quad i = \frac{E}{R}e^{-\frac{t}{RC}}$$

电容器充放电电压、电流变化的快慢程度与电容器容量 C 及充放电回路电阻 R 的大小有关。R 越大对充放电的阻碍作用就越大，充放电越慢。C 越大，所储存的电荷就越多，充放电时间就越长，充放电就越慢。这就是用万用表欧姆挡检测电容量大小的依据。

上面的充电过程和放电过程都是电路由一个稳态过渡到另一个稳态的过程，这样的过程称为瞬态过程。常定义一个时间常数：

$$\tau = RC$$

来描述 RC 瞬态过程进行的快慢。时间常数就是瞬态过程完成总变化量的 63%、还余总变化量的 37% 所对应的时间。当 $t=(3\sim5)\tau$ 时，通常认为电容器的充放电基本结束，电路进入稳态。

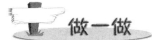

注意：接线时电源应保持断开！

测试图 12.2.1 所示电路的充电时间常数和放电时间常数，写出测试步骤，记录测试数据。

我的记录：

友情提醒：请先断开电源。

引起瞬态过程的电路变化称为**换路**。

瞬态过程并非电路特有，在自然界和日常生活中都存在瞬态过程。如物体从空中落下的过程、车辆加速和刹车的过程，都是一些瞬态过程。在这些过程中都有一个不能突变的量在连续变化，如物体下落的高度和车辆的速度。而这个不能突变的量又一直和能量紧密关联，高度与重力势能关联，速度与车辆的动能关联。

在 RC 瞬态过程中，电容器上的电压不能突变，它与电容器所储存的电场能关联，电场能的大小与其电压的平方成正比。同理，在前面讨论过各 RL 电路瞬态过程中，电感器中的电流不能突变，而电感器中所储存的磁场能与该电流的平方成正比。所以在分析电路时，又常称电感器和电容器为**储能元件**，由于能量不能突变，所以电感器中的电流和电容器上的电压不能突变，这就是**换路定理**。

$$u_C(0_+) = u_C(0_-), \quad i_L(0_+) = i_L(0_-)$$

根据换路定理，在瞬态过程中的任意时刻，电容器可视为恒压源，电感器可视为恒流源。

利用换路定理重新审视一下表 12.2.1 和表 12.2.2 中的数据处理过程，在计算电流的过程中是否已经不知不觉地使用了换路定理？哪些步骤中使用了换路定理？

我的分析：

第 3 步 纯电容电路的测试

注意：接信号源的输出调节旋钮应逆时针旋转到底。

（1）将老师提供的 100Ω 电阻器和 0.047μF 电容器按照图 12.3.1 连接好电路。

（2）检查无误后闭合信号源的电源开关，将相应的交流信号频率调整至 10kHz。

（3）用毫伏表测试 U_C，调节信号源的输出电压，使 U_C 的大小为 100mV。

（4）用毫伏表测试 U_R 的大小。

（5）用示波器同时观测 U_L 和 U_R，测试其相位差。

（6）将 U_C 分别调至 200mV、300mV、400mV、500mV，重复第（4）、（5）步，并填写表 12.3.1。

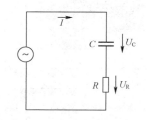

图 12.3.1 交流电流中电容器的测试

我的记录：

表 12.3.1 记录表

R					
U_C	100mV	200mV	300mV	400mV	500mV
U_R					
I					
U_C 与 U_R 相位差					
电压之比	1:2:3:4:5		电流之比	1:__:__:__:__	

友情提醒：思考问题前应先断开电源。

（1）现在要研究的是电容器上电压与电流的关系，而在上面的测试电路中，在电容器电路中又串联了一只电阻器，这是为什么？

我的分析：_____
_____
_____。

（2）根据上面测试的结果，你能得到每组数据相应的电流大小吗？若能得到，则请在表 12.3.1 中补上相应的电流数值。

（3）比较电压和电流的大小，计算出相应的电流之比，由该比值你能得出什么结论？

我的分析：_____
_____
_____。

（4）根据上面测试的数据，你能得到不同电压条件下电压与电流的相位差吗？若能，相位差为多少？电压超前于电流还是电流超前于电压？

我的分析：_____
_____
_____。

（5）当电压发生变化时，电压与电流的相位差有大的变化吗？由此你又能得出什么样的结论？

我的分析：_____
_____
_____。

注意：接信号源的输出调节旋钮应逆时针旋转到底。

（1）将老师提供的 100Ω 电阻器和 0.047μF 电容器按照图 12.3.1 连接好。
（2）检查无误后闭合信号源的电源开关，将相应的交流信号频率调整至 10kHz。
（3）用毫伏表测试 U_C，调节信号源的输出电压，使 U_C 的大小为 100mV。
（4）用毫伏表测 U_R 的大小。
（5）分别调节信号源，使 U_C 仍保持 100mV 时信号源的频率分别为 10kHz、20kHz、30kHz、40kHz、50kHz，用毫伏表测试相应 U_R 的大小，并填入表 12.3.2 中。

我的记录：

表 12.3.2 记录表

R	100Ω	100Ω	100Ω	100Ω	100Ω
U_C	100mV	100mV	100mV	100mV	100mV
f	10kHz	20kHz	30kHz	40kHz	50kHz
U_R					
I					
U_C/I					
$1/f$ 之比	1:__:__:__:__		U_C/I 之比	1:__:__:__:__	

友情提醒：思考问题前应先断开电源。

（1）根据上面的测试结果，计算相应的电流，并填入表 12.3.2 中。
（2）根据上面测试的结果，计算相应的 U_C/I 之值，并填入表 12.3.2 中。
（3）分别计算 5 组数据的 $1/f$ 之比和 U_C/I 之比，由此你能得出什么样的结论？

我的分析：_____。

注意：接信号源的输出调节旋钮应逆时针旋转到底。

（1）将老师提供的 100Ω 电阻器和 0.047μF 电容器按照图 12.3.1 连接好。
（2）检查无误后闭合信号源的电源开关，将相应的交流信号频率调整至 10kHz。
（3）用毫伏表测试 U_C，调节信号源的输出电压，使 U_C 的大小为 100mV。
（4）用毫伏表测 U_R 的大小。
（5）将图中的 C 分别换成 2×0.047μF（两只电容器并联）、3×0.047μF（三只电容器并联）、4×0.047μF（四只电容器并联）、5×0.047μF（五只电容器并联），重复上面的（3）、（4）步，并填写表 12.3.3。

我的记录：

表 12.3.3 记录表

R	100Ω	100Ω	100Ω	100Ω	100Ω
U_C	100mV	100mV	100mV	100mV	100mV
C	1×0.047μF	2×0.047μF	3×0.047μF	4×0.047μF	5×0.047μF
U_R					
I					
U_C/I					
$1/C$ 之比	1:__:__:__:__		U_C/I 之比	1:__:__:__:__	

友情提醒：思考问题前应先断开电源。

（1）根据上面的测试结果，计算相应的电流，并填入表 12.3.3 中。
（2）根据上面测试的结果，计算相应的 U_C/I 之值，并填入表 12.3.3 中。
（3）分别计算 5 组数据的 $1/C$ 之比和 U_C/I 之比，由此你能得出什么样的结论？

我的分析：_____
_____。

在交流电路中，由于极板上的电荷积累，电容器对电流有一定的阻碍作用，这种阻碍作用称为**容抗**。它和电阻对电流的阻碍作用一样，单位是欧姆（Ω）。实验证明：容抗的大小与该电容器的电容、所接交流电的频率有关，它们之间关系可用下式表示：

$$X_C = \frac{1}{2\pi f C}$$

式中，X_C 为电容器的容抗，单位为欧姆（Ω）；f 为交流电的频率，单位为赫兹（Hz）；C 为电容器的电容，单位为法拉（F）。

将电容器接在交流电路中，所通过的电流 I 与电容器两端的电压 U 成正比，与电容器的容抗 X_C 成反比：

$$I = \frac{U}{X_C}$$

这就是纯电容电路（只有电容元件的交流电路）欧姆定律的表达式。

纯电容电路中，电容器两端电压与电流的相位关系是电流相位超前电压相位 90°，它们的波形如图 12.3.2 所示。

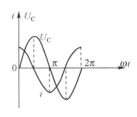

图 12.3.2　电容器电压与电流波形

我的分析：
（1）由表 12.3.1 可知，纯电容电路中电流的大小与电压大小成_____比。
（2）由表 12.3.2 可知，容抗与交流电的频率成_____比。
（3）由表 12.3.3 可知，容抗的大小与电容的大小成_____比。
（4）理想电容器在稳恒直流电路中相当于_____（短路/开路），而在交流电路中对电流有一定的_____（推动/阻碍）作用，并且对不同频率的交流电呈现_____（不同/相同）的阻碍作用。
（5）在频率一定的条件下，电容大的电容器，对交流电流的阻碍作用_____（大/小）；对同一电容器，频率越高，对交流电流的阻碍作用越_____（大/小）。

(6) 电容器的基本特性可归纳为：

小容量的电容器具有"_____（通/阻）高频、_____（通/阻）低频"的特性，大容量的电容器具有"_____（通/阻）交流、_____（通/阻）直流"的作用。

友情提醒：实训结束请整理好实训器材，做好清洁卫生工作。

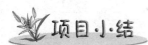

(1) 电容器的种类很多，但其标识方法一般仍为 4 种，即直标法、色标法、数码法和文字符号法。

(2) 电容器一般有两个重要的参数，即容量和耐压，对精度高的电容器人们还关注其误差。电容器的容量大小由电容器本身固有因素决定，与电压、电量无关。

(3) 用万用表可简单检测电容器的大小和质量，小电容器用高位率挡，大电容器用低位率挡，其原理就是应用了电容器充电规律。

*(4) 电容器是储能元件，其端电压不能突变，这就是换路定理。

*(5) 引起瞬态过程的电路变化被称为换路，在 RC 瞬态过程中，电路的电压和电流随时间呈负指数规律变化，变化的快慢用时间常数来描述。

(6) 在交流电路中，电容器的容抗与电容器的电容成反比，与交流信号的频率成反比。

(7) 在纯电容电路中，电流与电压成正比，与容抗成反比，电流相位超前于电压相位 90°。

1. 为什么在日常生产、生活中，人们一般都将电容器视为纯电容电路？

2. 一般什么类型的电容器为有极性电容器？若该电容器无极性标志，你能将其极性区分出来吗？怎样做？

3. 用万用表的"R×100"挡检测一电容器，发现电表的指针没动，能确定该电容器已经开路吗？为什么？

4. 怎样比较两只电容器的容量大小？

5. 解释"6p8"、"2μ2"、"103"、"339"等标号的含义。

*6. 一电容器通过一 200Ω 的电阻与 10V 的电源相接，已知电路的时间常数为 1s，则开关闭合的瞬间，通过电阻的电流为多少？开关闭合 1s 时，通过电阻的电流为多少？开关闭合且电路稳定后，通过电阻的电流为多少？

*7. 出现瞬态过程的电路中，一定含有什么样的元件？出现瞬态过程的根本原因是什么？

8. 通常所说的"通高频、阻低频"的电容器和"通交流、阻直流"的电容器有什么区别？为什么？

9. 在交流电路中，电容器的容抗是怎样形成的？为什么频率越高，容抗就会越小？为什么电容器容量越大，其容抗就会越小？

10. 一 10μF 的电容器中所通过的电流 $i=10\sin(1000t-30°)$ A，求电容器上的电压 u。

学习领域五　串并联交流电路

领域简介

在实际电子电路中，电阻元件、电感元件和电容元件通过一定的方式进行组合连接，会取得一些特定的效果，如选频、滤波、耦合、旁路、去耦、移相等。在本学习领域中，将学习串联电路、并联电路及串并联谐振电路，了解相应的规律、学习相应的分析方法和测试方法，为后续课程的学习进行必要的知识、技能准备。

项目 13　串联交流电路的测试

学习目标

- ◇ 理解 RL 串联电路的阻抗概念，掌握电压三角形、阻抗三角形的应用；
- ◇ 能根据要求，正确利用串联、并联方式获得相应的等效电容器；
- ◇ 理解 RC 串联电路的阻抗概念，掌握电压三角形、阻抗三角形的应用；
- ◇ 理解 RLC 串联电路的阻抗概念，掌握电压三角形、阻抗三角形的应用；
- ◇ *了解串联谐振电路的特点，掌握谐振条件、谐振频率的计算，了解影响谐振曲线、通频带、品质因数的因素；
- ◇ *了解串联谐振的利用与防护，了解谐振的典型工程应用和防护措施；
- ◇ *会观察 RLC 串联电路的谐振状态，测定谐振频率。

工作任务

- ◇ RLC 串联电路的测试；
- ◇ *RLC 串联谐振电路的测试。

项目概要： 本项目由两项递进的任务组成，每一项任务虽相对独立，但就项目的整个体系而言，前一任务是后一任务的基础，后一任务是前一项任务的继续，项目的最终目的就是要测试 RLC 串联谐振电路的参数，体验串联谐振电路的特点。

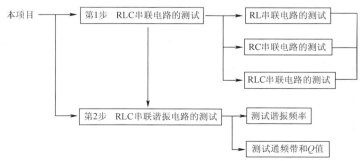

第1步 RLC 串联电路的测试

1. RL 串联电路的测试

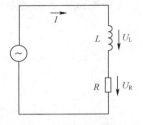

安全警告：连接电路时，信号源的输出幅度调节旋钮必须逆时针旋转到底。

（1）将老师提供的 100Ω 电阻器和 1mH 电感器按照图 13.1.1 连接好电路。

（2）检查无误后闭合信号源的电源开关，将相应的交流信号频率调整至 10kHz，并将信号源的输出幅度调节旋钮旋至正中。

（3）用毫伏表分别测试 U_L、U_R 和总电压 U。

（4）用示波器测试 U 和 U_R、U_L 和 U_R 的相位差。

图 13.1.1　RL 串联测试电路

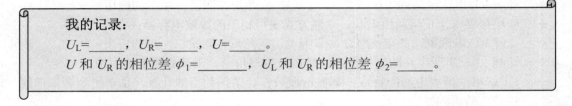

我的记录：
U_L=_____，U_R=_____，U=_____。
U 和 U_R 的相位差 ϕ_1=_____，U_L 和 U_R 的相位差 ϕ_2=_____。

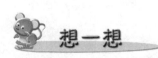

友情提醒：思考问题前请断开所有设备的电源开关。

（1）根据上面测试的数据，你知道电路中的电流 I 为多大吗？

（2）这是一个串联电路，电流是电感器和电阻器共有的，是联系电感器和电阻器的纽带，所以在串联电路中一般以电流为基础来分析。若假定电流的初相位为零，则请画出上面所测试的电流 I 和电压 U_L、U_R、U 的旋转矢量图。

（3）分析所画的旋转矢量图，3 个电压能构成一个直角三角形吗？

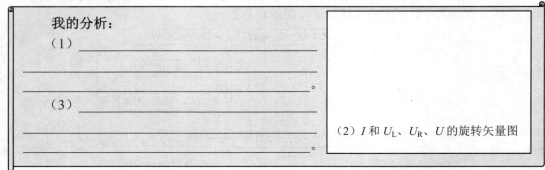

我的分析：
（1）_____
_____
（3）_____
_____

（2）I 和 U_L、U_R、U 的旋转矢量图

将电感 L 与一只电阻 R 串联后接在交流电路中即可构成 RL 串联电路（图 13.1.2）。RL 串联电路中电流、电压及阻抗之间的关系如下。

（1）欧姆定律：

$$I = \frac{U}{|Z|}, \quad I_R = \frac{U_R}{R}, \quad I_L = \frac{U_L}{X_L}$$

式中，$|Z|$ 为该段 RL 电路的阻抗。

（2）通过电阻和电感的电流相同，即

$$I = I_R = I_L$$

（3）电阻器和电感器的分压与电阻、感抗成正比，即：

$$\frac{U_R}{U_L} = \frac{R}{X_L}$$

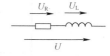

图 13.1.2　RL 串联电路

（4）由图 13.1.3 可知，总电压的平方等于电阻器和电感器上分压的平方和：

$$U^2 = U_R^2 + U_L^2, \quad U = \sqrt{U_R^2 + U_L^2}$$

3 个电压构成了一个直角三角形，如图 13.1.4 所示，这个三角形被称为电压三角形。

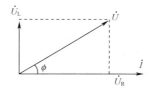

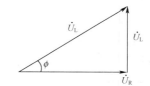

图 13.1.3　RL 串联电路电流、电压相量图　　图 13.1.4　RL 串联电路电压三角形

（5）若将上面电压关系式两边同除以电流的平方 I^2，就会得到电路总阻抗的平方等于电阻和感抗的平方和：

$$|Z|^2 = R^2 + X_L^2, \quad |Z| = \sqrt{R^2 + X_L^2}$$

电路的总阻抗、电阻和感抗也正好构成了一个直角三角形，如图 13.1.5 所示，这个三角形被称为阻抗三角形。

（6）由旋转矢量图可知，RL 串联电路的总电压超前于电流的角度（即电压与电流的相位差）为：

$$\phi = \arctan\frac{U_L}{U_R} = \arctan\frac{X_L}{R} = \arctan\frac{\omega L}{R}$$

电压三角形各边同时除以电流 I 即可得到阻抗三角形，因此阻抗三角形与电压三角形是相似三角形。阻抗三角形中 $|Z|$ 与 R 的夹角等于电压三角形中电压与电流的夹角 ϕ，称为**阻抗角**。ϕ 的大小与电路参数 R、L 及电源频率 f 有关，而与电压、电流无关。

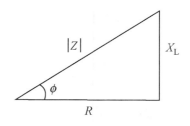

图 13.1.5　阻抗三角形

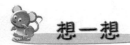

一电感器与一 40Ω的电阻器串联后与 3185Hz 的信号源相接，测得电感器两端的电压为 300mV，总电压为 500mV，则该电感器的电感为多少？

我的分析：_____

现给你一台函数信号发生器，一台毫伏表，一只 200Ω的电阻器，请你利用 RL 串联电路的相关规律测试一只实训室提供的电感器的电感量。要求过程尽可能简单，结果尽可能准确，可进行小组讨论，共同设计一个比较完善的方案。请写出测试步骤，并记录测试数据。

安全警告：连接电路时，信号源的输出幅度调节旋钮必须逆时针旋转到底。

我的记录：_____

2．RC 串联电路的测试

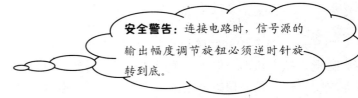

安全警告：连接电路时，信号源的输出幅度调节旋钮必须逆时针旋转到底。

（1）将老师提供的 50Ω电阻器和 0.33μF 电容器按照图 13.1.6 连接好。
（2）检查无误后闭合信号源的电源开关，将相应的交流信号频率调整至 10kHz。
（3）用毫伏表测试 U_C、U_R 和 U。

（4）用示波器同时观测 U_C 和 U_R、U 和 U_R 的相位差。

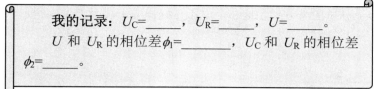

我的记录：$U_C=$_____，$U_R=$_____，$U=$_____。
U 和 U_R 的相位差 $\phi_1=$_____，U_C 和 U_R 的相位差 $\phi_2=$_____。

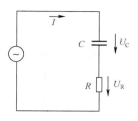

图 13.1.6　RC 测试电路

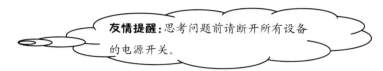

（1）根据上面测试的数据，你知道电路中的电流 I 多大吗？
（2）若假定电流的初相位为零，则请画出上面所测试的电流 I 和电压 U_C、U_R、U 的旋转矢量图。
（3）分析所画的旋转矢量图，3 个电压能构成一个直角三角形吗？

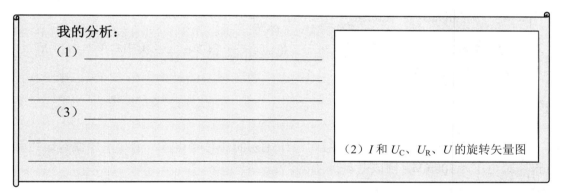

我的分析：
（1）_____
_____
（3）_____
_____

（2）I 和 U_C、U_R、U 的旋转矢量图

RC 串联电路中电流、电压及阻抗等相关规律和直流电路中电阻串联的规律有很多相同或相以之处，但也有一些不同。
（1）欧姆定律：
$$I=\frac{U}{|Z|},\quad I_R=\frac{U_R}{R},\quad I_C=\frac{U_C}{X_C}$$
（2）通过电阻和电容的电流相同，即：
$$I=I_R=I_C$$
（3）电阻器、电容器的分压与它们的电阻、容抗成正比，即：
$$\frac{U_R}{U_C}=\frac{R}{X_C}$$
（4）若电流的初相位为零，则电流、电压的旋转矢量图如图 13.1.7 所示。
由旋转矢量图可得：

$$U^2 = U_R^2 + U_C^2, \quad U = \sqrt{U_R^2 + U_C^2}$$

即总电压的平方等于电阻和电容上分压的平方和，这3个电压正好构成了一个直角三角形，这就是 RC 串联电路的电压三角形（图 13.1.8）。

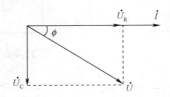 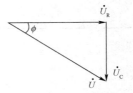

图 13.1.7　RC 串联电路相量图　　图 13.1.8　RC 串联电路电压三角形

（5）电压三角形各边同时除以电流 I 即可得到阻抗三角形，因此阻抗三角形与电压三角形是相似三角形，如图 13.1.9 所示。即：

$$|Z|^2 = R^2 + X_C^2, \quad Z = \sqrt{R^2 + X_C^2}$$

（6）阻抗三角形中 $|Z|$ 与 R 的夹角 ϕ，称为阻抗角，它等于电压三角形中 U 与 U_R 的夹角，即总电压与电流的相位差。

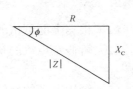

图 13.1.9　阻抗三角形

$$\phi = \arctan \frac{U_C}{U_R} = \arctan \frac{X_C}{R} = \arctan \frac{1}{\omega CR}$$

从图 13.1.9 中还可以看出，电压 u 滞后于电流 i 一个角度 ϕ。ϕ 的大小与电路参数 R、C 及电源频率 f 有关，而与电压、电流无关。

一电容器与一 30Ω 的电阻器串联后与 3185Hz 的信号源相接，测得电容器两端的电压为 300mV，总电压为 500mV，则该电容器的电容为多少？

　　我的分析：

3. 连接电容器

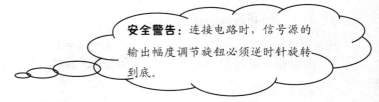

安全警告：连接电路时，信号源的输出幅度调节旋钮必须逆时针旋转到底。

做一做

在实际应用中，常要改变电容的大小以实现电路的一些特定功能，而电容的改变又常用串并联电容器的方式来实现。下面来体验一下电容器串联和并联所产生的等效结果。

现给你一台函数信号发生器，一台毫伏表，一只200Ω的电阻器和两只1μF的电容器，请你利用RC串联电路的相关规律分别测试两只电容器串联后的等效电容和两只电容器并联后的等效电容。要求过程尽可能简单，结果尽可能准确，可进行小组讨论，共同设计一个比较完善的方案。请写出测试步骤，并记录测试数据。

我的记录：_____

友情提醒：阅读下列内容前请断开所有设备的电源开关。

1) 电容器的串联

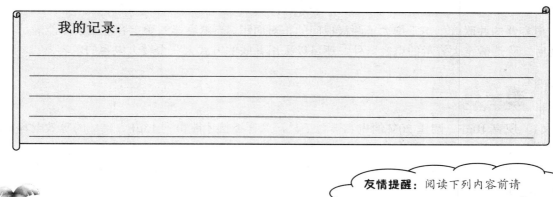

图 13.1.10 电容器的连接

把几个电容器的极板首尾相接连成一个无分支电路的连接方式叫做电容器的串联。图 13.1.10 中左图所示的是三个电容器的串联电路，接上电压为 U 的电源后，外端两电容器的外侧两极板分别带+q 和-q 的电荷，由于静电感应，中间各极板所带电量也分别等于+q 或-q，所以串联时各电容器的带电量相等，即：

$$q_1=q_2=q_3=q$$

如果各电容器的电压分别为 U_1、U_2 和 U_3，则有：

$$U=U_1+U_2+U_3$$

如果各电容器的电容分别为 C_1、C_2 和 C_3，则 $U=U_1+U_2+U_3=q/C_1+q/C_2+q/C_3=q$（$1/C_1+1/C_2+1/C_3$），所以计算串联电容器总电容的表达式为：

电容器串联就相当于增大了两极板间的距离。当电容器的额定电压太小不能满足实际需要时，除选额定工作电压高的电容器外，还可以采用串联的方式来提高等效电容器所能承受的工作电压。

2) 电容器的并联

把几个电容器正极连在一起，负极连在一起，这就构成了电容器的并联电路，如图 13.1.10 中右图所示。接上电压为 U 的电源后，每个电容器的电压都等于 U，即：

$$U=U_1=U_2=U_3$$

如果各电容器的所带电量分别为 q_1、q_2 和 q_3，则有：

$$q=q_1+q_2+q_3$$

如果各电容器的电压分别为 U_1、U_2、U_3，则 $q_1=UC_1$、$q_2=UC_2$、$q_3=UC_3$，所以并联电容器的总电容为：

$$C=C_1+C_2+C_3$$

电容器的并联就相当于增大了两极板间的正对面积。当电容器的额定容量太小不能满足实际需要时，除选额定大容量的电容器外，还可以采用并联的方式来获得较大电容的电容器。

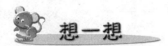

（1）现有 10μF、耐压 20V 的电容器若干只，怎样连接才能得到 15μF、15V 的等效电容？画出它们的连接图。

（2）现有 10μF、耐压 20V 的电容器若干只，怎样连接才能得到 30μF、30V 的等效电容？画出它们的连接图。

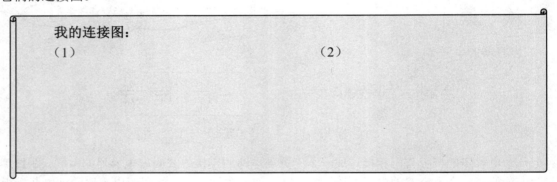

我的连接图：
（1）　　　　　　　　　　　　（2）

（1）利用配发给你的元件，选取其中的几个连接成额定工作电压为 10V，电容为 25μF 的电容器。画出它们的连接图，并注明各电容器的参数，最后将实物连接起来。

我的连接图：

（2）利用配发给你的元件，选取其中的几个连接成额定工作电压为 50V，电容为 25μF 的电容器。画出它们的连接图，并注明各电容器的参数，最后将实物连接起来。

我的连接图:

4．RLC 串联电路的测试

安全警告：连接电路时，信号源的输出幅度调节旋钮必须逆时针旋转到底。

（1）将老师提供的 50Ω 电阻器、0.47μF 电容器和 1mH 的电感器按照图 13.1.11 连接好。

（2）检查无误后闭合信号源的电源开关，将相应的交流信号频率调整至 10kHz。

（3）适当调节信号源输出幅度调节旋钮并用毫伏表测试 U_L、U_C、U_R 和 U。

（4）若设定 U_R 的初相位为零，用示波器同时观测 U_L、U_C、U_R、U 的初相位。

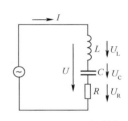

图 13.1.11　RLC 串联电路

我的记录：

电压	U_R	U_C	U_L	U
大小				
初相位	0			

友情提醒：思考问题前请断开所有设备的电源开关。

（1）根据上面测试的数据，你知道电路中的电流 I 为多大吗？

我的分析：_____。

（2）根据上面测试的数据，请画出上面所测试的电流 I 和电压 U_C、U_L、U_R、U 的旋转矢量图。

我的旋转矢量图：

（3）分析所画的旋转矢量图，U_C、U_L、U_R 三个电压的旋转矢量合成（先将 U_C、U_L 两电压的旋转矢量合成为 U_L-U_C 的旋转矢量，再与 U_R 的旋转矢量合成）与 U 的旋转矢量一致吗？

我的分析：_____
_____。

（4）表中的 U 和 $\sqrt{U_R^2+(U_L-U_C)^2}$ 这两个数值基本相等吗？

我的分析：_____
_____。

（5）根据操作中所设定的参数与元器件标称值，请计算 X_L 和 X_C，并比较 U/I 与 $\sqrt{R^2+(X_L-X_C)^2}$ 是否基本相等。

我的分析：_____
_____
_____。

读一读

RLC 串联电路中电流、电压及阻抗等相关规律和直流电路中电阻串联的规律有很多相同或相似之处，但也有一些不同。

（1）欧姆定律：

$$I=\frac{U}{|Z|},\quad I_R=\frac{U_R}{R},\quad I_C=\frac{U_C}{X_C},\quad I_L=\frac{U_L}{X_L}$$

（2）通过电阻、电容和电感的电流相同，即

$$I=I_R=I_C=I_L$$

（3）电阻器、电容器和电感器上的分压与它们的电阻、容抗和感抗成正比，即：

$$U_R:U_C:U_L:U=R:X_C:X_L:|Z|$$

（4）若电流的初相位为零，则电流、电压的旋转矢量图如图 13.1.12 所示。
由旋转矢量图可得：
$$U^2 = U_R^2 + (U_L - U_C)^2, \quad U = \sqrt{U_R^2 + (U_L - U_C)^2}$$
即总电压的平方等于电阻分压和电感电容分压之差的平方和，这三个电压也正好构成了一个直角三角形，这就是 RLC 串联电路的电压三角形，如图 13.1.13 所示。

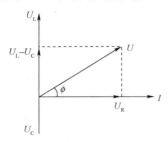

图 13.1.12 RLC 串联电路旋转矢量图

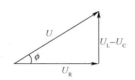

图 13.1.13 RLC 串联电路电压三角形

（5）电压三角形各边同时除以电流 I，即
$$Z = \frac{U}{I} = \frac{\sqrt{U_R^2 + (U_L - U_C)^2}}{I} = \sqrt{\frac{U_R^2}{I^2} + (\frac{U_L}{I} - \frac{U_C}{I})^2} = \sqrt{R^2 + (X_L - X_C)^2} = \sqrt{R^2 + X^2}$$

Z 为电路的总阻抗，$X = X_L - X_C$ 为电路的**电抗**。其中 Z、X 和 R 正好又构成了一个直角三角形，这就是 *RLC* 串联电路的**阻抗三角形**，如图 13.1.14 所示。

（6）阻抗三角形中 $|Z|$ 与 R 的夹角 ϕ，称为阻抗角，它等于电压三角形中 U 与 U_R 的夹角，即总电压与电流的相位差。

$$\phi = \arctan\frac{U_L - U_C}{U_R} = \arctan\frac{X_L - X_C}{R} = \arctan\frac{X}{R}$$

从图 13.1.14 中还可以看出，电压 u 超前电流 i 一个角度 ϕ。ϕ 的大小与电路参数 R、C 及电源频率 f 有关，而与电压、电流无关。当 $X_L > X_C$ 时，电路呈感性，ϕ 为正值，电路的电压超前于电流；当 $X_C > X_L$ 时，电路呈容性，ϕ 为负值，电路的电流超前于电压；当 $X_C = X_L$ 时，电路呈纯电阻性，ϕ 为零，电路的电流与电压同相位。

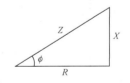

图 13.1.14 阻抗三角形

想一想

一个 1μF 电容器、一个 100Ω 的电阻器和 200mH 的电感器串联后与角频率为 10000rad/s 的信号源相接，测得电感器两端的电压为 300mV，则电路的总电压为多少？

我的分析：

*第 2 步　RLC 串联谐振电路的测试

1. 测试谐振频率

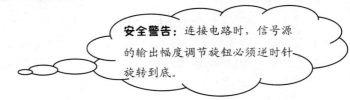

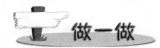

（1）将老师指定的电容器、电感器和电阻器串联后与信号源相接，将毫伏表并联于电阻器的两端，用于测试电阻器两端的电压，如图 13.2.1 所示。

（2）将函数信号发生器的输出幅度调节旋钮置正中，闭合信号源的电源开关。

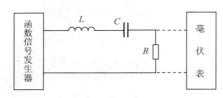

图 13.2.1　谐振频率测试电路

（3）将函数信号发生器的正弦输出信号频率由小逐渐增大，用毫伏表观察电阻器两端的电压变化情况。

（4）当电阻器两端的电压最大时，记录此时电阻器两端的电压大小和信号源的频率。同时用毫伏表测试电路的总电压、电感器两端的电压、电容器两端的电压，并记录在表 13.2.1 中。

（5）关闭电源开关，换一只指定的电容器重复上面各步。

我的记录：

表 13.2.1　记录表

		第 一 组			第 二 组	
元件参数	R		元件参数	R	
	L			L	
	C			C	
U_R 最大时	U_{R0}		U_R 最大时	U_{R0}	
	f_0			f_0	
	U			U	
	U_{L0}			U_{L0}	
	U_{C0}			U_{C0}	

（1）计算第一组数据中 $\dfrac{1}{2\pi\sqrt{LC}}$ 的值，并与相应的 f_0 相比较，它们是否大致相等？再计算第二组数据中 $\dfrac{1}{2\pi\sqrt{LC}}$ 的值，并与相应的 f_0 相比较，它们是否还大致相等？根据以上计算和比较，

你能得出什么样的结论？

> 我的分析：_____
> _____
> _____
> _____
> _____
> _____。

（2）比较上表两组数据中的 U 和 U_{R0}，你能得出什么结论？

> 我的分析：_____
> _____
> _____
> _____。

（3）比较上表两组数据中的 U_{L0} 和 U_{C0}，你能得出什么结论？

> 我的分析：_____
> _____
> _____
> _____。

（4）比较上表两组数据中的 U 和 U_{L0}、U_{C0}，它们的大小关系是否奇怪？你能解释吗？

> 我的分析：_____
> _____
> _____
> _____。

在电阻、电感、电容组成的串联电路中，当电路两端电压和电流同相位时，电路呈电阻性，电路的这种状态叫串联谐振。

1. 串联谐振条件

RLC 串联电路发生谐振时，电路呈纯电阻性，感抗与容抗相等，所以 $\omega L=1/(\omega C)$，从而得到谐振时 $\omega = \dfrac{1}{\sqrt{LC}}$，即谐振条件：

$$f = f_0 = \dfrac{1}{2\pi\sqrt{LC}}$$

式中 f——外加交流电源的频率；

f_0——电路的谐振频率；

L——串联电感器的电感；

C——串联电容器的电容。

从上式中可以看出，当电路的外加交流电源的频率值等于 $\dfrac{1}{2\pi\sqrt{LC}}$ 时，串联电路就会发生谐振。

2. 串联谐振特点

（1）串联谐振时，电路呈纯电阻性，$X_L = X_C$，电路阻抗最小，最小阻抗 $Z_0 = R$。

（2）串联谐振时，回路谐振电流（I_0）值最大。最大电流 $I_0 = \dfrac{U}{R}$。

（3）串联谐振时，电阻两端电压 U_R 等于总电压 U（端电压），电感两端电压 U_L 与电容两端电压 U_C 相等，其大小是总电压的 Q 倍。即：

$$U_R = U, \quad U_L = U_C = QU$$

式中，Q 为品质因数，即

$$Q = \dfrac{2\pi f_0 L}{R} = \dfrac{1}{2\pi f_0 CR}$$

在实际应用中，一般通过选择适当的参数，使电路的 Q 值控制在 100 左右。可见，电路谐振时，电感器和电容器两端的电压等于电源电压的 100 倍，正是这一"放大"作用，使谐振电路被广泛应用于选频网络中。

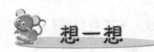
想一想

（1）一个 RLC 串联电路与一信号源相接，若信号源的输出电压大小保持不变，信号频率由小逐渐增大，则电路中的电流如何变化？电阻器两端的电压如何变化？电路总电压与电流的相位差如何变化？

> 我的分析：_____
> _____
> _____
> _____
> _____
> _____ 。

（2）一个 RLC 串联电路与一信号源相接，电阻为 10Ω，电容为 1000pF，电感为 0.5mH，若信号源的输出电压大小保持 1V 不变，则当信号源的频率为多少时，电路中的电流最大？最大电流为多少？此时电感器两端的电压为多少？电容器两端的电压为多少？

我的分析：＿＿。

3．测试通频带和 Q 值

安全警告：连接电路时，信号源的输出幅度调节旋钮必须逆时针旋转到底。

（1）重新连接好如图 13.2.1 所示的电路，然后将信号源的输出幅度调节旋钮置中间。

（2）闭合信号源的电源开关，将信号源的频率调至 $0.10f_0$，用毫伏表测量电阻器两端的电压，并记录。

（3）将信号源的频率调至 $0.40f_0$、$0.60f_0$、$0.80f_0$、$0.90f_0$、$0.92f_0$、$0.94f_0$、$0.95f_0$、$0.96f_0$、$0.97f_0$、$0.98f_0$、$0.99f_0$、$1.00f_0$、$1.01f_0$、$1.02f_0$、$1.03f_0$、$1.04f_0$、$1.05f_0$、$1.06f_0$、$1.08f_0$、$1.10f_0$、$1.20f_0$、$1.40f_0$、$1.60f_0$、$1.90f_0$、$2.20f_0$，分别用毫伏表测量电阻器两端的电压并记录。

注意：在以上测量中信号源的电压要一直保持不变，最好每换一次频率后都要用毫伏表检测一下信号源的输出电压，以保证该值一直保持不变。

（4）在图 13.2.2 所示的坐标系中绘出以上各测试点，并将它们连接成一条光滑的曲线，这就是谐振曲线。

我的记录：

f	$0.10f_0$	$0.40f_0$	$0.60f_0$	$0.80f_0$	$0.90f_0$	$0.92f_0$	$0.94f_0$	$0.95f_0$	$0.96f_0$	$0.97f_0$	$0.98f_0$	$0.99f_0$	$1.00f_0$
U_R													
I													
f	$1.01f_0$	$1.02f_0$	$1.03f_0$	$1.04f_0$	$1.05f_0$	$1.06f_0$	$1.08f_0$	$1.10f_0$	$1.20f_0$	$1.40f_0$	$1.60f_0$	$1.90f_0$	$2.20f_0$
U_R													
I													

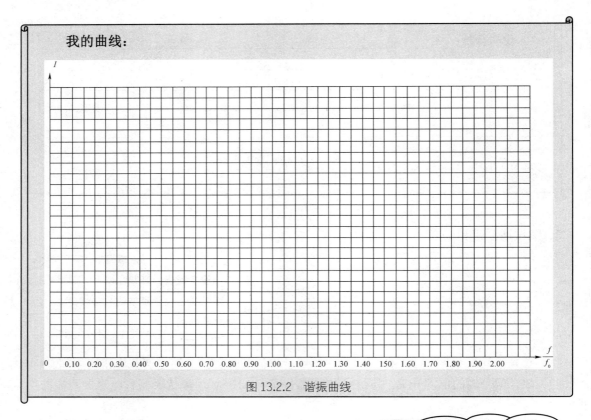

图 13.2.2 谐振曲线

友情提醒：开始阅读前请断开所有设备的电源开关。

RLC 串联电路外加若干不同频率信号时，只会有一个频率的信号能使之产生谐振。这就是 RLC 串联电路的"选频特性"。

1）串联谐振电路的谐振曲线

串联谐振电路的品质因数 Q 对其选频特性有很大的影响。当串联谐振电路输入一系列幅度相同，而频率不同的电压信号时，通过理论推导，可以得到各信号的电流与频率之间的关系为：

$$I(f) = \frac{I_0}{\sqrt{1+Q^2\left(\dfrac{f}{f_0}-\dfrac{f_0}{f}\right)^2}}$$

式中，Q——电路的品质因数；

f_0——电路的谐振频率；

I_0——对应于谐振频率的信号电流；

f——输入信号的频率；

$I(f)$——对应于频率为 f 的信号电流。

根据上式，以 f 为横坐标，$I(f)$ 为纵坐标，取不同的 Q 值，可以描绘出一系列串联谐振电路的谐振曲线，如图 13.2.3 所示。

从图 13.2.3 中可以看出，只有频率等于谐振频率的电压信号，在电路中产生的电流最大，而偏离谐振频率的电压信号在电路中产生的电流较小,偏离谐振频率越远的电压信号在电路中产生的电流越小。Q 值越大的谐振电路,其谐振曲线越尖锐,电路的选择性越好;Q 值越小的谐振电路,其谐振曲线越平坦,电路的选择性越差。

2) 串联谐振电路的通频带

从提高谐振电路的选择性出发,总是希望电路的 Q 值越大越好,即选用较高 Q 值的谐振电路有利于从众多信号中选择出所需频率的信号,抑制其他信号的干扰。而实际信号都具有一定的频率范围,例如,声音信号大约在 20Hz～20kHz 的频率范围内,无

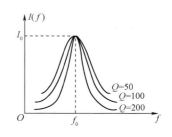

图 13.2.3 串联谐振的谐振曲线

线电调幅广播电台信号的频带宽度(频率范围)为 9kHz,调频广播电台信号的频带宽度为 200kHz。这样,当具有一定频率范围的信号通过串联谐振电路时,要求各频率成分的电压在电路中产生的电流尽量保持原来的比例,以减小失真。因此,在实际应用中把谐振曲线上 $I = \dfrac{1}{\sqrt{2}} I_0$ 所对应的频率范围称为该电路的通频带,用字母 f_B 表示,如图 13.2.4 所示。图中 f_1 与 f_2 分别为通频带的上、下边界频率。只要选择谐振电路的通频带大于或等于信号的频带宽度,使信号频带落在通频带范围之内,信号通过电路后产生的失真才是允许的。

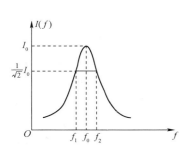

图 13.2.4 串联谐振电路的通频带

理论分析可知:

$$f_B = f_2 - f_1 = \frac{f_0}{Q}$$

由上式可以看出,通频带 f_B 与品质因数 Q 成反比,Q 值越大,谐振曲线越尖锐,通频带越窄,谐振电路选择性越好;反之,Q 值越小,谐振曲线越平坦,通频带越宽,谐振电路选择性越差。因此,实际应用中,应根据需要兼顾 f_B 和 Q 的取值。一般 Q 值取 100。

想一想

(1) 请根据图 13.2.2 求出图 13.2.1 所示的 RLC 串联谐振电路的通频带。

(2) 根据图 13.2.1 电路实际元件参数,计算相应的 Q 值和通频带,并与测试的结果相比,它们是否很接近?若差别较大,则开展讨论,分析其原因。

我的分析:

知识链接

在收音机电路中,常用串联谐振电路来选择电台信号,这个过程叫调谐。如图 13.2.5 所示,左图是收音机的调谐电路,右图为该调谐电路的等效电路。

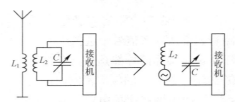

图 13.2.5　收音机调谐电路及其等效电路

当各种不同信号的电磁波在天线中产生感应电流时,电流经过线圈 L_1 感应到线圈 L_2 中,就等效为一个交流信号源与 L_2 相串联。L_2C 回路对某一频率的信号发生谐振,则该频率的信号在回路中所形成的电流最大,电容器两端的电压为该频率信号总电压的 Q 倍。而对其他频率信号而言,因为没有发生谐振,这些信号在电路中所形成的电流很小,电容器两端的电压也很低,从而受到电路的抑制。改变电容器电容 C 的大小,可改变回路的谐振频率,实现选择所需信号的目的。

由于串联电路一旦实现或接近谐振状态,各元件的端电压有可能比电路的总电压来得高,容易造成电路中的部分元件所承受的电压过高而损坏,甚至造成事故,故在很多场合应尽可能避免。

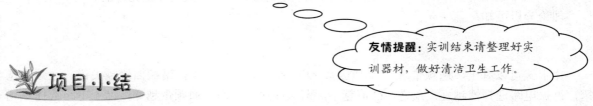

友情提醒:实训结束请整理好实训器材,做好清洁卫生工作。

项目小结

(1)分析串联电路的基本方法是以电流为贯穿电路的主线,因为各部分电路的电流是共同的,电流是联系各部分电路的纽带。

(2)示波器测试电路的电流必须通过测试电路中串联电阻的电压来实现,该电压的相位就是电流的相位,该电压的大小除以电阻就是电路中的电流大小。

(3)在 RLC 串联电路中,以电流为基本旋转矢量,设其初相位为零,在此基础上可画出电感器、电容器和电阻器两端的电压,最终合成得到总电压,从而得到电压三角形,再除以电流,则得到阻抗三角形。

(4)电压三角形和阻抗三角形反映了串联电路中电压和阻抗的规律,这是两个相似三角形,它们的一个锐角即阻抗角就是电路中电压和电流的相位差。

(5)RL 串联电路和 RC 串联电路其实就是 RLC 串联电路的两个特例。

*(6)当 RLC 串联电路的感抗和容抗相等时,电路则呈纯电阻性,电压和电流的相位差等于零,谐振的频率由电路的 L 和 C 决定。

*(7)当 RLC 串联电路谐振时,电阻器两端的电压与电路的总电压相等,达到最大;电路的阻抗达到最小;电路的电流达到最大,为 U/R。

*(8)RLC 串联谐振电路广泛应用于选频网络中,其选频性能取决于电路的 Q 值,Q 越大,选择性越好,但通频带越窄,频率失真越大,所以一般两者兼顾,取 100 左右。

习 题

1. 在本项目中，是怎样测试电路中的电流信号的？这样测试电流信号的原理是什么？

2. 在 220V、50Hz 的 RL 串联交流电路中，电阻为 40Ω，电感为 $\frac{15}{157}$ H，则通过该电路的电流为多少？电阻两端的电压与电流的相位差为多少？电感两端的电压与电流的相位差为多少？总电压与电流的相位差为多少？

3. 在 220V、50Hz 的 RC 串联交流电路中，电阻为 30Ω，电容为 $\frac{25}{314}$ μF，则通过该电路的电流为多少？电阻两端的电压与电流的相位差为多少？电容两端的电压与电流的相位差为多少？总电压与电流的相位差为多少？

4. RLC 串联谐振电路有什么特点？怎样才能测试一串联谐振电路的谐振频率？怎样测试一定谐振频率下的通频带？

*5. 一个 RLC 串联选频电路实际只有两个元件，电感器的感抗为 1mH、内阻为 1Ω，电容器的电容为 333pF，由该电路的谐振频率为多少？Q 值为多少？通频带多宽？被该选频电路选中的信号的频率在什么范围内？

*项目 14 并联交流电路的测试

学习目标

- 能利用旋转矢量图分析电感器与电容器并联电路，了解并联电路的分析方法；
- 会测试并联电路电压、电流及它们的相位差；
- 了解电感器与电容器并联电路的特点，掌握谐振条件和谐振频率的计算方法；
- 能测试电感器与电容器并联谐振电路，体会谐振特点，测试谐振频率；
- 了解非正弦周期波的分析方法，理解谐波的概念；
- 能利用并联谐振的相关特点测试非正弦周期波中的主要谐波成分。

工作任务

- 电感器与电容器并联电路的测试；
- 电感器与电容器并联谐振电路的测试；
- 非正弦周期波谐波分离。

项目概要： 本项目由 3 项任务组成，每项任务虽相对独立，但第 1 项任务是第 2 项任务的基础，第 3 项任务是第 2 项任务的应用。项目的最终目的就是要测试并谐振电路的参数，体验并联谐振电路的特点，所以第 2 步是本项目的重点。

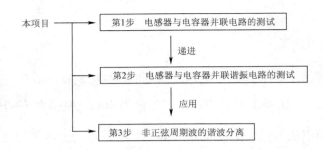

第1步 电感器与电容器并联电路的测试

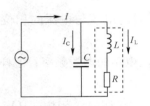

图 14.1.1　电感器与电容器并联电路

（1）如图 14.1.1 所示，电容器与电感器相并联后与交流信号源相接，图中的虚线框所框的就是电感器，很明显，这里的电感器中多了一个电阻，请你解释这是怎么回事？

我的分析：_____

（2）信号源的频率较高，一般交流电流表无法测试并联电路的总电流和各支路的电流，若现在要求测试这些电流，请你设计一个方案，用毫伏表怎样完成该任务？

我的设计：_____

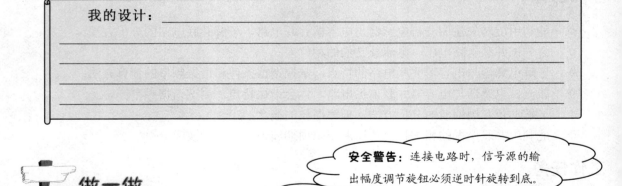

（1）将老师提供的电感器与电容器，按照图 14.1.1 所示的电路，并结合前面所设计的电流测试方案选配其他所需元件和仪表，连接好电路。
（2）检查无误后闭合信号源的电源开关，将交流信号频率调整至老师要求的频率，并将信号源的输出幅度调节旋钮旋至正中。
（3）测试电路的总电流大小。
（4）测试电容支路的电流大小。
（5）测试电感支路的电流大小。
（6）断开电源，记录电路中电感器和电容器的电感和电容的大小至表 14.1.1 中。

（7）测试电感器的电阻大小。

我的记录：

表 14.1.1　记录表

f	C	L	R	I	I_L	I_C

友情提醒：思考问题前请断开所有设备的电源开关。

（1）比较上面所测试的 3 个电流，它们的大小关系是否有点怪？总电流是否比两支路的电流小？你能解释吗？

我的分析：_____

_____。

（2）根据所记录的参数计算电容器的容抗、电感支路的感抗和阻抗，并计算两支路的阻抗之比与电流之比，并填写表 14.1.2 中。

我的计算：

表 14.1.2　记录表

X_C	X_L	$\sqrt{R^2+X_L^2}$	$X_C : \sqrt{R^2+X_L^2}$	$I_L : I_C$

（3）根据表 14.1.2 中的数据，结合直流并联电路的特点，你能得到哪些交流并联电路的规律？

我的分析：_____

_____

电感器与电容器的并联电路，在电子技术中应用极为广泛。如图 14.1.1 所示，电容器的损耗一般很小，可以忽略不计，所以可以看成是一个纯电容电路；而电感器的电阻虽也很小，但与电容支路相比，还是有一定能量损耗的，所以电感器可以看成电阻 R 与电感 L 的串联电路。

由于两并联支路的端电压相等，电路总电流 i 等于两支路电流 i_L 和 i_C 之和，但解析表达式的电流计算必须借助于旋转矢量图，如图 14.1.2 所示。这是一个并联电路，电压是联系各支路的纽带，所以画旋转矢量图时，要以电压为参考矢量。

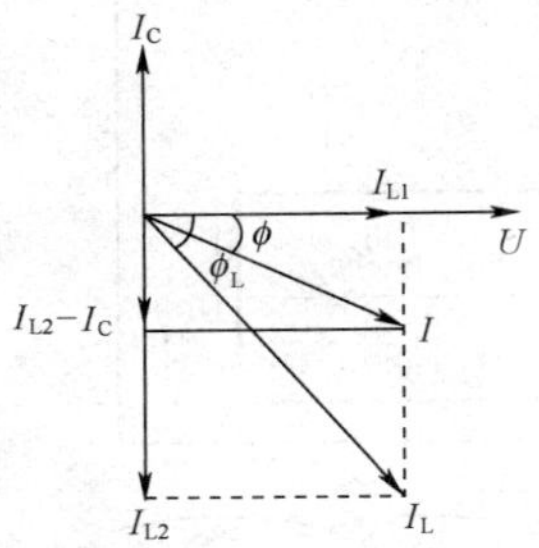

电容支路为纯电容电路，电流 i_C 超前于电压 u 90°，所以电流 i_C 的旋转矢量向上。

$$I_C = \frac{U}{X_C}$$

电感支路为非纯电感电路，是一个 RL 串联电路，电压超前于电流的角度（即电流落后于电压的角度）为：

$$\phi_L = \arctan \frac{X_L}{R}$$

图 14.1.2　电感器与电容器旋转矢量图

所以电感支路电流 i_L 的旋转矢量偏向下 ϕ_L。将电感支路电流的旋转矢量分解为竖直向下的 I_{L2} 和水平的 I_{L1}，则

$$I_{L1} = I_L \cos\phi_L = \frac{U}{\sqrt{R^2 + X_L^2}} \cdot \frac{R}{\sqrt{R^2 + X_L^2}} = \frac{R}{R^2 + X_L^2} U$$

$$I_{L2} = I_L \sin\phi_L = \frac{U}{\sqrt{R^2 + X_L^2}} \cdot \frac{X_L}{\sqrt{R^2 + X_L^2}} = \frac{X_L}{R^2 + X_L^2} U$$

竖直方向的两个旋转矢量 I_{L2} 和 I_C 合成，得：

$$I_{L2} - I_C = \frac{X_L}{R^2 + X_L^2} U - \frac{1}{X_C} U$$

最后将水平方向的旋转矢量 I_{L1} 和竖直方向的旋转矢量 $I_{L2}-I_C$ 合成，得电路的总电流 I 及其与电压的相位差：

$$I = \sqrt{I_{L1}^2 + (I_{L2} - I_C)^2}$$

$$\phi = \arctan \frac{I_{L2} - I_C}{I_{L1}}$$

当外加信号源的频率很低时，电感支路的感抗很小，该支路中所通过的电流 I_L 很大，而此时电容支路的电流 I_C 很小，所以此时电路的总电流 I 较大，电路呈感性；当外加信号源的频率很高时，电路中的容抗很小而感抗很大，电容支路的电流 I_C 很大而电感支路电流 I_L 很小，此时电路的总电流 I 也较大，但电路呈容性；当外加信号源的频率等于某一数值时，图 14.1.2 中的 I_{L2} 和 I_C 相等，总电流 I 就等于 I_{L1}，此时电路呈纯电阻性，总电流 I 最小。

想一想

（1）根据图 14.1.1 和表 14.1.1、表 14.1.2，若以电路的总电压为参考矢量，设定电压的初相位为零，则图 14.1.1 中电容支路电流 I_C 的初相位为多少？电感支路实质是一个 RL 串联电路，该支路的阻抗角为多少？电流 I_L 的初相位为多少？填写表 14.1.3。

我的分析:

表 14.1.3　记录表

I_C 的初相位	I_C 的初相位	电感支路的阻抗角	I_L 的初相位

（2）根据表 14.1.1 和表 14.1.3 中的参数，画出电压 U、电流 I_C 和 I_L 的旋转矢量图，并由图求得电流 I 的大小，且与表 14.1.1 中测试的电流 I 相比较，它们是否大致相等？

我的旋转矢量图和结论：
_____
_____
_____
_____

（3）电感支路电流和电容支路电流都较大，但电路的总电流却较小，请根据旋转矢量图给予解释。

我的分析： _____
_____
_____
_____

（4）若图 14.1.1 中电容器的电容增至很大，则电路是呈容性还是呈感性？请根据旋转矢量图解释。

我的分析： _____
_____
_____
_____

（5）是否所有电感器与电容器并联电路的总电流都小于各支路电流？请利用旋转矢量图解释。

我的分析： _____
_____
_____
_____

第2步　电感器与电容器并联谐振电路的测试

安全警告：连接电路时，信号源的输出幅度调节旋钮必须逆时针旋转到底。

（1）恢复图 14.1.1 所示的电路。
（2）将函数信号发生器的输出幅度调节旋钮置正中，闭合信号源的电源开关。
（3）在保证函数信号发生器输出电压大小保持不变的前提下，逐渐调高正弦信号源的频率，用前面测试电流的方法测试电路中的总电流，观察电路中总电流的变化情况，并记录。

> **我的记录：**
> 当信号源的频率由低逐渐变大时，电路中的电流由_____变_____。
> 当信号源的频率等于_____时，电路中的电流达到最_____。
> 当信号源的频率继续变大时，电路中的电流由_____变_____。

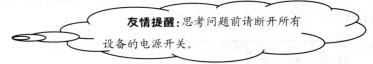

友情提醒：思考问题前请断开所有设备的电源开关。

（1）以上测试的结果与前面旋转矢量图的分析结论一致吗？

> **我的分析：**_____
> _____。

（2）根据前面旋转矢量图的分析，请说明当电路中的电流变化出现转折时，电路应呈什么性质？这一性质与前面的谐振特性是否一致？

> **我的分析：**_____
> _____。

（3）回顾一下，RLC 串联谐振电路的谐振条件是什么？计算一下，该条件是否也适用于这里的电感器与电容器并联电路。

> **我的分析：**_____
> _____。

 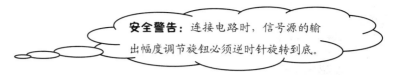

（1）用老师指定的另几只电容器中的一只取代图 14.1.1 中的电容器，连接好电路。

（2）将函数信号发生器的输出幅度调节旋钮置正中，闭合信号源的电源开关。

（3）在保证函数信号发生器输出电压大小保持不变的前提下，逐渐调高正弦信号源的频率，用前面测试电流的方法测试电路中的总电流，观察电路中总电流的变化情况，记录电流变化出现转折时的信号源频率。

（4）更换老师指定的其他电容器重新观测，并填写表 14.2.1。

我的记录：

表 14.2.1　记录表

组别	C	L	f_0	$\dfrac{1}{2\pi\sqrt{LC}}$	R	$2\pi f_0 L$
1						
2						
3						
4						
5						

（1）完成表 14.2.1 中右数第 1 栏和第 3 栏的数据计算。

（2）比较表 14.2.1 中的数据，当 R 和 $2\pi f_0 L$ 相差很大时，f_0 和 $\dfrac{1}{2\pi\sqrt{LC}}$ 是否几乎相等？当 R 和 $2\pi f_0 L$ 相差不很大时，f_0 和 $\dfrac{1}{2\pi\sqrt{LC}}$ 是否相差较大？由此你能得出什么结论？

我的分析：_____

1. 电感器与电容器的并联谐振条件

串联谐振电路只有当电源的内阻很小时，才能得到较高的品质因数 Q 和比较好的选择性。电源的内阻实际上就成了串联谐振电路电阻 R 的一部分，如果电源的内阻很大，电路的 Q 值就会很低，选择性就会变得很差。这时就必须采用另一种谐振电路——并联谐振电路。

电感器与电容器组成的并联谐振电路是一种常见的、用途广泛的谐振电路。

如图 14.1.2 所示，谐振时电路总电流与端电压同相位，电路呈纯电阻性，所以图中：

$$I_{L2} = I_C$$

即 $\dfrac{X_L}{R^2 + X_L^2}U = \dfrac{1}{X_C}U \quad \Rightarrow \quad \dfrac{\omega_0 L}{R^2 + \omega_0^2 L^2} = \omega_0 C$

整理得：

$$\omega_0 = \sqrt{\dfrac{1}{LC} - \dfrac{R^2}{L^2}}$$

一般情况下，$\omega_0 L \ll R$，即 $\dfrac{1}{LC} \ll \dfrac{R^2}{L^2}$，这时谐振条件可简化为：

$$\omega = \omega_0 = \dfrac{1}{\sqrt{LC}}$$

$$f = f_0 = \dfrac{1}{2\pi\sqrt{LC}}$$

式中 f——外加交流电源的频率；

f_0——电路的谐振频率；

L——并联电感器的电感；

C——并联电容器的电容；

R——电感器的内阻。

可见，当电感器的内电阻较小时，电感器与电容器并联谐振电路的频率表达式与 RLC 串联谐振时的频率表达式相同。

2. 电感器与电容器并联谐振的特点

（1）谐振时，电路呈纯电阻性，但 $X_L \neq X_C$，电路阻抗最大，最大阻抗 $Z_0 \neq R$。最大阻抗为：

$$Z_0 = \dfrac{U}{I} = \dfrac{U}{I_0} = \dfrac{U}{\dfrac{R}{R^2 + X_L^2}U} = \dfrac{R^2 + X_L^2}{R} = \dfrac{R^2 + \omega_0^2 L^2}{R}$$

将 $\omega_0 = \sqrt{\dfrac{1}{LC} - \dfrac{R^2}{L^2}}$ 代入上式，整理后可得：

$$Z_0 = \dfrac{L}{RC}$$

（2）谐振时，回路谐振电流（I_0）值最小。最小电流为：

$$I_0 = \dfrac{U}{Z_0} = \dfrac{URC}{L}$$

（3）谐振时，由于一般电感器的内电阻较小，电感器和电容器中的电流很接近，设为总电流

的 Q 倍。即：

$$I_L \approx I_C = QI_0 = QI_{L1}$$

得：

$$Q = \frac{I_L}{I_{L1}} = \tan\phi_L = \frac{\omega_0 L}{R}$$

这就是电感器与电容器并联谐振电路的品质因数，其表达式和串联谐振的 Q 完全相同。但值得注意的是，串联谐振是电压谐振，电感器或电容器两端电压是总电压的 Q 倍，而并联谐振是电流谐振，电感器或电容器中通过的电流是总电流的 Q 倍。

电感器与电容器的选频特性同串联谐振完全一样。

（1）理想信号源输出多频信号，现欲将其中频率为 f_0 的信号分离出来，请在下图中的虚线框里画出选频网络的最佳内部电路。

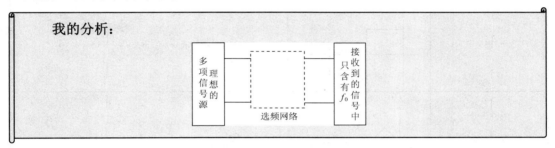

（2）有一定内电阻的信号源输出多频信号，现欲将其中频率为 f_0 的信号分离出来，请在下图中的虚线框里画出选频网络的最佳内部电路。

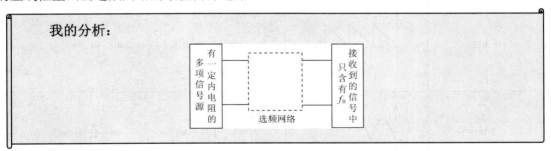

第 3 步　非正弦周期波的谐波分析

前面所讨论的交流电路中电压和电流都是按正弦规律变化的，但在电子技术中，还常会遇到不按正弦规律变化的周期性电压信号和电流信号，这些信号称为非正弦周期信号，如方波、三角波和锯齿波等。

非正弦波有着各种不同的变化规律，但理论和实践都证明，一个非正弦周期信号，可以分解为一系列不同频率的正弦信号叠加的结果，这一过程称为谐波分析。通过谐波分析，就能运用正弦交流电路的分析计算方法来处理非正弦周期信号的问题。

非正弦波展开的一般形式为：

$$f(t) = A_0 + A_{1m}\sin(\omega t + \varphi_{01}) + A_{2m}\sin(2\omega t + \varphi_{02}) + \cdots\cdots + A_{km}\sin(k\omega t + \varphi_{0k})$$

式中 A_0 ——零次谐波（直流分量）；

$A_{1m}\sin(\omega t + \varphi_{01})$ ——基波（交流分量）；

$A_{2m}\sin(2\omega t + \varphi_{02})$ ——二次谐波（交流分量）；

$A_{km}\sin(k\omega t + \varphi_{0k})$ —— k 次谐波（交流分量）。

谐波分析就是对一个已知波形的信号进行分析处理，求出它所包含的各次谐波分量的振幅和初相位，并写出各次谐波的分量表达式。几个简单非正弦波的谐波分量表达式见表 14.3.1。

表 14.3.1 非正弦波的谐波分量表达式

种 类	曲 线	表 达 式
矩形波		$f(t) = \dfrac{4A}{\pi}(\sin\omega t + \dfrac{1}{3}\sin 3\omega t + \dfrac{1}{5}\sin 5\omega t + \cdots)$
等腰三角波		$f(t) = \dfrac{8A}{\pi^2}(\sin\omega t - \dfrac{1}{9}\sin 3\omega t + \dfrac{1}{25}\sin 5\omega t - \cdots)$
锯齿波		$f(t) = \dfrac{A}{2} - \dfrac{A}{\pi}(\sin\omega t + \dfrac{1}{2}\sin 2\omega t + \dfrac{1}{3}\sin 3\omega t + \cdots)$
正弦整流全波		$f(t) = \dfrac{4A}{\pi}(\dfrac{1}{2} + \dfrac{1}{3}\cos 2\omega t - \dfrac{1}{15}\cos 4\omega t + \dfrac{1}{35}\cos 6\omega t - \cdots)$
方形脉冲		$f(t) = \dfrac{\tau A}{T} + \dfrac{2A}{\pi}(\sin\dfrac{\tau\pi}{T}\cos\omega t + \dfrac{1}{2}\sin\dfrac{2\tau\pi}{T}\cos 2\omega t + \dfrac{1}{3}\sin\dfrac{3\tau\pi}{T}\cos 3\omega t + \cdots)$
正弦整流半波		$f(t) = \dfrac{2A}{\pi}(\dfrac{1}{2} + \dfrac{\pi}{4}\cos 2\omega t + \dfrac{1}{3}\cos 2\omega t - \dfrac{1}{15}\cos 4\omega t \cdots)$

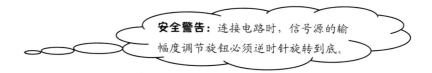

（1）将函数信号发生器置矩形波输出状态，将输出幅度调节旋钮置逆时针旋转到底。

（2）将老师指定的电感器和可变电容器串联后与信号源相接，如图 14.3.1 所示，将电容器调至最大。

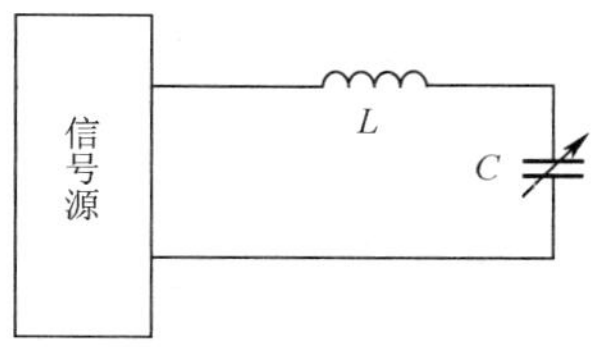

（3）闭合电源开关，将信号频率调至老师指定的值，将信号幅度调节旋钮旋到正中。

图 14.3.1　矩形波谐波测试电路

（4）逐渐调小电容器容量，并用毫伏表测试电容器两端的电压，观察电容器两端的电压随电容器容量变化而变化的情况。

（5）由大到小调节电容器，使电容器两端的电压第一次达到极大值，记录该电压最大值。

（6）用示波器测试此时电容器两端电压的频率，并记录。

（7）减小电容器电容量的大小，使电容器两端电压第二次达到极大值，用毫伏表和示波器测试该电压的大小和频率。

我的记录：

第一次电压极大值		第二次电压极大值	
大小	频率	大小	频率

（1）电容器两端的电压为什么会由很小变大到第一次极大值，然后再变小、变大达第二次极大值，然后不断地变小、变大，再变小、变大？

我的分析：

（2）比较第一个极大值与第二个极大值的电压大小和频率大小，所测结果与前面的谐波分析是否一致？

我的分析：

* **做一做**

安全警告：连接电路时，信号源的输幅度调节旋钮必须逆时针旋转到底。

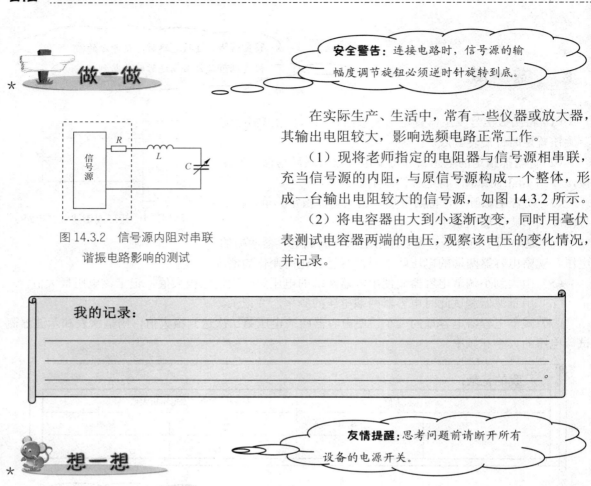

图 14.3.2　信号源内阻对串联谐振电路影响的测试

在实际生产、生活中，常有一些仪器或放大器，其输出电阻较大，影响选频电路正常工作。

（1）现将老师指定的电阻器与信号源相串联，充当信号源的内阻，与原信号源构成一个整体，形成一台输出电阻较大的信号源，如图 14.3.2 所示。

（2）将电容器由大到小逐渐改变，同时用毫伏表测试电容器两端的电压，观察该电压的变化情况，并记录。

我的记录：_____
_____
_____。

* **想一想**

友情提醒：思考问题前请断开所有设备的电源开关。

（1）由上面的测试，你对 RLC 串联谐振电路的应用有什么看法？为什么？

我的分析：_____
_____
_____。

（2）对内电阻较大的信号源或放大器，若用电感器与电容器并联谐振电路来选频，你认为效果会如何？

我的分析：_____
_____
_____。

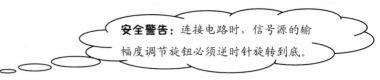

安全警告：连接电路时，信号源的输出幅度调节旋钮必须逆时针旋转到底。

（1）将函数信号发生器置矩形波输出状态，将输出幅度调节旋钮置逆时针旋转到底。

（2）将老师指定的电感器和可变电容器并联后与信号源相接，如图14.3.3所示，将电容器调至最大。

（3）闭合电源开关，将信号频率调至老师指定的值，将信号幅度调节旋钮旋到正中。

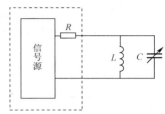

图14.3.3　信号源内阻对并联谐振电路影响的测试

（4）逐渐调小电容器容量，并用毫伏表测试电容器两端的电压，观察电容器两端的电压随电容器容量变化而变化的情况。

（5）由大到小调节电容器，使电容器两端的电压第一次达到极大值，记录该电压最大值。

（6）用示波器测试此时电容器两端电压的频率，并记录。

（7）减小电容器电容量的大小，使电容器两端电压第二次达到极大值，用毫伏表和示波器测试该电压的大小和频率。

我的记录：

第一次电压极大值		第二次电压极大值	
大小	频率	大小	频率

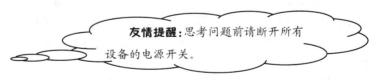

友情提醒：思考问题前请断开所有设备的电源开关。

（1）这里电容器两端的电压为什么也会由很小变大到第一次极大值，然后再变小、变大达第二次极大值，然后不断地变小、变大，再变小、变大？

我的分析：_____

_____

_____

（2）比较第一个极大值与第二个极大值的电压大小和频率大小，所测结果与前面的谐波分析是否一致？

我的分析：
_____
_____。

（3）假如信号源的内阻很小，是否也会出现以上测试的结果？为什么？

我的分析：
_____
_____
_____。

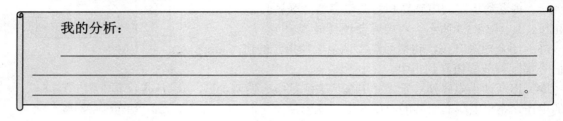

友情提醒：实训结束请整理好实训器材，做好清洁卫生工作。

项目小结

（1）分析并联电路的基本方法是以电压为贯穿电路的主线，因为各支路的电压是相同的，电压是联系各部分电路的纽带。

（2）要用示波器测试电路中的电流，应在电路中串联一只阻值很小的电阻器，通过测试该电阻两端的电压来反映电流的大小和相位，但该电阻要比待测电路的阻抗小很多，与待测电路的阻抗相比，该电阻完全可以忽略不计。

（3）在分析电感器与电容器并联电路中，要以电压为基本旋转矢量，设其初相位为零。

（4）对电感器与电容器并联电路而言，当交流信号的频率很低时，电感支路感抗很小，电路呈感性，电路的总电流很大；当交流信号的频率很高时，电容支路的容抗很小，电路呈容性，电路的总电流也很大；当交流信号的频率为某一适当数值时，电路呈纯电阻性，总电流最小。

（5）当电感器的内阻很小时，电感器与电容器并联谐振电路的谐振频率与 RLC 串联谐振的频率表达式相同，其 Q 值的表达式也相同。

（6）电感器与电容器并联电路谐振时，其电压和电流同相位，电路的阻抗最大（但不等于 R），电路中的电流最小，电感器与电容器中的电流大致相等，约为总电流的 Q 倍。

（7）非正弦周期信号通过谐波分析，可视为若干正弦信号的叠加。

（8）利用谐振电路的选频特性，可将主要谐波成分从非正弦周期波中分离出来。

*（9）串联谐振电路适用于选取内阻小的信号源或放大器的输出信号，并联谐振电路适用于选取内阻大的信号源或放大器的输出信号。

 习 题

1. 一电感器与电容器并联电路正处于谐振状态，现减小电路中电容器的电容，则电路整体是呈感性还是呈容性？为什么？

2．一电感器与电容器并联电路正处于谐振状态，现使电路的频率变大，则电路整体是呈感性还是呈容性？为什么？

3．用示波器测试电路中的电流信号时，为什么要在电路中串联一只电阻器？对该电阻器的大小应有什么样的要求？

4．画旋转矢量图，说明电感器与电容器并联谐振电路为什么总电流很小但各支路电流可能很大？为什么谐振时的阻抗最大且不等于 R？

5．什么叫谐波分析？非正弦波展开式中的零次谐波、基波、二次谐波、三次谐波各表示什么意思？各谐波成分的频率是怎样分布的？随着谐波次数的增大，谐波成分的大小一般怎样变化？

*6．为什么串联谐振电路只适用于选取内阻小的信号源输出的信号，而并联谐振电路适用于选取内阻大的信号源输出的信号？

7．实际生活中的收音机调台和电视机选台就是通过电路的谐振来实现的。查找相关资料，判断它们属于串联谐振还是并联谐振，它们是通过改变什么物理量来实现不同的谐振的？

学习领域六　三相交流电路

领域简介

三相交流电在生产、生活中有着极为广泛的应用，平常生活中的照明电路其实也是三相交流电路的一部分。在本学习领域中，将首先了解变压器的原理、应用和检测，在此基础上利用变压器的电压变换作用，制作低压的模拟三相交流电源，连接三相交流负载，了解供电方式和供电保护措施，为今后更好地学习和应用三相交流电路做必要的知识技能储备。

项目 15　制作模拟三相交流电源

学习目标

- ✧ *理解互感的概念，了解互感在工程技术中的应用，能解释影响互感的因素，了解磁屏蔽的概念及其在工程技术中的应用；
- ✧ 理解同名端的概念，了解同名端在工程技术中的应用，能解释影响同名端的因素；
- ✧ *了解变压器的变压比、变流比和阻抗比；
- ✧ *了解负载获得最大功率的条件及其应用；
- ✧ 了解单相调压器的结构和使用；
- ✧ 了解三相正弦交流对称电源的概念，理解相序的概念；
- ✧ 了解电源星形连接的特点，能绘制其电压矢量图；
- ✧ 了解我国电力系统的供电制。

工作任务

- ✧ 研究互感现象；
- ✧ 测试变压器；
- ✧ 制作模拟三相电源。

项目概要：本项目由 3 项任务组成，其核心是制作模拟三相电源。前两项任务看似与第三项任务没有关系，其实这两项任务是为准备有关变压器的知识和技能而设置的，因为模拟三相交流电源就是由三只单相变压器组合而成的。

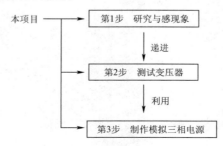

第1步 研究互感现象

*1. 认识互感现象

 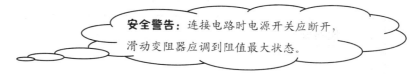

安全警告：连接电路时电源开关应断开，滑动变阻器应调到阻值最大状态。

（1）对照图 15.1.1（a）连接好电路，连接电路时开关要保持断开，滑动变阻器的阻值要调到最大，即滑片调到最左端。
（2）将滑动变阻器调至适当状态（具体状态由老师根据电源和滑动变阻器的实际情况确定）。
（3）闭合开关，观察电流计的偏转情况，并将观察到的现象记录下来。
（4）开关保持闭合时，观察电流计的偏转情况，并将观察到的现象记录下来。
（5）断开开关，观察电流计的偏转情况，并将观察到的现象记录下来。
（6）抽去线圈中的铁芯，如图 15.1.1（b）所示，重复上面的各步。
（7）将小线圈抽出，放置在桌面上，如图 15.1.1（c）所示，重复前面的（1）～（5）步。

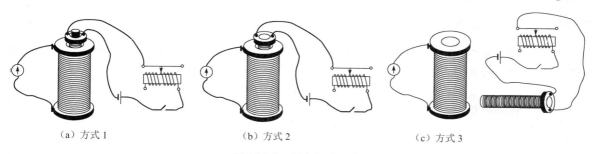

(a) 方式1　　　　　　　(b) 方式2　　　　　　　(c) 方式3

图 15.1.1　研究互感现象

我的记录：

图别	开关	现象记录
(a)	闭合瞬间	
	保持闭合	
	断开瞬间	
(b)	闭合瞬间	
	保持闭合	
	断开瞬间	
(c)	闭合瞬间	
	保持闭合	
	断开瞬间	

友情提醒：请先断开电源。

（1）图 15.1.1 中大线圈和小线圈是分离的，电流计与大线圈相接，电源与小线圈相接，但开关闭合和断开时，电流计的指针会发生偏转，即大线圈中有电流流过，这是为什么？

我的分析：

（2）为什么只有开关闭合和断开时，电流计中才有电流流过，而开关一直保持闭合时却没有电流流过？

我的分析：

（3）比较图 15.1.1 中三种方式所观测到的现象，你认为大线圈中的电流大小与哪些因素有关？并简单进行理论分析。

我的分析：

假如两个线圈或回路靠得很近，当一个线圈中有电流流过时，该电流在第一个线圈周围就会产生相应的磁场，这个磁场磁通的部分或全部穿过第二个线圈，这部分磁通叫做互感磁通。若第一个线圈中所通过的电流是变化的，则该电流所产生的通过第二个线圈的互感磁通也是变化的，根据电磁感应定律，这个变化的磁通在第二个线圈中会产生感应电动势，形成感应电流。这个电动势叫做自感电动势，这种形成感应电流的现象叫做互感现象。

在两个有磁交链（耦合）的线圈中，互感磁链与产生该磁链的电流比值叫做互感系数，简称为互感，用 M 表示：

$$M = \frac{\Psi_{21}}{i_1} = \frac{\Psi_{12}}{i_2}$$

式中，Ψ_{21} 为第一个线圈中的电流在第二个线圈中所产生的互感磁链，Ψ_{12} 为第二个线圈中的电流在第一个线圈中所产生的互感磁链。互感系数的单位与自感系数一样，为亨利（H）。

互感系数的大小只与两个回路的结构、相对位置及媒介质的磁导率有关,当媒介质为铁磁性材料时,互感系数还与电流的大小有一定的关系。

根据电磁感应定律,第一个线圈中的电流变化在第二个线圈中产生的互感电动势:

$$E_{M2} = \frac{\Delta \Psi_{21}}{\Delta t} = \frac{\Delta(M \cdot i_1)}{\Delta t} = M \frac{\Delta i_1}{\Delta t}$$

第二个线圈中的电流变化在第一个线圈中产生的互感电动势为:

$$E_{M1} = \frac{\Delta \Psi_{12}}{\Delta t} = \frac{\Delta(M \cdot i_2)}{\Delta t} = M \frac{\Delta i_2}{\Delta t}$$

上面的表达式说明,线圈中的互感电动势大小与互感系数和另一线圈中的电流变化率成正比,感应电动势的方向可用楞次定律来判定。

互感现象在电工和电子技术中应用十分广泛,如电源变压器、电流互感器、电压互感器和中周变压器等都是利用互感原理工作的。

互相现象在生产、生活中有着十分广泛的应用,但是有些互感现象却给人们带来了无尽的烦恼,一个回路中的电流发生了变化,同时使周边其他回路"不得安宁"。若要避免互感现象的发生或尽可能降低互感的效果,应采取哪些措施?

我的分析:_____

在电子技术中,很多地方要利用互感,但有些地方却要避免互感现象,防止出现干扰和自激。例如,仪器中的变压器或其他线圈产生的漏磁通,可能影响某些元器件的正常工作,如示波管或显像管中电子束的聚焦。为此,必须将这些元器件屏蔽起来,使其免受外界磁场的干扰,这种措施就叫磁屏蔽。

最常用的屏蔽措施就是利用软磁材料制成屏蔽罩,将需要屏蔽的器件放置在罩内。因为铁磁性材料的磁导率是空气的几千倍,因此铁壁的磁阻比空气的磁阻小得多,外界磁场的磁通在磁阻小的铁壁中通过,而进入屏蔽罩内的磁通很少,从而起到磁屏蔽的作用。有时为了达到更好的屏蔽效果,常采用多层铁壳屏蔽的办法,把漏进罩内的磁通一次一次地屏蔽掉。

对高频率变化的磁场,常用铜或铝等导电性能良好的金属制成屏蔽罩,因为交变的磁场在金属屏蔽层中产生很大的涡流,利用涡流的去磁作用来实现磁屏蔽。在这种情况下一般不用铁磁性材料制作屏蔽罩,这是由于铁的电阻较大,涡流较小,去磁作用小,效果不佳。

此外在装配元器件时,应尽可能将相邻的两个线圈垂直放置,这时第一个线圈产生的磁通不穿过第二个线圈,而第二个线圈产生的磁通穿过第一个线圈时,上半部分和下半部分的磁通正好相反,相互抵消,如图15.1.2所示。

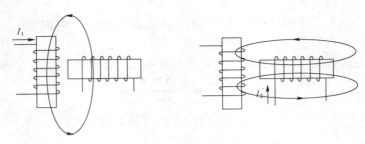

图 15.1.2　调整相对位置，实现磁屏蔽

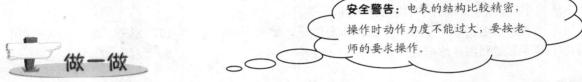

安全警告：电表的结构比较精密，操作时动作力度不能过大，要按老师的要求操作。

在老师的指导下，分别打开电磁系电表和某一测量仪器，观察其测量机构和变压器外的屏蔽罩，并设法测试一下这些屏蔽罩是否为铁磁性材料制成的。

我的记录：_____

2. 判别同名端

友情提醒：请先复原电表。

（1）取一互感线圈（用常用的变压器代替），观察它有几个接线端子，并给相应的接线端子编号，且给各端子做上相应的编号标志。

（2）用万用表的电阻挡测试各端子两两之间的电阻，并记录在表 15.1.1 中。

我的记录：

表 15.1.1　记录表

所测端子									
电阻									

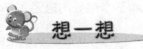

（1）若两个端子不属于同一个线圈，则测试这两个端子之间的电阻，应为什么结果？

（2）若两个端子属于同一个线圈，则测试这两个端子之间的电阻应为什么结果？
（3）根据前面测试的结果，请画出该互感线圈的结构示意图。

我的分析：
（1）_____
_____。
（2）_____
_____。

（3）结构示意图

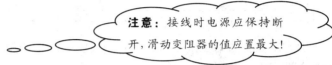

注意：接线时电源应保持断开，滑动变阻器的值应置最大！

（1）取上面测试的互感线圈中电阻较小的一个线圈，通过开关和滑动变阻器将其与电源相接，将灵敏电流计与另一线圈相接，如图15.1.3所示。
（2）记录与电源正、负极相接的接线端子编号和与电流计正、负极相接的接线端子编号，并填写表15.1.2。
（3）闭合开关，同时观察电流计指针的偏转方向，是正偏还是反偏。
（4）将电流计接到其他线圈上重复（2）、（3）步。

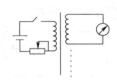

图15.1.3　连接方式

我的记录：

表15.1.2　记录表

	与电源正极相接的端子		
	与电源负极相接的端子		
第一次	与电表正极相接的端子		电流计偏转情况
	与电表正极相接的端子		
第二次	与电表正极相接的端子		电流计偏转情况
	与电表负极相接的端子		
第三次	与电表正极相接的端子		电流计偏转情况
	与电表负极相接的端子		

友情提醒：请先断开电源。

（1）在上面的测试中，开关闭合时，左侧线圈中会产生自感电动势还是互感电动势？该电动势是阻碍电流增加还是推动电流增加？哪一个接线端子是电动势的正极？并在前面所画的线圈结构示意图中该接线端子边上打上一个"·"。

我的分析：_____
_____
_____。

（2）在上面的第一次测试中，右侧线圈中产生的是自感电动势还是互感电动势？电流由线圈的哪个端子流出？此时该线圈在右侧电路中相当于电源还是相当于负载？其电动势的正级是哪个端子？并在前面所画的线圈结构示意图中该接线端子边上打上一个"·"。

我的分析：_____
_____
_____。

（3）在上面的第二次测试中，右侧线圈中产生的是自感电动势还是互感电动势？电流由线圈的哪个端子流出？此时该线圈在右侧电路中相当于电源还是相当于负载？其电动势的正级是哪个端子？并在前面所画的线圈结构示意图中该接线端子边上打上一个"·"。

我的分析：_____
_____
_____。

（4）用同样的方法找出其他线圈感应电动势的正极，并在前面所画的线圈结构示意图中该接线端子边上打上一个"·"。

读一读

在电子电路中，对于两个或两个以上有磁耦合的线圈，常常需要知道互感电动势的极性，如 LC 正弦波振荡电路中，必须使互感线圈的极性连接正确，才能保证电路产生振荡。

其实判断互感线圈中感应电动势的极性就是判别同名端，所谓同名端，就是在同一变化磁通作用下各线圈中所产生的感应电动势极性相同的接线端子，反之感应电动势极性相反的接线端子称为异名端。同名端一般用" · "来表示。

利用楞次定律可以判断同名端，其结论就是"同边同侧同名端、异边异侧同名端"，如图 15.1.4 所示。在图 15.1.4（a）中，"1"和"4"端都在线圈的下边，都由铁芯的外侧引出，应为"同边同侧"，所以"1"和"4"为同名端；在图 15.1.4（b）中，"1"和"3"端一个在线圈的上边，一个在线圈的下边，"1"由铁芯的外侧引出，"3"由线圈的内侧引出，应为"异边异侧"，所以"1"和"3"为同名端；在图 15.1.4（c）中，"1"和"3"端都处于线圈的外边，且都由铁芯的内侧引出，应为"同边同侧"，所以"1"和"3"为同名端；在图 15.1.4（d）中，"1"和"4"端一个在线圈的外边，一个在线圈的里边，"1"由铁芯的内侧引出，"4"由线圈的外侧引出，应为"异边异侧"，所以"1"和"4"为同名端。

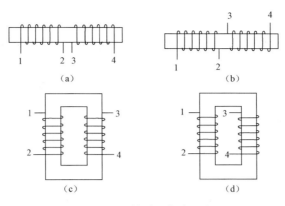

图 15.1.4 判别同名端

以上是知道了线圈绕法的情况下判断线圈同名端的方法，若线圈的绕法无法知道，则必须用实验的方法来判断，这一方法其实前面已经实践过，表 15.1.2 就是判断互感线圈同名端的记录。

如何根据表 15.1.2 判断相应互感线圈的同名端？

我的分析：_____
_____
_____
_____。

第 2 步 测试变压器

*1. 测试变压器

（1）图 15.2.1 所示是一简单变压器的结构示意图。由图可知，一般变压器由电路和磁路两部分组成，其中电路是图中的哪些部分？磁路是图中的哪些部分？

我的分析：_____
_____
_____
_____。

（2）图中的线圈 N_1 与电源相接，称为 原线圈或初级线圈，线圈 N_2 与负载相接，称为 副线圈或次级线圈。

当原线圈与电源相接时，由于电流的＿＿＿＿效应，原线圈中的交变电流在铁芯中就会建立交变的磁场。由于铁磁性物质的＿＿＿＿＿＿＿＿（高导磁性/高导电性），这个交变磁场的磁通又几乎全部通过副线圈。又由于磁通是交变的，根据＿＿＿＿＿定律，它在副线圈中就会产生＿＿＿＿＿＿＿，从而在负载中形成电流。这种一个线圈中电流变化而在另一个线圈中产生感应电流的现象又叫做＿＿＿＿＿＿（自感/互感）现象，这正是变压器的工作原理。

（3）由上面的分析可知：

　　一般变压器的原边线圈和副边线圈间，只有＿＿＿＿（磁/电）的联系，而没有＿＿＿＿（磁/电）的联系。

（4）变压器就是利用电磁感应原理工作的。

　　电磁感应定律的表达式为＿＿＿＿＿＿＿＿＿，由于铁芯的导磁性能好，通过原线圈的磁通大小与通过副线圈的磁通大小几乎始终＿＿＿＿（相等/不相等），通过两线圈的磁通的变化率也就始终＿＿＿＿＿（相等/不相等），这样两线圈中的感应电动势与线圈匝数成＿＿＿＿（正/反）比。又由于线圈两端的电压大小与电动势大小基本相等，所以有表达式：$\dfrac{U_1}{U_2}=\dfrac{N_-}{N_-}$（填上相应的下标）。

（5）若不计变压器的所有损耗，则：

　　变压器的输入功率 P_1＿＿＿＿于输出功率 P_2，对单对绕组的纯电阻性负载的变压器而言，输入功率 $P_1=U_1I_1$，对应的输出功率 $P_2=U_2I_2$，由于电压与线圈的匝数成＿＿＿＿比，所以电流与线圈的匝数成＿＿＿＿比。即 $\dfrac{I_1}{I_2}=\dfrac{N_-}{N_-}$（填上相应的下标）。

（6）图15.2.1所示的变压器可用图15.2.2中的符号来表示，若变压器所带负载为 R，变压器的原、副边匝数分别为 N_1 和 N_2，原边电源电压为 U_1，则：

　　副边电流 $I_2=$＿＿＿＿＿＿＿＿（用 R、N_1 和 N_2、U_1 来表示），原边电流 $I_1=$＿＿＿＿＿＿（用 R、N_1 和 N_2、U_1 来表示）。从原边来看，变压器与所带负载 R 构成一个二端网络，对于电源来说，它就相当于一个负载电阻 R'，如图15.2.2所示，其数值就等于 U_1 与 I_1 的比值。若用 N_1、N_2、R 来表示，则有：

$$R' = \underline{\quad\quad} R$$

即：$\dfrac{R}{R'} = \underline{\quad\quad}$

也就是说，等效阻抗大小与线圈的＿＿＿＿＿＿＿＿成正比。

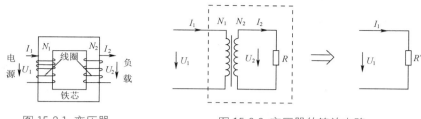

图 15.2.1 变压器　　　　　图 15.2.2 变压器的等效电路

（1）观察所配发的变压器有几个接线端子，分别以 a、b、c、d、e、f、g 等来做标志区分它们。

（2）用万用表的欧姆挡分别测量相关接线端子两两之间的电阻，并记录在表 15.2.1 中。

我的记录：

表 15.2.1　记录表

R_{ab}	R_{bc}									

（1）若变压器只有一对绕组，即一个高压绕组和一个低压绕组，假如不计变压器的自身损耗，则变压器带上负载后，原边的输入功率应_____于副边的输出功率，各绕组中的电流与相应的匝数成_____比。而高压绕组的匝数_____于低压绕组的匝数，所以高压绕组所通过的电流_____于低压绕组的电流。工作时绕组的电流小，则制作时其线径就较细，所以高压绕组的线径_____（粗/细）。

（2）由于高压绕组的线径_____（粗/细），匝数_____（多/少），导线_____（长/短），所以高压绕组的电阻_____（大/小）。

（3）刚才检测的变压器有_____个绕组。根据刚才检测的数据，请在右侧的空白处用符号表示该变压器，并标明各接线端子符号，指明高压绕组。

安全警告：连接电路时插头不能插到电源插座上，开关应断开，滑动变阻器应调到阻值最大状态。

（1）根据前面所测试变压器的参数，确定该变压器的原边高压绕组端子和副边端子，并取其

中一个主要副边线圈,按照图 15.2.3 所示连接好电路。

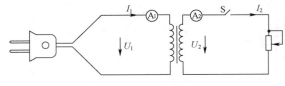

图 15.2.3 测试变压器

(2) 检查电路连接无误后,插上电源插头。

(3) 在开关 S 断开的情况下读出电流表 Ⓐ₁ 的读数,此值即为变压器的空载电流,请记录相应测试结果于表 15.2.2 中。

(4) 测量此时变压器的输入电压和输出电压,并记录。

(5) 闭合 S,调节滑动变阻器使变压器处于额定工作状态(具体状态由老师给定)。

(6) 测量此时变压器的输入电压和输出电压,读出两只电流表的读数,并记录。

我的记录:

表 15.2.2 记录表

空载时			满载时		
输入电压 U_{10}	输出电压 U_{20}	输入电流 I_0	输入电压 U_1	输出电压 U_2	输入电流 I_1	输出电流 I_2

友情提醒:请先拔掉电源插头。

我的分析:

(1) 根据上面的测量,该变压器的变压比 $N_1/N_2=$_____。

(2) 该变压器的额定原边电流为_____,空载电流为_____。空载时变压器无输出功率,从额定电流与空载电流比较来分析,此变压器的损耗_____(很小/较大)。

(3) 满载时的电流之比 $I_2/I_1=$_____,与变压比 N_1/N_2_____(近似相等/相差很大),说明变压器损耗_____(很小/较大),效率_____(很高/不高)。

2. 单相交流调压电路的安装与测试

读一读

如图 15.2.4 所示,自耦变压器是常见变压器的一种,其基本特点是变压器的原线圈与副线圈有共用部分,且输出端可调。由于它是变压器的一个特例,所以变压器的所有规律自耦变压器都仍然适用。

由于自耦变压器原边和副边既有磁的联系，又有电的联系，它不能将副边与原边的电源相隔离，所以安全性能较差。正是因为这个原因，自耦变压器在接线时，其公共端应接电源的零线。

图 15.2.4　自耦变压器

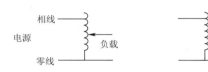

图 15.2.5　自耦变压器的接法

由于自耦变压器具有调节电压的作用，所以在使用前后都要将其输出端调至输出电压最低的状态，如图 15.2.5 中的右图所示。同时在使用时要注意原边和副边千万不能接反。

我的思考：
（1）自耦变压器一般有_____个线圈，原边和副边间不仅有_____的联系，还有_____的联系。
（2）使用自耦变压器时要注意三个方面的问题，一是要注意_____和_____不能接反，二是原边和副边的公共端要接电源的_____线，三是使用前和使用后都要调节其调节旋钮使其处于输出电压最_____的状态。

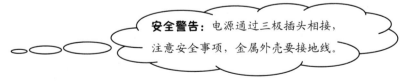

安全警告： 电源通过三极插头相接，注意安全事项，金属外壳要接地线。

（1）记录所用自耦变压器的铭牌参数于表 15.2.3 中。
（2）对照图 15.2.6 连接电路。
（3）接通电源，调节自耦变压器的调节旋钮，使灯泡正常工作，即自耦变压器的输出电压指示为灯泡的额定工作电压（36V），并用交流毫安表测出灯泡中所通过的电流。
（4）断开电源，分别将 2 只、3 只、4 只、5 只相同的灯泡相串连接在自耦变压器的输出端，同时调节自耦变压器使所有灯

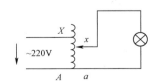

图 15.2.6　测试自耦变压器

泡都正常工作，并测量相应的灯泡电流。

（5）比较各次所测电流的大小关系，即它们是否相等，并填写表 15.2.3。

我的记录：

表 15.2.3　记录表

铭牌描述					
灯泡数	1	2	3	4	5
输出电压	$U_1=$	$U_2=$	$U_3=$	$U_4=$	$U_5=$
输出电流	$I_1=$	$I_2=$	$I_3=$	$I_4=$	$I_5=$
电流比较					

友情提醒：请先断开电源。

（1）你认为自耦变压器有什么作用？
（2）你认为使用自耦变压器时要特别注意什么问题？
（3）你认为自耦变压器一般在什么情况下使用？

我的思考：

　　　。

*3. 最大功率传输的实现

当电源的负载电阻由小逐渐变大时，电源的输出功率由零逐渐变大；当电源的负载电阻与电源的内电阻相等时，电源的输出功率达到最大；当电源的负载电阻再增大时，电源的输出功率反而下降，如图 15.2.7 所示。

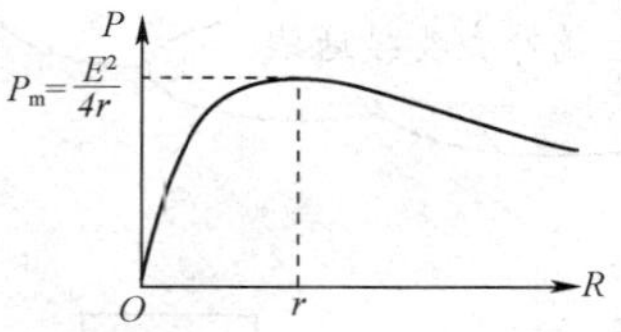

当内外电阻相等时，电源的输出功率最大，不过此时电源的效率只有 50%，电源的总功率只有一半输出，还有一半损耗在内电阻上。所以在实际生产和生活中，电源一般都工作在图像的右侧，即负载电阻大于内电阻的状态下，负载电阻越大，电源的输出功率越小，电源的负载越小。

图 15.2.7　功率曲线

在一些电子电路中，由于要求有大功率的传输而不强调效率高低的放大器，都将后级的输入电阻调节至与前级输出电阻大小相等的状态，以使传输的功率最大，即实现阻抗匹配。

利用变压器的阻抗变换规律进行阻抗变换，是实现放大器级间阻抗匹配的基本方法之一。

在各类变压器中，小型变压器的效率很低，只有 70% 多一点，下面以效率稍高一点的自耦变压器为研究对象来研究变压器阻抗变换的相关规律。

（1）观察所配发的自耦变压器，记录其额定输入电压、输出电压调节范围、额定容量和额定电流。

（2）根据图 15.2.8 连接好电路（连接电路时电源要保持断开，负载电压要调到最小），电路中的 4 只灯泡为完全相同的 110V、60W 的白炽灯。

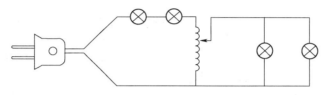

图 15.2.8　体验最大功率传输

（3）检查无误后接通电源（220V），调节变压器使右侧的两只灯泡最亮。
（4）用万用表分别测出左侧两串联灯泡的总电压，变压器输入、输出电压，对比 4 只灯泡的亮度，并填写表 15.2.4。

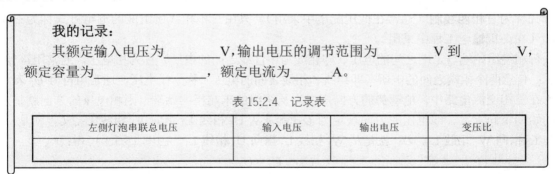

我的记录：
其额定输入电压为_____V，输出电压的调节范围为_____V 到_____V，额定容量为_____，额定电流为_____A。

表 15.2.4　记录表

左侧灯泡串联总电压	输入电压	输出电压	变压比

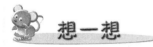

（1）根据理论分析，当右侧两灯泡最亮时：

左侧两串联灯泡的总电压与变压器输入端电压_____（相等/不相等），变压器的变压比为_____。设 4 只灯泡的电阻都为 R，从变压器的原边朝右看，变压器可等效为一只电阻器，此时该等效电阻为_____。

从变压器的原边向左看，这就是一有源二端网络，根据理论计算，其等效电动势为_____V，内电阻为_____R，此刻内电阻与变压器原边的等效电阻_____（相等/不相等）。

（2）根据理论分析和实验观察发现：

> 所用的自耦变压器能实现最大功率传输，理论结果和实际观察结果相差_____（很小/较大），这说明该变压器的损耗_____（很小/较大）。

第3步　制作模拟三相交流电源

1. 根据电压关系连接三相交流电源

三相交流电一般由三相交流发电机产生。在发电机中有三个相同的绕组（即线圈），在空间上彼此相差 120°。它们的始端分别用 U_1、V_1、W_1 表示，末端分别用 U_2、V_2、W_2 表示，如图 15.3.1 所示。由于电机结构的原因，这三相绕组所产生的三相电动势幅值相等、频率相同、相位互差 120°。这样的 3 个电动势称为对称三相交流电动势。

对称三相交流电动势达到最大值的先后次序称为相序。调换三根相线中的任意两根，就可以改变它们的相序。

一般三相交流电源都采用星形连接方式，图 15.3.1 就是将发电机三相绕组的末端 U_2、V_2、W_2 连接成一点 N，该点称为中性点或零点，从该点引出的线叫做中性线或零线。从三相绕组的始端 U_1、V_1、W_1 引出的三根线称为端线或相线，俗称火线。由三根相线和一根中线所组成的输电方式称为三相四线制（通常在低压配电中采用），只由三根相线所组成的输电方式称为三相三线制（在高压输电工程中采用）。

每相绕组始端与末端之间的电压（即相线与中性线之间的电压）称为相电压，通常用符号 U_P 表示；任意两个始端之间的电压（即相线和相线之间的电压）称为线电压，通常用符号 U_L 表示。

在三相交流电路中，电动势的方向规定为从绕组的末端指向始端，则相电压的方向就是从绕组的始端指向末端。线电压的方向规定为 U_{12} 就是从 U_1 相线 L_1 指向 V_1 相线 L_2，U_{23} 就是从 V_1 相线 L_2 指向 W_1 相线 L_3，U_{31} 就是从 W_1 相线 L_3 指向 U_1 相线 L_1。由图 15.3.1 可得：

$$U_{12} = U_1 - U_2$$
$$U_{23} = U_2 - U_3$$
$$U_{31} = U_3 - U_1$$

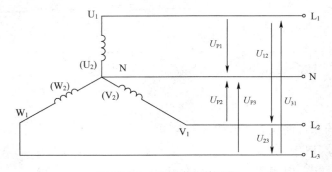

图 15.3.1　三相电源的连接

三相交流电动势就是 3 个大小相等、频率相同、相位互差 120°的单相交流电动势的组合，而各相相电压与各相电动势的大小又相等，线电压就是两个相电压的叠加。

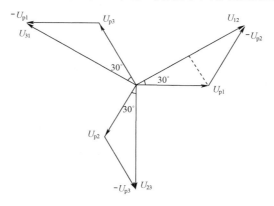

图 15.3.2　三相电压的旋转矢量分析

线电压和相电压的旋转矢量图如图 15.3.2 所示。从图中可以看出：当三相交流电源为星形连接时，3 个相电压和 3 个线电压均为三相对称电压，各线电压的有效值为相电压有效值的 $\sqrt{3}$ 倍，而且各线电压在相位上比各对应的相电压超前 30°。

采用星形连接的三相交流电源，其线电压是相电压的 $\sqrt{3}$ 倍。通常所说的 380V、220V，就是指三相交流电源连接成星形时的线电压和相电压的有效值。

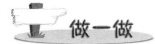 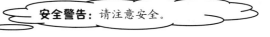

测量图 15.3.3 所示插座各端口之间的电压 U_{ab}、U_{ac}、U_{ad}、U_{bc}、U_{bd}、U_{cd}，并填写表 15.3.1。

图 15.3.3　插座端口

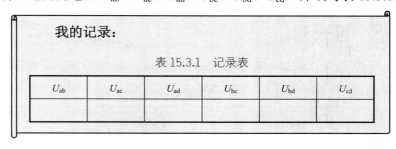

我的记录：

表 15.3.1　记录表

U_{ab}	U_{ac}	U_{ad}	U_{bc}	U_{bd}	U_{cd}

我的分析：
（1）表 15.3.1 中线电压有_____、_____、_____。
（2）表 15.3.1 中相电压有_____、_____、_____。
（3）线电压大致等于_____倍的相电压。

 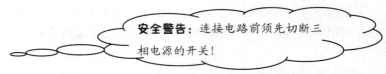

（1）将 3 只指定的单相降压变压器接成图 15.3.4 所示的电路，3 只单相变压器的输入端接三相动力插头，插头插入三相动力电源的插座，但连接电路前须切断三相电源开关。

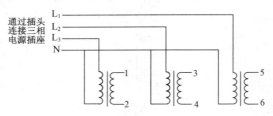

图 15.3.4　三相模拟电源

（2）检查无误后闭合三相电源，用电表测试 3 只变压器的输出电压 U_{12}、U_{34} 和 U_{56}。
（3）将 2、4 端相连，用电表测试 1、3 间的电压 U_{13}。
（4）断开 2、4 连线，将 2、6 端相连，用电表测试 1、5 间的电压 U_{15}，并填写表 15.3.2。

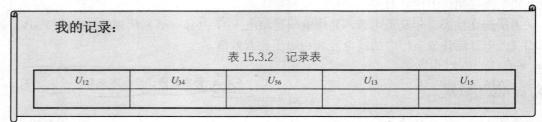

我的记录：

表 15.3.2　记录表

U_{12}	U_{34}	U_{56}	U_{13}	U_{15}

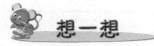 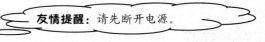

（1）假定 3 只单相变压器的输出端为三相模拟电源的三相输出端，则前面所测试的 U_{12}、U_{34} 和 U_{56} 是该三相电源的 3 个什么电压？

我的分析：

（2）将 2、4 端相连，用电表测试 1、3 间的电压 U_{13} 是线电压吗？若不是，2 端与哪端相接即可测试出线电压？怎样测？

我的分析：

（3）将 2、6 端相连，用电表测试 1、5 间的电压 U_{15} 是线电压吗？若不是，2 端与哪端相接即可测试出线电压？怎样测？

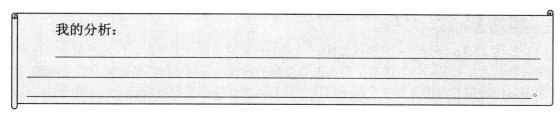

我的分析：

（4）根据前面的测试和分析，若假定第一相的 2 为末端，则第二相和第三相的哪两个端子同为末端？为什么？

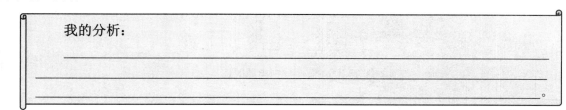

我的分析：

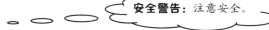

安全警告：注意安全。

（1）根据前面的分析，将三相模拟电源的 3 个末端连接起来，并引出中线。
（2）从模拟三相电源的 3 个首端引出模拟三相电源的 3 根相线。
（3）测试该模拟三相电源的 3 个相电压。
（4）测试该模拟三相电源的 3 相线电压，并填写表 15.3.3。

我的记录：

表 15.3.3 记录表

相 电 压			线 电 压		
U_{P1}	U_{P2}	U_{P3}	U_{L1}	U_{L2}	U_{L3}

友情提醒：请先断开电源。

由表 15.3.3 分析，该模拟三相交流电源连接是否正确？为什么？

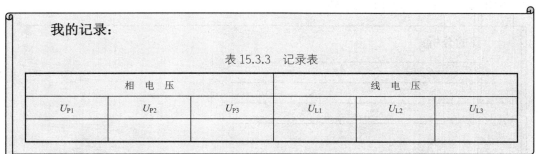

我的分析：

2. 根据同名端连接三相交流电源

（1）如图 15.3.5 所示，3 只变压器的原边接三相交流电源，3 个副边作为模拟三相电源的 3 个绕组。若原边有同名端标志的端子都接三相电源的相线，则副边即模拟三相交流电源的三相绕组首末端怎样确定？为什么？并在图中将模拟三相电源连接成星形电路。

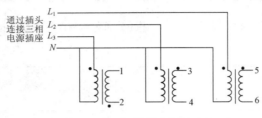

图 15.3.5 三相模拟电源的连接

我的分析：
_____
_____
_____

（2）根据前面的分析，知道变压器原边和副边的同名端，即可用 3 个单相变压器制作模拟三相交流电源，所以现在的关键是判断变压器的同名端。请你设计判断变压器同名端的方案，写出相应的测试步骤，画出相应的测试电路。

我的分析：
_____
_____
_____
_____
_____
_____
_____
_____

（1）根据前面设计的测试方案，判断第一只变压器的同名端，并做上同名端标志。

（2）用同样的方法判断第二只变压器、第三只变压器的同名端并做上标志。
（3）根据图 15.3.5 连接好模拟三相交流电源。

怎样判断你的模拟三相交流电源的连接是否正确，写出你的检测方案，设计好你的数据记录表格。

我的分析：

安全警告：注意安全。

根据前面的检测方案测试模拟三相交流电源，判断其连接是否正确。

我的记录：

友情提醒：实训结束，请切断电源，整理好所用器材，并做好清洁卫生工作。

项目小结

*（1）互感现象是电磁感应现象中的一种，互感系数与电路的结构和磁路的结构有关，对有铁芯的互感线圈来说，互感与电流的大小还有一定的关系。

*（2）互感现象在电子电路中有广泛应用，但也有很多地方要避免互感现象的发生，这就需要用到磁屏蔽，其方法一般有 3 种。

（3）同名端就是在同一变化磁通激励下感应电动势极性相同的端子，当已知线圈结构时，可用楞次定律来判断同名端，当不知道线圈结构时，可用实验的方法判断同名端。

*（4）变压器就是根据互感原理工作的电磁装置，变压器能变换电压、变换电流、变换阻抗，还能变换相位。

*（5）对理想变压器，电压与相应的匝数成正比，当变压器只有一对绕组时，电流与相应的匝数成反比，等效阻抗与相应匝数的平方成正比。

（6）单相自耦变压器俗称为单相调压器，它是变压器中的一种，但它没有隔离功能，特别要注意安全。

*（7）当电源的内、外电阻相等时，电源的输出功率最大，这就是阻抗匹配。在电子电路中，为了实现最大功率传输，阻抗匹配一般都是通过变压器的阻抗变换功能来完成的。

（8）三相交流电就是3个单相交流电的特殊组合，一般三相交流电源都用星形接法。

（9）三相交流电源的线电压是相电压的$\sqrt{3}$倍，检查线电压和相电压之间的关系即可判断三相交流电源的连接是否正确。

（10）根据同名端也可利用3个单相变压器制作模拟三相交流电源。

习 题

*1. 什么叫互感现象？一般互感现象发生于什么场合？互感系数是怎样描述互感现象强弱的？

*2. 做一个小调查，在人们日常生活中，哪些电器中用到了互感现象？

*3. 互感电动势的大小与电流的变化率成正比，这个电流是指什么电流？

4. 在图1中标出A、B二线圈的同名端。

5. 在图2中标出开关闭合时线圈M中的电流方向。

6. 图3中，开关S断开时，a、b两点哪一点电位高？为什么？

7. 根据同名端的意义，标出图4中开关闭合时3和4、5和6中的高电位点。

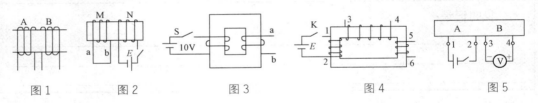

图1　　　图2　　　图3　　　图4　　　图5

8. 开关闭合时伏特表正偏，则请在图5中标出A、B两线圈的同名端，并画出两线圈。

*9. 一变压器有多个绕组，怎样区分同属于一个绕组的端子？怎样区分中间抽头？怎样区分高压绕组和低压绕组？

*10. 一变压器原边匝数为2000，副边匝数为25，连接于220V交流电源上，副边接一10Ω的灯泡，则灯泡两端的电压为多少？灯泡中通过的电流为多少？变压器原边的电流为多少？

*11. 一交流电源，电压为150V，内电阻为100Ω，现通过一变压比为10：1的变压器与一15Ω的负载电阻相接，则该负载电阻消耗的功率为多少？若要使负载电阻的消耗功率最大，变压器的变压比应取多少？

12. 三相交流电可分解为3个单相交流电来使用，反之，3个单相交流电要组合成一个三相交流电必须满足什么条件？

13. 如图6所示，测试得1和2、3和4、5和6之间的电压都是220V，则这3个单相交流电源能否组合成一个三相交流电源？

图6

14. 如图 6 所示，测试得 1 和 2、3 和 4、5 和 6 之间的电压都是 220V；若将 2、3 相连，测得 2、4 间的电压为 220V；若将 4、5 相连，测得 3、6 间的电压为 380V。则这 3 个单相交流电源能否组合成一个三相交流电源？怎样才能构成星形连接的三相交流电源？

项目 16　三相交流负载的连接

学习目标

- 了解三相负载的星形连接方法，会连接星形三相负载，了解对称与不对称的概念；
- 会测试三相星形负载的线电压、相电压、线电流、相电流及中线电流；
- 了解三相星形对称负载线电流与相电流、线电压与相电压之间的关系，以及功率的计算方法；
- 了解中线的作用。

工作任务

- 连接三相交流电源；
- 连接三相交流负载；
- 测试三相负载。

项目概要：本项目由 3 项任务组成，互为递进关系。第一项任务是上一个项目的应用，其目的是为下面待连接的负载准备好电源；第二项任务和第三项任务就是通过星形三相负载的连接与测试，练习三相负载的星形连接与测试的方法，体验相应的规律和特点。

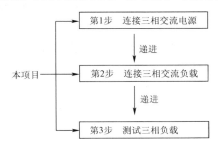

第 1 步　连接三相交流电源

想一想

如图 16.1.1 所示为三相交流电源的 3 个 24V 单相交流电源，欲将它们组合为三相交流电源，应如何连接？如何确定它们的首端与末端。

图 16.1.1　三相电源接线端子

我的分析：_____
_____
_____
_____
_____
_____
_____

做一做

安全警告：请注意安全！

对照前面的方案，进行测试和连接，并记录相应的现象与结果。

我的记录：_____
_____
_____
_____

想一想

友情提醒：请先断开电源开关！

三相交流电源连接好了，你怎样确定三相交流电源的连接没有错误？

我的分析：_____
_____
_____
_____
_____

做一做

安全警告：请注意安全！

再检测一下，确保你的三相交流电源的连接没有错误，并记录相应的结果。

我的记录：_____
_____

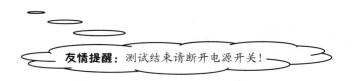

第2步 连接三相交流负载

1. 无极性三相负载的连接

现有 36V、40W 的白炽灯两只和 36V、60W 的白炽灯一只,现欲将它们接到上面连接好的三相交流电源上并保证三只灯泡能正常工作且三相电源的线电流尽可能平衡,应怎样连接?

我的分析:_____
_____。

平时所见到的用电器在电路中又统称为负载,负载按它对电源的要求分为单相负载和三相负载。单相负载只需要单相电源供电,如电灯、电炉、电烙铁等。三相负载需要三相电源供电,如三相异步电动机、大功率电炉等。

使用任何电气设备,都要求负载承受的电压等于其额定电压,所以,负载要采用一定的连接方式来满足其对电压的要求。在三相电路中,负载的连接方式有两种:星形连接和三角形连接。

三相负载的星形连接,就是将三相负载的 3 个首端与三相电源的 3 根相线相接,3 个末端接成一点。若将 3 个末端的连接点与电源的中性线相接,则为星形有中线接法,如图 16.2.1 所示;若该点不与电源中性线相接,则为星形无中线接法。

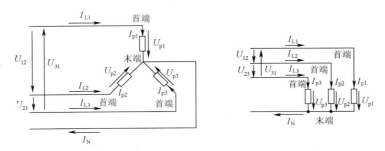

图 16.2.1 三相负载的星形连接

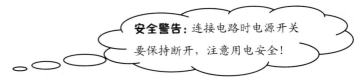

(1)进一步明确三相负载的星形连接方法,并将前面的 3 只白炽灯泡以有中线的方式连接到

电源上,且记录相应的过程。

(2) 接通电源,观察三灯泡的工作情况,并记录。

(3) 断开电源,将三相负载(即 3 只白炽灯)改接成三相无中线星形负载,再闭合电源开关,观察 3 只白炽灯的发光情况,并与有中线方式相比较。

我的记录:

友情提醒:请先断开电源开关!

(1) 根据以上观察到的现象,说明在三相四线制供电系统中,中线所起的作用。

(2) 在实际电路中,中线上严禁安装开关和熔断器,这是为什么?

(3) 在三相交流电路中,应根据哪些因数来分配和连接负载?

我的分析:

若三相负载不对称,中性线电流就不为零,此时中性线绝不可断开。如图 16.2.1 所示,中性线的存在,是各相负载电压对称的保证。一旦中性线断开,负载的中点电位就会偏离零点,使各相负载的电压不再对称,有的高于额定值,有的低于额定值,轻则电器不能正常工作,重则部分电器严重过压而损坏。所以,在三相四线制电路中,规定中性线不准安装熔丝和开关,有时中性线还采用钢芯导线来加强其机械强度,以免断开。另一方面,在连接三相负载时,应尽量使其平衡,以减小中性线电流,并提高电源的利用率。

(1) 现有 220V、40W 的白炽灯 6 只,220V、60W 的白炽灯 3 只,220V、100W 的白炽灯 4 只,怎样合理分配这些负载构成一个相对独立的微型用电系统并接于相电压为 220V 的三相交流电路中。画出相应的电路连接图。

> **我的电路图:**

（2）在你设计好的负载分配方案中，各相负载的功率为多少？三相电路的总功率为多少？

> **我的分析:** _____
> _____。

2．有极性负载的连接

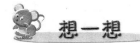

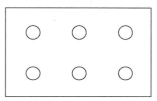

图 16.2.2　三相异步电动机接线盒

（1）三相负载怎样进行星形连接？
（2）在前面的白炽灯连接中，你区分它们的首端与末端了吗？为什么？
（3）若将三相异步电动机以星形连接方式与电源相连，三相异步电动机的 3 个绕组是三相有极性负载，其接线盒如图 16.2.2 所示，上侧 3 个端子为末端，下面的 3 个端子为首端，但属于同一绕组的上面端子与下面端子的对应关系还不知道，请你设计一个方案，用万用表测试的方法完成相应对应关系的判别？

> **我的分析:**
> （1）三相负载的星形连接，就是将三相负载的 3 个首端与三相电源的 3 个_____端相接，3 个末端应_____。
> （2）_____
> _____。
> （3）_____
> _____
> _____。

安全警告：请注意安全！

（1）根据前面的分析，测试各端子之间的关系，并将三相异步电动机的 6 个接线端子与电源相接，连接成星形负载。
（2）检查无误后接通电源，观察电机的反应。
（3）断开电源，将电机与电源相接的任两根相线对调，再接通电源，观察电机的反应。

我的记录：_____

友情提醒：请先断开电源开关！

根据以上观察，你能得出什么结论？

我的分析：_____

第3步 测试三相负载

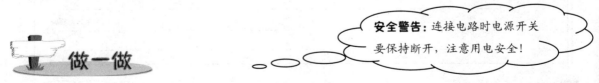

在三相交流电路中，负载的电压有线电压和相电压之分。负载的相电压就是每相负载两端的电压，如图 16.2.1 中的 U_{p1}、U_{p2}、U_{p3}；负载的线电压就是三相电源相线之间的电压，如图中的 U_{12}、U_{23}、U_{31}。

三相交流电路中的电流有线电流和相电流之分。相电流就是每相负载中的电流，如图 16.2.1 中的 I_{p1}、I_{p2}、I_{p3}；线电流就是电源相线中的电流，如图 16.2.1 中的 I_{L1}、I_{L2}、I_{L3}。

安全警告：连接电路时电源开关要保持断开，注意用电安全！

（1）将 36V、40W 的白炽灯 2 只和 36V、60W 的白炽灯 1 只，以星形有中线接法接到上面连接好的相电压为 24V 的三相交流电源上。并画出相应的连接电路，标明相应的白炽灯参数，以及相应的线电流、相电流、线电压和相电压。

（2）接通电源，用电表分别测试该负载的线电流、相电流、线电压和相电压。

（3）断开电源，撤去中线，再闭合电源，并用电表分别测试该负载的线电流、相电流、线电压和相电压。

（4）断开电源，将负载改为 3 只 220V、40W 的白炽灯，连接成三相对称有中线接法。并画出相应的连接电路，标明相应的白炽灯参数，以及相应的线电流、相电流、线电压和相电压。

（5）接通电源，用电表分别测试该负载的线电流、相电流、线电压和相电压。

（6）断开电源，撤去中线，闭合电源，再用电表分别测试该负载的线电流、相电流、线电压和相电压。

我的记录：

测试项目		三相不对称 有中线	三相不对称 无中线	三相对称 有中线	三相对称 无中线
线电压	U_{12}				
	U_{23}				
	U_{31}				
线电流	I_{L1}				
	I_{L2}				
	I_{L3}				
相电压	U_{p1}				
	U_{p2}				
	U_{p3}				
相电流	I_{p1}				
	I_{p2}				
	I_{p3}				

想一想

友情提醒：请先断开电源开关！

（1）从以上测试数据中，你能看出星形负载线电压与相电压之间的关系吗？

（2）从以上测试数据中，你能看出星形负载线电流与相电流之间的关系吗？

我的记录：_____

读一读

如图 16.3.1 所示，各相负载的相电压就等于电源的相电压，而负载的线电压就是电源的线电压。因此，三相负载星形有中线连接时，线电压为相电压的 $\sqrt{3}$ 倍。

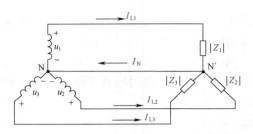

图 16.3.1 三相星形负载与电源的连接

若三相负载对称并做星形连接时,则中性线电流为零。因为中性线上没有电流流过,故可省去,而且不影响三相电路的工作,各相负载的相电压仍等于电源相电压。因此,三相星形负载对称时,其线电压也为相电压的 $\sqrt{3}$ 倍。

综上所述,在三相有中线和三相对称无中线星形连接电路中:

$$U_{线} = \sqrt{3} U_{相}$$

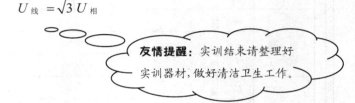

项目小结

(1) 在三相交流电路中,大部分负载都接成星形连接方式。

(2) 三个完全相同的单相负载可构成三相对称负载。

(3) 在三相交流电路中,中线用于维持三相负载的相电压平衡,在实际电路中,中线上严禁安装开关和熔断器。

(4) 三相负载的线电压是两两相线间的电压,线电流就是电源相线中的电流,相电压是每相负载两端的电压,相电流就是每相负载中的电流。

(5) 在三相星形电路中,负载的线电流与相应的相电流相等。

(6) 在三相星形对称电路中,负载的线电压是相电压的 $\sqrt{3}$ 倍,中线电流为零。

(7) 在三相星形不对称有中线电路中,负载的线电压也是相电压的 $\sqrt{3}$ 倍。

(8) 分配和连接三相负载,应依据负载的额定电压来选择接法,根据三相尽可能平衡的要求来分配负载在各相中的比例。

1. 什么样的负载为三相对称负载?三相负载对称时,为什么常可将中线去掉?

2. 做一个小调查,在你所住的小区里或学校里,共有几幢楼?每幢楼的供电是单相电还是三相电?在小区或学校整个供电系统中,每一相的负载是否大致相等?

3. 在连接三相负载时,有极性负载和无极性负载的连接有什么不同?日常生活中的三相负载中哪些是无极性三相负载?哪些是有极性三相负载?各举一例说明。

4. 现有 220V、100W 的白炽灯 3 只,220V、40W 的白炽灯 5 只,110V、40W 的白炽灯 8 只,如何将它们连接到相电压为 220V 的交流电路中才最恰当?这样的电路总功率为多少?

5. 走访工厂或工地,了解实际应中的三相负载,并在工人师傅的指导下进行三相负载的连接。

项目17 用电保护装置的安装

学习目标

- ◇ 掌握火线和零线的判别方法，了解试电笔的构造，并会使用。
- ◇ 会连接保护接零装置，并了解其原理与应用；
- ◇ 会连接保护接地装置，并了解其原理与应用。

工作任务

- ◇ 判别火线与零线；
- ◇ 安装漏电保护装置
- ◇ 安装保护接零装置；
- ◇ 安装保护接地装置。

项目概要： 本项目由 3 项任务组成，第一项任务与后两项任务间是递进关系，第一项任务是后两项任务的基础；而后两项任务之间是相对独立又相互并列的关系。在现代保护电路中，漏电保护器常与保护接零、保护接地装置配合使用，所以漏电保护装置的安装在本项目中安排在接零保护和接地保护装置的安装之前。

第1步 判别火线与零线

在我国，日常工作、生活中所使用的是额定电压为 220V、频率为 50Hz 的单相交流电，这种交流电又常称为市电。

单相交流电路应有两根电源线，它们分别是**相线**和**中性线**，也就是俗称的火线和零线。这两根电源线中，火线对地电压是 220V，而零线对地电压是零。即用交流电压表测量火线与地之间的电压为 220V，而零线对地所测量的电压为零，这正是用交流电压表区别火线和零线方法，如图 17.1.1 所示。

在实际应用中，区别火线和零线还有更为简单的办法，就是直接用测电笔来检测，如图 17.1.2 所示。现在用的测电笔大多像一把小螺丝刀，与小螺丝刀的不同之处在于其内部有一个发光氖泡和一个弹簧，以及一个将螺丝刀的端部与尾部金属笔扣相连接的高阻值碳质电阻器。测量时手握住其绝缘手柄，用一个手指接触其尾部的金属笔扣，将其端部的金属探针与待测量点相接，观察其内部发光氖泡的发光情况。氖泡发光，说明待测点带电，为火线端；若氖泡不发光，则说明不带电，为零线端；氖泡越亮，说明所测点对地电压越高。

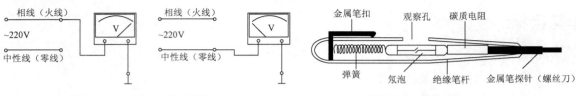

图 17.1.1　区分火线与零线　　　　　　　　图 17.1.2　测电笔

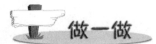

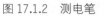

安全警告：请注意用电安全！

如图 17.1.3 所示，请用万用表和测电笔分别检测各插孔。

（1）用万用表的交流电压 250V 量程挡分别测量它们的对地电压。

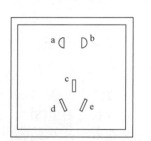

图 17.1.3　单相五孔插座

我的记录：
a 孔对地电压为_____，b 孔对地电压为_____，
c 孔对地电压为_____，d 孔对地电压为，
e 孔对地电压为_____。

（2）用测电笔检测各插孔。

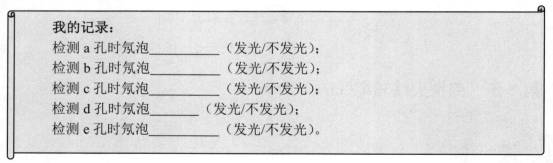

我的记录：
检测 a 孔时氖泡_____（发光/不发光）；
检测 b 孔时氖泡_____（发光/不发光）；
检测 c 孔时氖泡_____（发光/不发光）；
检测 d 孔时氖泡_____（发光/不发光）；
检测 e 孔时氖泡_____（发光/不发光）。

友情提醒：请先断开电源开关！

测试结果分析如下。
（1）由上面的操作可知：

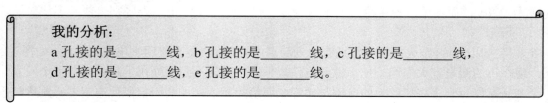

我的分析：
a 孔接的是_____线，b 孔接的是_____线，c 孔接的是_____线，
d 孔接的是_____线，e 孔接的是_____线。

（2）从以上结论中，你发现什么问题了吗？

我的分析：

两孔插座中，火线接的是_____（左/右）孔，零线接的是_____（左/右）孔，即遵循"___（左/右）零___（左/右）火"规则。

三孔插座中，有_____个孔对地电压为零，其实这里的上孔接的就是地线，所以它对地电压为零。火线接的是_____（左/右）孔，零线接的是_____（左/右）孔，即遵循"___（左/右）零___（左/右）火"规则。

（3）a、b、c、d、e插孔中哪些是"火线"？哪些是"零线"？哪些是"地线"？请在图17.1.3中标明。

第2步 安装漏电保护装置

在日常生活中，在哪些地方你见到过漏电保护器？你对它的功能和使用了解多少？

我的回答：_____

_____。

漏电保护器（图17.2.1）在触电和漏电保护方面具有高灵敏性和动作快速性，该特点远超过其他保护装置，所以在生产生活中有着极为广泛的应用。当系统发生人身触电或设备外壳带电时，漏电保护器则通过检测和处理漏电电流，可靠地动作，切断电源。

图17.2.1 常用漏电保护器

那么漏电保护器的保护作用是如何实现的呢？电气设备漏电时，将呈现异常的电流或电压信号,漏电保护器通过检测、处理此异常电流或电压信号,促使执行机构动作。根据故障电流动作的漏电保护器叫电流漏电保护器,根据故障电压动作的漏电保护器叫电压型漏电保护器。由于电压型漏电保护器结构复杂,易受外界干扰,稳定性差,制造成本高,现已基本淘汰。目前国内外漏电保护器的研究和应用均以电流型漏电保护器为主。漏电保护器的工作原理如图 17.2.2 所示。

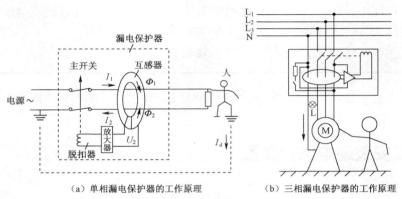

图 17.2.2　漏电保护器的工作原理

电流型漏电保护器是以电路中零序电流的一部分作为动作信号,且多以电子元件作为中间机构,灵敏度高,功能齐全,因此这种保护装置得到了越来越广泛的应用。电流型漏电保护器的构成分为如下 4 部分。

(1) 检测元件:检测元件是一个零序电流互感器。被保护的相线、中性线穿过环形铁芯,构成了互感器的一次线圈 N_1 缠绕在环形铁芯上的绕组构成了互感器的二次线圈 N_2,如果没有漏电发生,这时流过相线、中性线的电流向量和等于零,因此在 N_2 上也不能产生相应的感应电动势。如果发生了漏电,相线、中性线的电流旋转矢量和不等于零,就使 N_2 上产生了感应电动势,这个信号就会被送到中间环节进行进一步的处理。

(2) 中间环节:中间环节通常包括放大器、比较器、脱扣器。当中间环节为电子式时,中间环节还要辅助电源来提供电子电路工作所需的电源。中间环节的作用就是对来自零序互感器的漏电信号进行放大和处理,并输出到执行机构。

(3) 执行机构:该结构用于接收中间环节的指令信号,实施动作,自动切断故障处的电源。

(4) 试验装置:由于漏电保护器是一个保护装置,因此应定期检查其是否完好、可靠。试验装置就是通过试验按钮和限流电阻的串联,模拟漏电路径,以检查装置能否正常动作。

看一看

对照上面的图形,观察实训室配发的漏电保护器,完成下列任务:

(1) 该漏电保护器有多少个接线端子?它是单相漏电保护器还是三相漏电保护器?区分它们哪一侧为进线端?

(2) 找到它的复位键,进行复位操作,体会复位操作的方法。

(3) 找到试验按键,复位后按下该按键,看有什么反应?这说明什么问题?

我的观察记录：
（1）＿＿。

（2）＿＿。

（3）＿＿。

安全警告：连接电路时电源一定要保持断开，连接好电路并确保检查无误后方可通电。

对照图 17.2.3 操作。图中上侧部分为电源，漏电保护器 FQ 与电源的连接通过插头实现。图中的虚线暂时不接。

图 17.2.3　漏电保护器的接法

（1）将三相异步电动机接于三相漏电保护器下。

（2）将一只用于照明的白炽灯接于三相漏电保护器下的相线与中线之间。

（3）用带有插头的电源线将漏电保护器的上端与电源的插座相接。

（4）检查漏电保护器是否已经复位，若没有，则复位。

（5）检查无误后接通电源，观察电机与灯泡的反应。

（6）按下试验按键，观察所出现的现象。

我的记录：＿＿＿。

友情提醒：请先断开电源开关！

（1）回想一下，对人体形成危害的电流为多少毫安？当通过人体的电流达到多大时就有可能致人死亡？

我的分析：＿＿＿。

（2）图 17.2.3 中三相交流电的相电压为 220V，若用 220V、5W 小灯泡模拟人体，与小灯泡串联的开关闭合表示触电事故发生，站在地面上的人在操作中误触电源的一根相线而触电，则模拟人体的小灯泡应怎样连接？请在图 17.2.3 中画出其连接位置。

安全警告：请注意安全！

（1）切断图 17.2.3 所示电路的电源开关。
（2）将串联了开关的小灯泡按照前面设计的方案接入电路（开关保持断开）。
（3）闭合电源开关，观察电路的反应。
（4）闭合与小灯泡串联的开关，模拟人体触电，观察电路的反应。

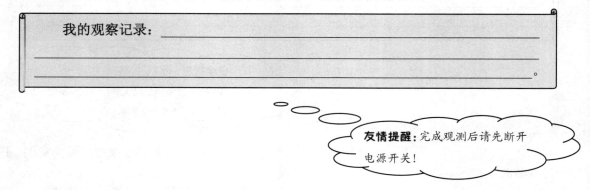

我的观察记录：_____
_____
_____。

友情提醒：完成观测后请先断开电源开关！

第 3 步　安装保护接零和保护接地装置

以保护人身安全为目的，把电气设备不带电的金属外壳接地或接零，叫做保护接地及保护接零。

1. 保护接地

在中性点不接地的三相交流电源系统中，当接到这个系统上的某电气设备因绝缘损坏而使外壳带电时，如果人站在地上用手触及外壳，由于输电线与地之间有分布电容存在，将有电流通过人体及分布电容回到电源，使人触电，如图 17.3.1 所示。在一般情况下这个电流是不大的。但是，如果电网分布很广，或者电网绝缘强度显著下降，这个电流可能达到危险程度，这就必须采取安全措施。

保护接地就是把电气设备的金属外壳用足够粗的金属导线与大地可靠地连接起来。电气设备采用保护接地措施后，设备外壳已通过导线与大地有良好的接触，则当人体触及带电的外壳时，人体相当于接地电阻的一条并联支路，如图 17.3.1 所示。由于人体电阻远远大于接地电阻，所以通过人体的电流很小，这样就避免了触电事故。

2. 保护接零

所谓保护接零（又称接零保护）就是在中性点接地的系统中，将电气设备在正常情况下不带电的金属部分与零线做良好的金属连接。图 17.3.2 是采用保护接零情况下故障电流的示意图。当某一相绝缘损坏使相线碰壳，外壳带电时，由于外壳采用了保护接零措施，因此该相线和零线构成回路，单相短路电流很大，足以使线路上的保护装置（如熔断器）迅速熔断，从而将漏电设备与电源断开，避免人身触电的可能性。

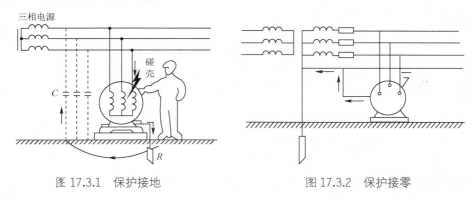

图 17.3.1　保护接地　　　　　　图 17.3.2　保护接零

保护接零用于 380V/220V、三相四线制、电源的中性点直接接地的配电系统。

在电源的中性点接地的配电系统中，只能采用保护接零，如果采用保护接地则不能有效地防止人身触电事故。

系统采用保护接零时需要注意如下问题。

① 在保护接零系统中，零线起着十分重要的作用。一旦出现零线断线，接在断线处后面一段线路上的电气设备，相当于没了保护接零。如果在零线断线处后面有的电气设备外壳漏电，则不能构成短路回路使熔断器熔断，不但这台设备外壳长期带电，而且使接在断线处后面的所有做保护接零设备的外壳都存在接近于电源相电压的对地电压，触电的危险性将被扩大。所以零线的连接应牢固可靠、接触良好。零线的连接线与设备的连接应用螺栓压接。所有电气设备的接零线，均应以并联方式接在零线上，不允许串联。在零线上禁止安装保险丝或单独的断流开关。在有腐蚀性物质的环境中，为了防止零线的腐蚀，应在其表面涂以必要的防腐涂料。

② 电源中性点不接地的三相四线制配电系统中，不允许用保护接零，而只能用保护接地。

③ 在采用保护措施时，必须注意不允许在同一系统上把一部分设备接零，另一部分设备接地。

④ 在采用保护接零的系统中，还要在电源中性点进行工作接地和在零线的一定间隔距离及终端进行重复接地。

在当前供电电路中，保护接零、保护接地与漏电保护器的广泛配合，使电路的安全系数得到了极大的提高。

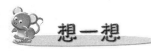

（1）观察你的实训台，你能找到你的实训台的零线和地线吗？说说你的理由？

（2）若直接应用实训台上的地线对图 17.2.3 中的电机实施保护接地，应如何操作？

（3）若直接应用实训台上的零线对图 17.2.3 中的电机实施保护接零，应如何操作？

（4）若用 220V、5W 白炽灯的电阻模拟与实训台相接的电机的漏电阻，与白炽灯串联的开关闭合则表示漏电的发生，这个白炽灯应怎样连接？

我的思考：
（1）_____。
（2）_____。
（3）_____。
（4）_____。

做一做

安全警告：请注意安全！

（1）切断图 17.2.3 所示电路的电源开关。
（2）将串联了开关的小灯泡按照前面设计的方案接入电路（开关保持断开）用于模拟漏电事故的发生。
（3）将电机按照前面设计的方案实施保护接零。
（4）闭合电源开关，观察电路反应。
（5）闭合与小灯泡串联的开关，模拟漏电事故的发生，观察电路的反应。
（6）断开电源开关和与小灯泡串联的开关，将电机按照前面设计的方案实施保护接地。
（7）闭合电源开关，观察电路反应。
（8）闭合与小灯泡串联的开关，模拟漏电事故的发生，观察电路的反应。

我的记录：_____
_____
_____
_____
_____
_____
_____

想一想

友情提醒：请先断开电源开关！

（1）你的接地保护线有没有通过漏电保护器？
（2）你的接零保护线有没有通过漏电保护器？若通过了漏电保护器，发生漏电事故时，漏电保护器能否起到保护作用？

我的分析：_____
_____
_____
_____

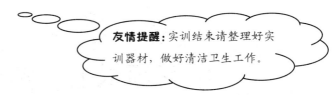

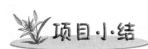

（1）在交流电路中，无正负极之分但有火线与零线之分。
（2）在实际应用中，火线和零线一般可用万用表来判断，也可用测电笔来判断。
（3）漏电保护器的作用是用于漏电保护，一般的漏电保护器有两个键，一个复位键，另一个为试验按键。
（4）保护接地就是将电器的金属外壳与地可靠相接，它适用于中性点不接地的供电系统中。
（5）保护接零就是将电器的金属外壳与零线可靠相接，它适用于中性点接地的供电系统中。
（6）为了保证保护接零的安全，在保护接零的系统中，中线一定要接牢，不可断开，还要重复接地。
（7）保护接零和保护接地不可混用。

习　题

1．回家用万用表和测电笔分别检测你家的电源插座，它们是否遵循"左零右火"的原则？
2．观察你家的配电箱，有没有安装漏电保护器？若安装了，请你进行漏电试验，观察其是否能正常工作？
3．保护接地和保护接零一般各应用于什么样的供电系统中？
4．若电路中没有安装漏电保护器，则保护接地是否起作用？为什么？
5．若电路中没有安装漏电保护器，则保护接零是否起作用？为什么？
6．保护接零系统中若中线脱开，会出现什么后果？为什么？
7．在保护接零系统中，接零保护线是否可直接与漏电保护器下的电源中性线相接？为什么？

学习领域七　实用照明电路

领域简介

前面学习了单相交流电路和三相交流电路的连接与测试，但对与人们关系最为密切的有关照明电路的安装与测试还是没有涉足。本领域将通过两个项目，分别学习荧光灯电路的安装和简易配电板的安装，学习常用的安装与测试方法，了解常用照明灯具，练习电路安装与测试的相关技能。

项目 18　荧光灯电路的安装

学习目标

- ◇ 了解常用电光源、新型电光源及其构造和应用；
- ◇ 了解常用导电材料、绝缘材料及其规格和用途，会使用常用电工工具和电工材料；
- ◇ 会使用合适工具对导线进行剥线、连接以及绝缘恢复；
- ◇ 能绘制荧光灯电路图，了解荧光灯电路的工作原理，会按图纸要求安装荧光灯电路，能排除荧光灯电路简单故障；
- ◇ 理解电路中瞬时功率、有功功率、无功功率和视在功率的物理概念，会计算电路的有功功率、无功功率和视在功率；
- ◇ 理解功率三角形和电路的功率因数，了解功率因数的意义；
- ◇ 了解提高电路功率因数的意义及方法；
- ◇ 会使用仪表测量交流电路的功率和功率因数，了解感性电路提高功率因数的方法及意义。

工作任务

- ◇ 认识常用照明灯具
- ◇ 常用电工工具及材料的使用；
- ◇ 荧光灯电路的安装；
- ◇ 荧光灯电路的测试。

项目概要： 本项目由 4 项任务组成，各任务间依次为递进关系。前两项任务是认识常用照明灯具、电工工具和电工材料，学习常用电工工具和电工材料的使用，后两项任务是在前两项任务的基础上进行电路的安装与测试。

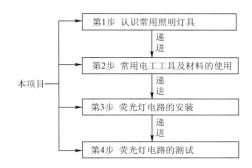

第1步　认识常用照明灯具

在日常生活中，你见过的照明灯具有哪些？

我的思考：

1）白炽灯

所有固体、液体及气体如达到足够高的温度，都会产生可见光，白炽灯中大约 3000K 时的炽热的固体钨就是常见的光源。白炽灯有较宽的工作电压范围，价格低廉，不需要附加电路。但它的效率较低，仅有 10% 的输入能量转化为可见光能。白炽灯主要应用于家庭照明及需要密集的低工作电压灯的地方，如手电筒、控制台照明等，如图 18.1.1 所示。

灯头是白炽灯电连接和机械连接部分，在普通白炽灯中，最常用的螺口式灯头为 E14、E27，最常用的插口灯头为 B15、B22。

图 18.1.1　白炽灯

白炽灯的主要部件有灯丝、支架、泡壳、填充气体、灯架。

2）卤钨灯

与额定功率相同的无卤素白炽灯相比，卤钨灯的体积要小得多，并允许充入高气压的较重气体（较昂贵），这些改变可延长寿命或提高光效。同样，卤钨灯也可直接接电源工作而不需控制电路。卤钨灯广泛用于机动车照明、投射系统、特种聚光灯、低价泛光照明、舞台及演播室照明和其他需要在紧凑、方便、性能良好上超过非卤素白炽灯的场合，如图 18.1.2 所示。

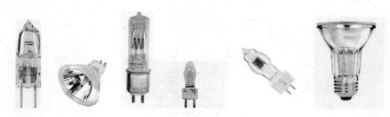

图 18.1.2　卤钨灯

3）荧光灯

荧光灯主导商业和工业照明。通过设计的革新、荧光粉的发展及电子控制线路的应用，荧光灯的性能不断提高。带一体化电路的紧凑型荧光灯的引入拓宽了荧光灯的应用，包括家居的应用，这种灯替代白炽灯，将节能 75%，寿命提高 8～10 倍。一般情况下，所有气体放电灯都需要某种形式的控制电路才能工作。

荧光灯的性能主要取决于灯管的几何尺寸（即长度和直径）、填充气体的种类、变压器、涂敷荧光灯粉及制造工艺。现在常用的荧光灯主要分直管灯、高流明单端荧光灯和紧凑型荧光灯 3 类，如图 18.1.3 所示。

图 18.1.3　荧光灯

4）低压钠灯

低压钠灯光效最高，但仅辐射单色黄光，这种灯照明情况下是不可能分辨各种颜色的。主要应用是：道路照明、安全照明及类似场合下的室外应用。其光效是荧光灯的两倍，卤钨灯的 10 倍。与荧光灯相比，低压钠灯放电管是长管形的，通常弯成 "U" 形，把放电管放在抽成真空的夹层外玻壳内，其夹层外玻壳上涂有红外反射层以达到节能和提高最大光效的目的，如图 18.1.4 所示。

图 18.1.4　低压钠灯

5）高强度气体放电灯

这类灯都是高气压放电灯，特点是都有短的高亮度的弧形放电管，通常放电管外面有某种形状的玻璃或石英外壳，外壳是透明或磨砂的，或涂一层荧光粉以增加红色辐射，分为高压钠灯、高压汞灯和金属卤化物灯，分别如图 18.1.5、图 18.1.6 和图 18.1.7 所示。

图 18.1.5　高压钠灯

图 18.1.6　高压汞灯

图 18.1.7　金属卤化物灯

6) 感应灯

这是刚出现不久的无极气体放电灯。从形式看来，感应灯是紧凑型荧光灯的另一种形式，但高压部分有多许不同。这种灯不局限于长管形（如荧光灯管），且能瞬时发光。工作频率在几个兆赫之内，并且需要特殊的驱动和控制灯点燃的电子线路装置。

7) 场致发光照明

场致发光照明包括多种类型的发光面板和发光二极管，主要应用于标志牌及指示器。高亮度发光二极管可用于汽车尾灯及自行车闪烁尾灯，具有低电流、低消耗的优点。

你在日常生活中见过的照明灯具中，哪些是白炽灯？哪些是卤钨灯？哪些是荧光灯？哪些是低压钠灯？哪些是高压气体放电灯？哪些是感应灯？哪些是场致发光照明？

我的分析：_____

第2步　常用电工工具及材料的认识

1) 螺丝刀

螺丝刀是最常用的电工工具，由刀头和柄组成。刀头形状有一字形和十字形两种，分别用于旋动头部为横槽或十字形槽的螺钉。螺丝刀的规格是指金属杆的长度，规格有 75、100、125、150mm 几种。使用时，手紧握柄，用力顶住，使刀紧压在螺钉上，以顺时针的方向旋转为上紧，逆时针为下卸（图 18.2.1）。穿心柄式螺丝刀，可在尾部敲击，但禁止用于有电的场合。

2) 钢丝钳

钢丝钳用于夹持或切断金属导线，带刃口的钢丝钳还可以用来切断钢丝。这种钳的规格有 150、175、200mm 3 种，均带有橡胶绝缘套管，可适用于 500V 以下的带电作业。使用时，应注意保护绝缘套管，以免划伤失去绝缘作用。不可将钢丝钳当锤使用，

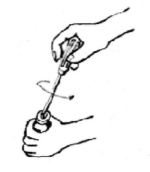

图 18.2.1　螺丝刀的使用

以免刃口错位、转动轴失圆，影响正常使用。

3）尖嘴钳

尖嘴钳用于夹捏工件或导线，特别适宜于狭小的工作区域。规格有 130、160、180mm 3 种。电工用的带有绝缘套管。有的带有刃口，可以剪切细小零件。

4）剥线钳

剥线钳为内线电工、电机修理、仪器仪表电工常用的工具之一。它适用于塑料、橡胶绝缘电线、电缆芯线的剥皮。使用方法是：将待剥皮的线头置于钳头的刃口中，用手将两钳柄一捏，然后一松，绝缘皮便与芯线脱开。剥线钳的使用应注意以下几点：

（1）根据缆线的粗细型号，选择相应的剥线刀口；

（2）将准备好的电缆放在剥线工具的刀刃中间，选择好要剥线的长度；

（3）握住剥线工具手柄，将电缆夹住，缓缓用力使电缆外表皮慢慢剥落；

（4）松开工具手柄，取出电缆线，这时电缆金属整齐地露在外面，其余绝缘塑料完好无损。

观察你配置的电工工具，了解它们的结构和使用方法，并根据老师的要求练习使用。

常用导线的分类与应用如下。

1）导线的种类

常用导线有铜导线和铝导线。铜导线的电阻率比铝导线小，焊接性能和机械强度比铝导线好，因此它常用于要求较高的场合。铝导线密度比铜导线小，而且资源丰富，价格较低廉。

导线有单股和多股两种，一般截面积在 $6mm^2$ 及以下为单股线，截面积在 $10mm^2$ 及以上为多股线。多股线是由几股或几十股线芯绞合在一起形成一根的，有 7 股、19 股、37 股等。导线还分裸导线和绝缘导线，绝缘导线有电磁线、绝缘电线、电缆等多种。常用绝缘导线在导线线芯外面包有绝缘材料，如橡胶、塑料、棉纱、玻璃丝等。

2）常用导线的型号及应用

（1）B 系列橡皮塑料电线。

这种系列的电线结构简单，电气和机械性能好，广泛用做动力、照明及大中型电气设备的安装线。交流工作电压为 500V 以下。

（2）R 系列橡皮塑料软线。

这种系列软线的线芯由多根细铜丝绞合而成，除具有 B 系列电线的特点外，还比较柔软，广泛用于家用电器、小型电气设备、仪器仪表及照明灯线等。

此外还有 Y 系列通用橡套电缆，该系列电缆常用于一般场合下的电气设备、电动工具等的移动电源线。

实训室配发的导线是单股线还是多股线？是铜导线还是铝导线？是什么型号的导线？对该

型号你是怎样理解的？

我的思考：
_____
_____
_____

绝缘材料又称电介质，它与导电材料相反，在恒定电压作用下，除有极微小的泄漏电流通过外，实际上是不导电的。绝缘材料在带电作业中有着非常重要的地位，是确保作业人员人身安全和电气设备安全的物质基础。它不仅起着将高电位对地隔离的作用，也起着承担一定机械力的作用。可以说，没有优良的绝缘材料，就不能开展带电作业。

根据国际电工委员会（IEC）按电气设备正常运行所允许的最高工作温度（即耐热等级），把绝缘材料分为Y、A、E、B、F、H、C七个耐热等级。其允许工作温度分别为90℃、105℃、120℃、130℃、155℃、180℃和180℃以上。

我国目前带电作业使用的绝缘材料大致有下列几种：

（1）绝缘板材。包括硬板和软板，其种类有层压制品（如3240环氧酚醛玻璃布板）和工程塑料的聚氯乙烯板、聚乙烯板等。

（2）绝缘管材。包括硬管和软管。种类有层压制品，如3640环氧酚醛玻璃布管；带或丝的卷制品，如超长环氧酚醛玻璃布管、椭圆管等。

（3）薄膜。如聚丙烯、聚乙烯、聚氯乙烯、聚酯等塑料薄膜。

（4）绝缘绳索。如尼龙绳、锦纶绳和蚕丝绳（分生蚕丝绳和熟蚕丝绳两种），其中包括绞制、编制圆形绳及带状编织绳。

（5）其他绝缘油、绝缘漆、绝缘粘合剂等。

观察实训室配发的各种绝缘材料，它们分属上面所列的绝缘材料中的哪一种？

我的思考：
_____
_____
_____

第3步 荧光灯电路的安装

1. 认识荧光灯电路

读一读

荧光灯电路如图 18.3.1 所示，主要由灯管、镇流器和启辉器组成。

荧光灯管是一个内壁涂有荧光粉，内充稀薄水银蒸气的薄玻璃管。其两端有两根灯丝，每根灯丝上接有两个电极。当两根灯丝之间出现高压使水银蒸气导电时，就会激发出紫外线，使涂在其内壁上的荧光粉发出柔和的白光。可见荧光灯管发光不是灯丝导电形成的，而是水银蒸气导电形成的。气体导电有一个共性特征，就是起动时要高压，但一旦导通，又只需要很小的低电压。为灯管提供适当电压并适时进行分压的重任是由镇流器完成的。

镇流器是一个带有闭合铁芯的电感线圈，它在电路刚接通时产生高压使荧光灯管启辉，灯管发光又起分压作用。

启辉器的结构如图 18.3.2 所示，它是一个充有氖气的小玻璃泡，泡内有两个电极，其中一个是固定不动的，叫静触片，而另一个则是 U 形的双金属片，叫动触片。所谓双金属片，是由热膨胀系数不同的两种金属片叠压而成的热敏装置，当温度发生变化时，由于正、反两面热膨胀系数不同而形变大小不同，从而导致双金属片发生弯曲。正常情况下两个电极是分离的，当电压高于一定的数值时，两电极间的氖气就会放电而发出辉光，进而温度升高，使 U 形双金属片膨胀伸长，跟静触片相接触，将电路接通。接通后由于氖气不再放电发热，U 形双金属片冷却而收缩，两极分离而切断电路。由此可见，启辉器在电路中就相当于一个全自动开关。

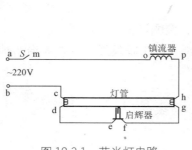

图 18.3.1 荧光灯电路

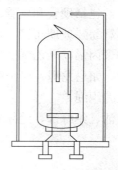

图 18.3.2 启辉器

图 18.3.1 中，当 S 接通时，电路中的 220V 电压不足以使灯管的水银蒸气导通，故 220V 电压通过镇流器和灯丝全部加在启辉器的两电极间，在该电压作用下启辉器中的氖气放电发热，U 形双金属片膨胀伸长，将两电极接通。此时加在两电极间的电压就会转至镇流器两端，电路中会形成比较大的电流，不过这一电流并没有通过灯管，而仅经过其两端的灯丝。即此时的灯管并没有整体正常工作，只是其两端由于灯丝中有电流流过而发光。启辉器两电极接通后由于氖气不再放电发热，U 形双金属片就会冷却收缩而切断电路。随着电路被切断，电流将突然减小，由于镇流器的自感作用，它会产生一个较大的自感电动势。这个自感电动势与电源电压叠加后所形成的

高压加在灯管的两个灯丝间,使灯管中的水银蒸气击穿而导通,灯管开始发光。灯管发光后由于有一定的电流通过镇流器,而镇流器的感抗又很大,所以镇流器两端会有很大分压(接近200V),而灯管两端的电压较小(一般不足100V)。灯管两端的电压也同时加在启辉器的两电极间,但此时这一电压并不能使氖气放电,也就是说启辉器在该电压作用下不会再接通。

(1)回想一下你家里的荧光灯或观察一下学校教室中的荧光灯,闭合电源开关时,按先后顺序分别有哪些现象发生?这些现象应该是荧光灯电路中的哪些元器件发生的?怎样发生的?

(2)老化的荧光灯常会出现发光—熄灭—再发光—再熄灭的闪动,并伴随着"砰"、"砰"的轻微响声,分析一下,这可能是什么原因导致的?

2. 荧光灯电路的安装

(1)用万用表(或欧姆表)的合适挡位测量荧光灯管同端两电极间的电阻,并将检测结果填入表18.3.1中。

(2)用万用表(或欧姆表)的合适挡位测量荧光灯管异端两电极间的电阻,并将检测结果填入表18.3.1中。

(3)用万用表(或欧姆表)的合适挡位测量镇流器两电极间的电阻,并将检测结果填入表18.3.1中。

(4)用万用表(或欧姆表)的合适挡位测量启辉器两电极间的电阻,并将检测结果填入表18.3.1中。

我的记录：

表 18.3.1 记录表

测 量 项 目	所用倍率	测量值
荧光灯管同端两电极间的电阻		
荧光灯管异端两电极间的电阻		
镇流器两电极间的电阻		
启辉器两电极间的电阻		

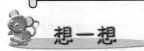

根据你对荧光灯管、镇流器和启辉器的了解，你所检测的器件有质量问题吗？若有问题，请立即向老师报告。

我的分析：_____
_____
_____。

看一看

荧光灯电路除镇流器、启辉器和荧光灯管外，还有相应的灯座和启辉器座。打开荧光灯座和启辉器座，了解其内部结构和接线方法。

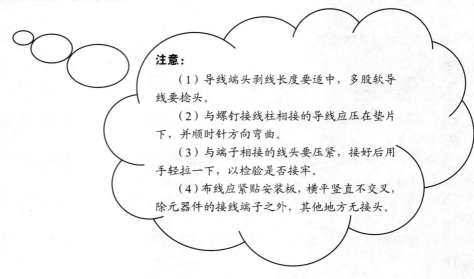

注意：
（1）导线端头剥线长度要适中，多股软导线要捻头。
（2）与螺钉接线柱相接的导线应压在垫片下，并顺时针方向弯曲。
（3）与端子相接的线头要压紧，接好后用手轻拉一下，以检验是否接牢。
（4）布线应紧贴安装板，横平竖直不交叉，除元器件的接线端子之外，其他地方无接头。

（1）观察分析相关器件的结构，构思它们的安装方法。

（2）在给定的安装基板上，结合图 18.3.1 所示的原理图，设计实际电路的布局（图 18.3.1 中的 a、b 两点间接一两极插头，用于与交流电源相接）。

（3）安装电路。简单记录你的安装步骤和安装情况，特别是遇到过的意外问题及它们的解决办法。

> **我的分析：**_____
> _____
> _____
> _____
> _____

电路安装好后，首先要对电路进行简单检测，然后才能通电试验。

> **我的分析：**
> 该电路检测的最简单方法是用万用表的电阻挡检测电源插头 a 和 b 间的电阻和电源插头 a 点与启辉器 f 点间的电阻（闭合开关）。若电路安装正确，则：
> 电源插头 a 和 b 间的电阻应为_____；
> b 点与启辉器的 e 点间的电阻应为_____；
> 电源插头 a 点与启辉器的 f 点间的电阻（闭合开关）应为_____。

用万用表的电阻挡检测。

> **我的记录：**
> 电源插头 a 和 b 间的电阻为_____；
> b 点与启辉器的 e 点间的电阻为_____；
> 电源插头 a 点与启辉器的 f 点间的电阻（闭合开关）为_____。

根据前面的检测，你安装的电路是否存在故障？若有故障，则分析故障原因并排除。

我的分析：_____

做一做

> **安全警告**：请注意安全，检查无误后方可通电！

插上电源插头，闭合电源开关，观察电路反应，并将相关现象记录下来。

我的记录：_____

> **友情提醒**：观察结束请立即断开电源开关！

第4步　荧光灯电路的测试

1. 荧光灯电路电压的测试

> **安全警告**：请注意安全，通电后人体的任何部位都不可接触电路中的裸露部分，要接触电路应先断开电源开关！

做一做

将荧光灯电路接在50Hz可调交流电源下，闭合电键S，将电源电压由零逐渐升高。

我的记录：
（1）当电压升到多大时，启辉器开始放电而发出辉光。
启辉器最低起辉电压为_____。
（2）继续缓慢升高电压，电压升至多大时，灯管被点燃发光。
灯管最低点燃电压为_____。
（3）将电源电压升至220V，测出灯管两端的电压和镇流器两端的电压。
正常工作时灯管两端的电压为_____，镇流器两端的电压为_____。
（4）逐渐降低电源电压，观察灯管的亮度变化。
电压降到_____时才感觉到灯管亮度在变化；电压再下降，灯管的亮度在_____；当电压降到_____时，灯管才熄灭。

友情提醒：请先断开电源开关！

（1）以前的边远地区由于线路损耗较大，用户电压一般都较低，而且主要用电设备就是照明灯具。为了保证荧光灯能发光，有些用户下午就打开荧光灯。试分析这样做的理由（用上面所测量数据来说明）

（2）从测试的电压结果说明，为什么荧光灯正常发光时，启辉器不再有任何反应？

（3）电路的总电压为220V时，灯管两端的电压和镇流器两端的电压之和为多少？为什么与220V不相等？

我的分析：_____

_____

_____

_____

_____

_____

_____

_____

2．荧光灯电路功率的测试

在交流电路中，功率关系很复杂，其原因就在于电压和电流间的相位差。

在交流电路中，电压有效值和电流有效值的乘积称为**视在功率**（S），即看似存在的功率。

$$S = UI$$

电阻元件是耗能元件，在 RLC 元件组成的交流电路中，电阻上的功率就是电路实际损耗的功率，也就是电路的平均功率或**有功功率**（P），即电阻元件上的视在功率和有功功率相等。

电感和电容是储能元件，它们在交流电路中并不损耗能量，所以电容器和电感器上的功率是**无功功率**（Q），即储能元件的视在功率和无功功率相等。

某交流电路电压和电流的相位差为 ϕ，则电路的有功功率和无功功率分别为：

$$P = UI\cos\phi$$
$$Q = UI\sin\phi$$

有功功率、无功功率和视在功率之间的关系为：

$$S^2 = P^2 + Q^2$$

为了区分有功功率、无功功率和视在功率，3个功率的单位本质虽是一样，但形式却有所不同。**视在功率的单位为伏安（VA），有功功率的单位为瓦（W），而无功功率的单位为乏（var）。**

想一想

分别将 1000Ω 的电阻器、1μF 的电容器和 1H 的电感器接于 220V、50Hz 的交流电路中，它们各自消耗的有功功率、无功功率和视在功率分别为多少？

我的分析：_____

读一读

图 18.4.1　电动系功率表

常用的电动系功率表如图 18.4.1 所示，它有 3 个电压量程和两个电流量程，它们的选择与电压表和电流表一样，即量程在大于测量值的基础上应尽可能小，测量值最好为三分之二到满量程之间。

其实不同电压量程就是在电动系测量机构的动圈基础上串接不同的附加电阻而形成的，所以电动系功率表中的电压线圈就是动圈。而电流量程的改变则是通过改变定圈两部分的串、并联方式来实现的。

电压量程的选择方法与一般多量程电压表一样，"*U"为公共接线端，"U_1"、"U_2"、"U_3"分别为三个电压量程的选择接线端。定圈的串、并联方式的改变是通过搭片来实现的，图 18.4.2 中右侧就是 4 个电流端钮，下面两个为电流的接线端，上面两个端钮下各有一个金属搭片。当两个搭片竖搭时，为大电流量程，此时定圈的两部分并联，量程的大小为定圈额定电流的两倍，如图 18.4.2 中的左图所示；当两个搭片横搭时，为小电流量程，此时定圈的两部分串联，量程的大小等于定圈的额定电流，如图 18.4.2 中的右图所示。

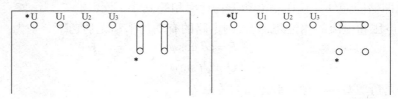

图 18.4.2　功率表的电流量程变换

功率表的量程一般就等于电压量程和电流量程的乘积。

除了正确选择量程外，正确连接发电机端是使用功率表的一个十分重要的问题。图 18.4.2 中打有"*"的接线端就是"发电机端"，发电机端的接线规则如下。

(1) 电流支路的发电机端必须接电源一侧。

(2) 电压支路的发电机端必须接电流线圈所在的一侧。如图 18.4.3 所示，电源在左侧，所以"*I"端子接在左侧；电流线圈接在上侧电源线中，所以"*U"与上侧电源线相接。

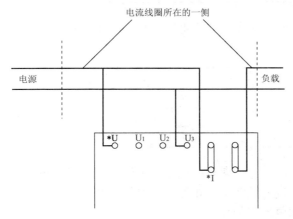

图 18.4.3　功率表的使用

若用符号来表示功率表的接线，图 18.4.3 所示的电路可用图 18.4.4 来表示。为了简化符号，又常将定圈和动圈组合起来，将图 18.4.4 画成图 18.4.5 的左图形式。图 18.4.5 左侧为电压支路前接法测量电路，右侧为电压支路后接法测量电路。前接法就相当于伏安法测量电阻中的安培表内接法（也可以说成电压表前接法），后接法就相当于伏安法测量电阻中的安培表外接法（也可以说成电压表后接法）。它们的不同点与伏安法测电阻一样。

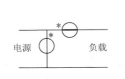

图 18.4.4　功率表的两个线圈

图 18.4.5　功率表的接法

设计荧光灯电路功率测量方案。

(1) 要测试荧光灯电路的视在功率，应使用什么电表？采用什么测量方法？怎样得到视在功率的数值？

我的思考：_____
_____
_____
_____

（2）要测试荧光灯电路的有功功率，应使用什么电表？怎样测试？

我的思考： _____
_____

（3）实训室配发给你的功率表有几个电压量程？大小分别为多少？怎样切换？有几个电流量程？大小分别为多少？怎样切换？

我的思考： _____
_____
_____

（4）根据前面的思考，参考功率表的电压、电流量程和发电机端接线规则，在图 18.4.6 中画出荧光灯电路有功功率和视在功率测试电路中的功率表搭片的搭接位置、电流支路的接线、电压支路的接线以及电压表和电流表的接线。

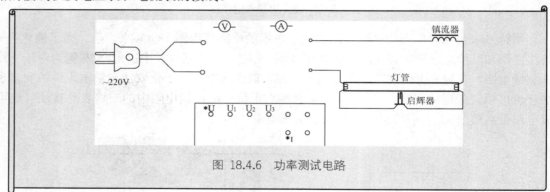

图 18.4.6　功率测试电路

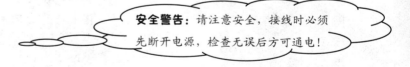

安全警告： 请注意安全，接线时必须先断开电源，检查无误后方可通电！

测试荧光灯电路的功率

（1）对照图 18.4.6 连接好电路。
（2）检查电路，在确保无误后接通电源，并将电源电压（伏特表的示数）调到 220V。
（3）读出相关电表的读数填入表 18.4.1 中。

我的记录：

表 18.4.1　记录表

电压表示数	电流表示数	电压和电流的乘积	功率表示数

 **友情提醒**：请先断开电源开关！

根据以上测试，该荧光灯电路的有功功率、无功功率和视在功率分别为多少？

我的思考：_____
_____
_____

3. 荧光灯电路功率因数的测试与提高

表达式 $P=UI\cos\phi$ 中的 $\cos\phi$ 是电路的功率因数。所谓**功率因数**就是电路中电压和电流相位差的余弦，其数值等于有功功率与视在功率的比值。功率因数反映了电源功率利用率的大小。

比如某电源的容量为 10kVA，若一用电器的功率因数为 0.6，功率为 1kW，则该电源可带 6 个这样的负载。

$$n=\frac{S}{\dfrac{P}{\cos\phi}}=\frac{10\text{kVA}}{\dfrac{1\text{kW}}{0.6}}=6$$

若用电器仍为 1kW，但功率因数提高到 0.8，则该电源可带 8 个这样的负载。

$$n=\frac{S}{\dfrac{P}{\cos\phi}}=\frac{10\text{kVA}}{\dfrac{1\text{kW}}{0.8}}=8$$

可见，电路的功率因数越高，电源的利用率也就越高，电源所带的负载也就越多。

根据以上测试，该荧光灯电路的功率因数为多少？

我的思考：_____
_____
_____

一般交流电路都呈感性，所以提高功率因数就是使电路的感性减弱，其办法就是在实际电路中接电容器。接电容器有两种方法，一种是串联，另一种是并联，如图 18.4.7 所示。左图中电容器接入后，负载两端的电压仍是额定电压，即左图接入电容器提高功率因数的同时还能保证负载正常工作。右图接入电容器后，虽提高了功率因数，但负载两端的电压不再是额定电压，即负载不能正常工作。所以只能采用并联适当电容器的方法来提高功率因数。

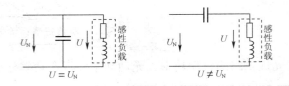

图 18.4.7 功率因数的提高方法

安全警告：请注意安全，接线时必须先断开电源，检查无误后方可通电！

（1）对照图 18.4.8 连接好电路（请根据电表和负载的实际情况选择功率表的电压量程和电流量程）。

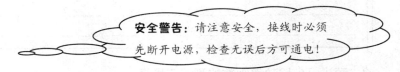

图 18.4.8 测试功率因数

（2）将 S 断开（即电容箱断开），接通电源，读出各电表的读数，填入表 18.4.2 中。

（3）将 S 闭合，电容箱的容量调到最小，接通电源，读出各电表的读数，填入表 18.4.2 中。

（4）分别将电容箱调至由老师根据实际情况设定的各值，重复测量电压和电流，并填入表 18.4.2 中。

我的记录：

表 18.4.2 记录表

电容	电压表读数	电流表 1 读数	电流表 2 读数	功率表读数	视在功率	有功功率	功率因数
0							

友情提醒：请先断开电源开关！

我的分析：

（1）提高功率因数的方法是给负载并联一个适当大小的电容器，从表 18.4.2 中可以看出，本测试电路最合适的电容器电容量应为_____。

（2）从表 18.4.2 中可以看出，随着所并联的电容器电容量的变大，电路的功率因数先逐渐变_____，然后又逐渐变_____。电路原来呈感性，当所并联电容逐渐变大时，电路的感性逐渐变_____（强/弱），容性逐渐变_____（强/弱），当功率因数为 1 时，电路呈_____（感性/容性/纯电阻性），若电容器的容量再变大，电路的功率因数反而变_____，电路呈_____（感性/容性）。

（3）随着电路功率因数的提高，电流表 A 的读数_____（变大/变小/基本不变），日光灯的工作状态_____（有/无）变化，日光灯电路损耗的功率_____（有/无）变化，日光灯的有功功率_____（有/无）变化，日光灯电路的视在功率_____（有/无）变化。由此可见，提高功率因数是提高整个电路的功率因数，而原感性负载（日光灯电路）的功率因数_____（随之/没有）提高，日光灯的有功功率_____（随之/没有）提高。

（4）随着电路功率因数的提高，电流表 A₁ 的读数在_____（逐渐变大/逐渐变小/基本不变），而负载的工作状态没有变化。由此可见，提高功率因数就是在确保负载工作状态不变的情况下，_____（降低/提高）了电源所提供的电流，这样也就_____（降低/提高）了电源的负担，从而提高了电源的利用率。

项目小结

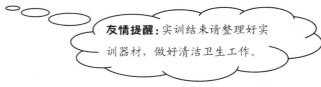

友情提醒：实训结束请整理好实训器材，做好清洁卫生工作。

（1）常用的照明灯具有白炽灯、卤钨灯、荧光灯、低压钠灯、高强度气体放电灯、感应灯和场致发光照明等。

（2）在电路安装中，要正确选择导电材料、绝缘材料，并正确使用电工工具。

（3）荧光灯电路主要由灯管、镇流器和启辉器组成，镇流器在启辉时为灯管提供高压而正常工作时则起分压作用，启辉器相当于自动开关，启辉时将电路接通，工作时则断开。

（4）荧光灯是利用气体导电而发光的，正常工作时灯管两端的电压很低。

（5）荧光灯电路的连接点较多，极易出现接触不良，特别是灯管的 4 个接线柱。

（6）电路连接好后首先要检查是否短路，然后再检查电路是否接触良好。

（7）在交流电路中，功率有有功功率 P、无功功率 Q 和视在功率 S 之分，视在功率等于电压和电流的乘积，有功功率是电路实际损耗的功率，$P=S\cos\phi$，$Q=S\sin\phi$。

（8）有功功率要用功率表来测试，无功功率一般用电压表和电流表来间接测试。

（9）功率表相当于电压表和电流表的组合，使用时要注意电压的量程、电流的量程、功率的量程以及发电机端接线规则。

（10）功率因数是表示电源利用率的参数，通过测试有功功率和视在功率可测试电路的功率因数。

（11）要提高功率因数，应给相应的感性负载并联适当的电容器。

1．走访工厂、学校和小区，生产、生活中常用的导电材料、绝缘材料有哪些？它们的性能和使用场合是怎样的？

2．怎样区分火线与零线？为什么要区分火线与零线？

3．常用的电工工具有哪些？它们各在什么场合使用？使用时各应注意什么问题？

4．荧光灯电路主要由哪几部分组成？各部分的作用怎样？

5．正常工作时，灯管两端的电压大致为多少？镇流器两端的电压大致为多少？这两个电压之和为什么不等于总电压 220V？

6．荧光灯正常工作时，启辉器两极片间有一定的电压，但此时为什么不会再次"短路"？

7．在荧光灯电路安装过程中，常会出现的问题有哪些？这些问题是怎样形成的？怎样处理这些问题？

8．在交流电路中，有功功率、无功功率和视在功率各表示什么？它们间的关系怎样？

9．怎样测量电路的有功功率、无功功率和视在功率？

10．根据你的测量经验，你认为功率表在使用时应注意哪些问题？

11．什么叫功率因数？怎样测试功率因数？

12．为什么要提高功率因数？怎样提高功率因数？

13．在老师指导下，利用课余时间去实训室测试荧光灯镇流器、白炽灯和用于提高功率因数的电容器在 220V 交流电路中的有功功率、无功功率和视在功率。

项目 19　简易配电板的安装

学习目标

- 了解照明电路配电板的组成，了解新型电能计量仪表；
- 能识读配电板电路；
- 了解电能表、开关、保护装置等元器件的外部结构、性能和用途；
- 会使用单相感应式电能表；
- 会安装照明电路配电板并测试；
- 了解钳形电流表的使用。

工作任务

- 认识电能表；
- 安装简易配电板；
- 电能表的简单校验；

✧ 电流的便捷测试（钳形电流表测试法）。

项目概要： 本项目由 4 项任务组成，整个项目以第 2 项任务为中心，第 1 项任务为第 2 项任务进行有关电能表的知识和技能准备，第 3 项和第 4 项任务是以照明电路配电板为基础的应用。

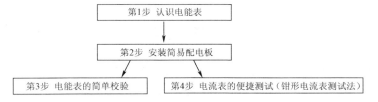

第 1 步　认识电能表

在日常生活中，你见到过电能表（也称为电度表）吗？它是用来测量什么的？说说你对电能表的了解。

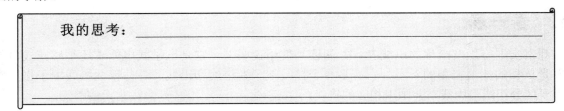

在电力生产的各个环节上都存在着需要记录电能的特殊要求。正确计量电能，能准确考核电力企业的经济效益，指导用电单位合理、科学地使用电能，提高全社会的综合经济效益。

电能计量的工具称为电能计量装置。电能计量装置包括各类电能表和与其配合使用的互感器以及电能表到互感器的二次回路接线，电压失压计，电能计量柜、箱等。本项目中所用的是最简单的电能计量装置，它只有电能表，没有其他配套装置。

从结构原理来看，电能表有感应式电能表和电子式电能表之分。随着电子技术的飞速发展，感应式电能表正在逐渐被淘汰，取而代之的是性能更为优越的电子式电能表。

从使用功能上看，电能表主要分为以下几种。

1）有功电能表

有功电能表用于计量电能的有功部分，其计量的结果为 $W_P=UI\cos\phi t$，计量单位用 k·Wh（千瓦时）表示，主要包括单相、三相、三相四线电能表。

2）无功电能表

无功电能表用于计量电能的无功部分，其计量的结果为 $W_Q=UI\sin\phi t$，计量单位用 kvar·h（千乏时）。

3）复费率分时电能表

复费率分时电能表是有多个计量器分别能在规定的不同费率时段内记录交流有功和无功电能的电能表。电力部门依此对用户在高峰和低谷的用电量进行计量，以多种电价进行收费。一方面从降低电能售价上鼓励在负荷低谷时多用电，鼓励非连续生产部门避开高峰用电；另一方面有利于提高电网的负荷率，达到经济、合理地使用电能。目前使用的有机械式和机电一体式。

4）预付费电能表

预付费电能表是在能正确计量电能的基础上，具有了控制用户先付费后用电，并且一旦用电过量能立即跳闸的电能表。

在我国，预付费电能表经过了"投币式电能表"、"磁卡式电能表"、"IC 卡式电能表"的阶段。目前采用的电卡式预付费电能表，俗称 IC 卡电能表，它是把一种具有存储、加密及数据处理能力的集成电路片镶嵌于塑料基片中，具有智能性又便于携带；根据读写卡的接触方式，可将其分为接触形（如存储卡、加密存储卡、CPU 卡）及非接触形（如射频卡）。电卡式预付费电能表在抗破坏性、耐用性、存储容量、加密性、设备成本等方面的优势都是以往磁卡表不可比拟的，因此，IC 卡电能表有逐步取代磁卡表的趋势。

5）最大需量表

最大需量表是一种在计量有功电能的同时还可以指示在规定时间内的平均电功率最大值的仪表，实行两部电价制的用户使用此表。

观察实训室配发给你的电能表，并阅读其使用说明书，它是电子式电能表还是感应式电能表？是单相的还是三相的？对外它有多少个接线端子？进线和出线应各与哪些接线端子相接？是否要区分相线与中线？并画出相应的接线图。

> 我的观察分析：
> _____
> _____
> _____
> _____
> _____
> _____
>   电能表的接线图

第 2 步　安装简易配电板

单相交流电用户在进户处都装有一个配电板，其目的是对用户的用电进行控制、保护和计量。

配电板一般由电能表、漏电保护器、电源开关、熔断器等构成。电能表用于计量用户的所耗电能，漏电保护器用于漏电保护，电源开关用于控制电路的通断，熔断器主要用于过流保护和短路保护。

而用户电器一般就是白炽灯、插座、开关和荧光灯等，其他电器都是通过插座二次连接的。白炽灯和荧光灯一般通过开关接在电源上，这些开关都是单刀单掷开关，且要求一定接在火线的一侧。白炽灯又有卡口式和螺口式之分，使用螺口式灯泡时要当心安全问题，灯泡的螺纹底座就是一个电极，安装时要将该电极与零线相接，如图19.2.1所示。

图 19.2.1　白炽灯

图 19.2.2　双联开关

（1）如图 19.2.2 所示的是日常生活中常用的双联开关

> 我的分析：
> 图 19.2.2 中状态下白炽灯_____（能/不能）发光；若将 S_1 合向 "2"，则白炽灯_____（能/不能）发光；若再将 S_2 合向 "3"，则白炽灯_____（能/不能）发光。由此可见，不论 S_1 还是 S_2，其中任一个拨动一下，都_____（可以/不可以）实现对白炽灯的通断控制。

（2）如图 19.2.3 所示的电路中：

> 我的分析：
> 电能表是用于测量_____（功率/电能）的仪表，其下侧 4 个接线端子中，左边第一个应为____（进/出）线中的____（火/零）线，左边第二个应为____（进/出）线中的____（火/零）线，右边第一个应为____（进/出）线中的____（火/零）线，右边第二个应为____（进/出）线中的____（火/零）线。

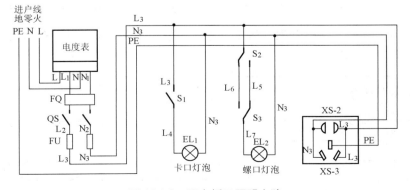
图 19.2.3　配电板及照明电路

(3) 如图 19.2.3 所示的电路中：

> 我的分析：
> QS 用于_____，它是____刀____掷开关。
> FQ 是_____，其作用是_____。
> FU 应该是_____，其作用是_____。
> 开关 S_1 为____刀____掷开关，闭合该开关时灯泡____将发光。
> 开关 S_2 为____刀____掷开关，开关 S_3 为____刀____掷开关，图示状态下灯泡 EL_2 将_____（发光/不发光）；若切换一下 S_2 或 S_3，则灯泡 EL_2 将_____（发光/不发光）；若再切换一下 S_2 或 S_3，则灯泡 EL_2 将_____（发光/不发光）。

做一做

（1）观察实训室所配发的漏电保护器，确定其进线端子和出线端子，以及在基板上的固定方式，并明确安装时应注意的问题。

> 我的观察结果：_____
> _____
> _____
> _____

（2）观察实训室所配发的电源开关，确定其进线端子和出线端子，以及在基板上的固定方式，并明确安装时应注意的问题。

> 我的观察结果：_____
> _____
> _____
> _____

（3）观察实训室所配发的熔断器，确定其进线端子和出线端子，以及在基板上的固定方式，并明确安装时应注意的问题。

> 我的观察结果：_____
> _____
> _____
> _____

（4）观察实训室所配发的单刀单掷开关和双刀双掷开关，确定其进线端子和出线端子，以及在基板上的固定方式，并明确安装时应注意的问题。

我的观察结果：_____

（5）观察实训室所配发的螺口灯泡及螺口灯座、卡口灯泡及卡口灯座，确定其接线端子，以及在基板上的固定方式，并明确安装时应注意的问题。

我的观察结果：_____

参照图 19.2.4 所示的接线图，思考：
（1）如何规划各电器的位置？请根据实训室配发的安装基板尺寸来合理安排。
（2）如何安装相应的电路？要求不交叉、不破线、横平竖直。
根据各电器计划安装的位置和电路的计划走向，参照图 19.2.4 绘制电路的接线图，标明各连接线的序号。

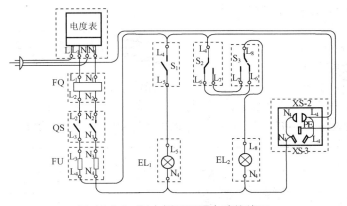

图 19.2.4　配电板及照明电路接线图

我的接线图：

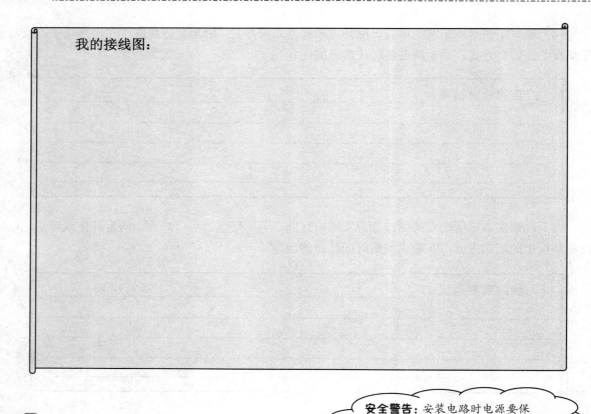

安装配电板和简单照明电路，根据设计好的接线图安装器件并连接电路。要求：

（1）布线应紧贴安装面板，横平竖直，不交叉。
（2）除元器件接线端子处以外，其他地方无接头。
（3）接头处转折不得过短（<3mm）或过长（>30mm）。
（4）应该进入进线孔的导线通过进线孔接入。
（5）接头旋向应顺着螺钉或螺帽的紧固方向，一般为顺时针方向。
（6）接头露铜不得过长（<3mm）。

友情提醒：请先断开电源开关！

电路安装完成后，要对安装情况进行检测，以保证安装无误。
（1）若在电路没有搭火，即电路没有与电源相接的情况下，用万用表的"R×1"挡测量进户线的地线和三孔插座上孔之间的电阻，阻值多少时说明接地线安装正常？

我的分析：_____
_____
_____

（2）进户线插头不插上的前提下，断开电源总开关，用万用表的"R×10"挡测量进户线的火线和零线的电阻，结果怎样才能说明电能表安装正常？

> 我的分析：
> 阻值为_____（零/很大/无穷大）说明电能表安装正常，所测电阻为电能表的_____（电流线圈/电压线圈）的电阻。

（3）闭合电源总开关，用万用表的"R×1"挡测量进户线的火线和两孔插座、三孔插座右孔的电阻，阻值为多少才能说明插座火线安装正常？

> 我的分析：
> 阻值分别为_____和_____说明插座火线安装正常。

（4）闭合电源总开关，用万用表的"R×1"挡测量进户线的零线和两孔插座、三孔插座左孔的电阻，阻值为多少时才能说明插座零线安装正常？

> 我的分析：
> 阻值分别为_____和_____说明插座零线安装正常。

（5）闭合电源总开关，用万用表的"R×1"挡测量进户线的零线和火线间的电阻并拨动一下单刀单掷开关，结果怎样才能说明卡口灯泡安装正常？

> 我的分析：
> 电表所测阻值分别为_____（零/无穷/不为零的某一值）和_____（零/无穷/不为零的另一值）说明卡口灯泡安装正常。

（6）闭合电源总开关，断开单刀单掷开关，用万用表的"R×1"挡测量进户线的零线和火线间的电阻，并分别拨动两个单刀双掷开关，若每次拨动，电表所测阻值都在无穷和某一数值之间切换，这说明什么？

> 我的分析：
> 这说明螺口灯泡安装_____（正常/不正常）。

（7）闭合电源总开关，用万用表的"R×1"挡测量进户线的火线与单刀单掷开关负载端的电阻，拨动一下单刀单掷开关，其结果怎样即可说明单刀单掷开关安装正常？

> 我的分析：
> 若其阻值在_____（零/无穷/不为零的某一值）和_____（零/无穷/不为零的某一值）之间切换，则说明单刀单掷开关接在火线上，单刀单掷开关安装正常。

（8）闭合电源总开关，用万用表的"R×1"挡测量进户线的火线与二单刀双掷开关接负载端的电阻，并分别拨动二单刀双掷开关，其结果怎样即可说明二单刀双掷开关安装正常？

> **我的分析：**
> 若阻值在＿＿＿＿＿＿（零/无穷/不为零的某一值）和＿＿＿＿＿＿（零/无穷/不为零的某一值）之间切换，则说明单刀双掷开关接在火线上，单刀双掷开关安装正常。

（9）闭合电源总开关，取下螺口灯泡，用万用表的"R×1"挡测量进户线的火线与灯座中心电极间的电阻，并分别拨动两个单刀双掷开关，结果怎样即可说明螺口灯泡的电极区分正确？

> **我的分析：**
> 若阻值在＿＿＿＿＿＿（零/无穷/不为零的某一值）和＿＿＿＿＿＿（零/无穷/不为零的某一值）之间切换，则说明螺口灯泡的中心电极接的是火线，螺口灯泡的电极区分正确。

安全警告：请注意安全，通电后人体的任何部位都不可接触电路中的裸露部分，要接触电路应先断开电源开关。

做一做

常见故障检测：

（1）根据上面思考的结论，设计电路的检查方案。在方案中要明确每一步测试点的电路线号。

> **我的方案：**＿＿＿＿＿＿＿＿＿＿＿＿＿＿＿＿＿＿＿＿＿＿＿＿＿＿＿＿＿＿＿＿＿＿＿＿

（2）根据上面设计的测试方案，在没有搭火的情况下对电路进行测试，并记录测试结果。

> 我的记录：_____

（3）根据测试结果判断电路是否有故障，若有故障，请分析故障原因并排除。

> 我的故障及排查记录：_____

（4）将配电板与电源相接（搭火），即插上插头，并闭合电源开关，观察各灯泡的发光情况。

> 我的记录：
> 　　各灯泡的发光情况是：螺口灯泡_____，卡口灯泡_____；拨动单刀单掷开关，螺口灯泡_____，卡口灯泡_____；拨动左侧单刀双掷开关，螺口灯泡_____，卡口灯泡_____；拨动右侧单刀双掷开关，螺口灯泡_____，卡口灯泡_____。

（5）将万用表调到交流电压挡，分别检测各插孔的对地电压，并填入表 19.2.1 中。

> 我的记录：
>
> 表 19.2.1　记录表
>
> | 孔别 | 两孔 | | | 三孔 | | |
> |---|---|---|---|---|---|---|
> | | 左孔 | 右孔 | 上孔 | 左孔 | 右孔 |
> | 电压 | | | | | | |

友情提醒：请先断开电源开关！

第 3 步　电能表的简单校验

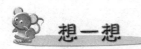

（1）你的配电板上所安装的电能表是感应式的还是电子式的？要保证它能正常工作，其放置状态应有什么要求？

（2）你所安装的电能表面板上是否有一个"××××R/kW·h"的电能表常数？猜想一下该常数所表示的意思是什么？

我的分析：_____

（1）观察电能表的面板，记下该表的电能表常数填入表 19.3.1 中。

（2）你所用的若是感应式电能表，则将配电板竖直立起，保持电能表的铝盘水平，并加以固定。

（3）接通电源，切断螺口灯泡，开通卡口灯泡，用秒表测量电能表铝盘旋转 10 周或指示灯闪动 10 次所对应的时间，填入表 19.3.1 中。

（4）切断卡口灯泡，开通螺口灯泡，用秒表测量电能表铝盘旋转 10 周所对应的时间，填入表 19.3.1 中。

我的记录：

表 19.3.1　记录表

电能表常数	铝盘旋转10周对应电能	卡口灯泡对应时间	螺口灯泡对应时间	卡口灯泡功率	螺口灯泡功率

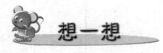

友情提醒：请先断开电源开关！

测量结果分析：

（1）电能表的铝盘旋转 10 周或指示灯闪动 10 次对应的电能为多少？请将计算的结果填入表 19.3.1 中。

（2）你能计算出此时卡口灯泡和螺口灯泡的功率吗？若能，请计算两灯泡的功率并填入表 19.3.1 中。

（3）从上面的测试和分析来看，电能表具有哪些测量功能（直接的或间接的）？

（4）若给你一只标准用电器，你能判断电能表转得偏快还是偏慢吗？怎样判断？

我的分析：_____

第 4 步　电流的便捷测试（钳形电流表测试法）

钳形电流表就是一种利用电流互感器原理工作的便携式电表，分为高、低压两种，用于在不拆断线路的情况下直接测量线路中的电流，其外形如图 19.4.1 所示。宽的闭合铁芯可以张开，将被测的导线钳入铁芯窗中，这根导线就相当于 1 匝的电流互感器原线圈，其磁场在副线圈中产生感应电流使与之相接的电表直接指示出相应的测量值。

图 19.4.1　常用钳形电流表

观察实训室配发的钳形电流表，同时阅读其使用说明，了解其使用方法。

我的观察结果：＿＿＿＿＿＿＿＿＿＿＿＿＿＿＿＿＿＿＿＿＿＿＿＿＿＿＿＿＿
＿＿＿＿＿＿＿＿＿＿＿＿＿＿＿＿＿＿＿＿＿＿＿＿＿＿＿＿＿＿＿＿＿＿＿＿＿＿
＿＿＿＿＿＿＿＿＿＿＿＿＿＿＿＿＿＿＿＿＿＿＿＿＿＿＿＿＿＿＿＿＿＿＿＿＿＿

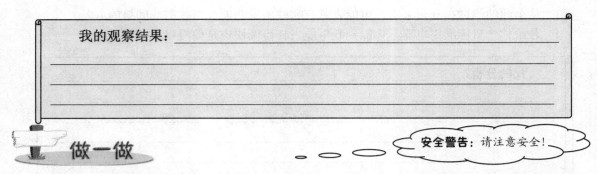

做一做

安全警告：请注意安全！

（1）插上配电板与实训台的连接插头，闭合电源开关，闭合两只灯泡的开关，使两灯正常发光。

（2）在老师的指导下使用实训室配置的钳形电流表测电源线中的电流。

我的测试记录：＿＿＿＿＿＿＿＿＿＿＿＿＿＿＿＿＿＿＿＿＿＿＿＿＿＿＿
＿＿＿＿＿＿＿＿＿＿＿＿＿＿＿＿＿＿＿＿＿＿＿＿＿＿＿＿＿＿＿＿＿＿＿＿＿＿
＿＿＿＿＿＿＿＿＿＿＿＿＿＿＿＿＿＿＿＿＿＿＿＿＿＿＿＿＿＿＿＿＿＿＿＿＿＿
＿＿＿＿＿＿＿＿＿＿＿＿＿＿＿＿＿＿＿＿＿＿＿＿＿＿＿＿＿＿＿＿＿＿＿＿＿＿

想一想

友情提醒：请先断开电源开关！

（1）钳形电流表的"钳子"应该是什么材料制成的？为什么？

（2）与一般电流表测量电流相比，钳形电流表有什么方便之处？

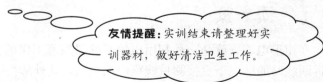

友情提醒：实训结束请整理好实训器材，做好清洁卫生工作。

项目小结

（1）一般配电板由电能表、保护装置、电源开关等几部分组成。

（2）电能表是测量电能计量设备，有感应式和电子式两种，电子式电能表的性能越来越强，功能越来越多，智能化水平越来越高。

（3）电能表虽是电能计量仪表，但根据电能表的电能表常数，结合相应的测量时间，也可测试用电器在一定时间内的平均功率。

（4）安装螺口白炽灯时，要注意其螺旋底座也是一个电极，必须将其与火线相接。

（5）利用两只单刀双掷开关可实现一个用电器的两地控制。

（6）安装配电板前要先将电路原理图转换成接线图，然后根据接线图安装电路。

（7）电路安装完成后要对电路进行检测，在检查无误、确保安全正确的前提下再通电试验。

（8）钳形电流表是一种不用拆断电路即可测试电路电流的便携式电表。

习 题

1．走访工厂、学校或小区，向工人师傅请教生产、生活中常用配电板的结构、原理和安装要求。

2．电能表的主要功能是什么？还可以用来测量哪些电学量？怎样测量？

3．常用的电能表有哪几大类？根据你的了解，并查阅相关资料，电子式电能表中有哪些智能型的特殊种类？

4．常见配电板主要由哪几部分组成？各部分的作用如何？

5．在安装电路时，接头处转折不得短于多少？不得长于多少？

6．在安装电路时，接头旋向与螺钉或螺帽的紧固方向之间应遵循什么关系？一般为什么方向？接头露铜不得长于多少？

7．回顾一下你是怎样绘制配电板接线图的？应注意什么问题？有什么技巧？

8．回顾一下你在安装配电板过程中出现过哪些问题？应吸取什么经验教训？

9．你是怎样检测安装好的配电板的？取得了哪些检测经验？

10．怎样用电能表来测试电功率？还应配备哪些器材？

11．怎样用钳形电流表来测试电流？你觉得用钳形电流表测试电流有什么特别之处？

反侵权盗版声明

电子工业出版社依法对本作品享有专有出版权。任何未经权利人书面许可，复制、销售或通过信息网络传播本作品的行为；歪曲、篡改、剽窃本作品的行为，均违反《中华人民共和国著作权法》，其行为人应承担相应的民事责任和行政责任，构成犯罪的，将被依法追究刑事责任。

为了维护市场秩序，保护权利人的合法权益，我社将依法查处和打击侵权盗版的单位和个人。欢迎社会各界人士积极举报侵权盗版行为，本社将奖励举报有功人员，并保证举报人的信息不被泄露。

举报电话：（010）88254396；（010）88258888
传　　真：（010）88254397
E-mail：　dbqq@phei.com.cn
通信地址：北京市万寿路 173 信箱
　　　　　电子工业出版社总编办公室
邮　　编：100036